"十二五"高职高专计算机规划教材·基础与实训系列

中文 Office 2003 操作教程

（第 2 版）

李安宗　王 环　编

西北工業大學出版社

【内容简介】本书为“十二五”高职高专计算机规划教材·基础与实训系列。全书共分 8 章，主要内容包括中文 Office 2003 概述、中文 Word 2003 的基本操作、中文 Excel 2003 的基本操作、中文 PowerPoint 2003 的基本操作、中文 FrontPage 2003 的基本操作、中文 Outlook 2003 的基本操作、综合应用实例以及上机实训。章后附有本章小结及实训练习，读者在学习时更加得心应手，做到学以致用。

本书可作为各大中专院校及计算机培训班的计算机基础课程教材，同时也可作为计算机爱好者的自学参考书。

图书在版编目（CIP）数据

中文 Office 2003 操作教程/李安宗，王环编. —2 版. —西安：西北工业大学出版社，2012.7
ISBN 978-7-5612-1916-4

Ⅰ. ①中… Ⅱ. ①李…②王… Ⅲ. ①办公室—自动化—应用软件，Office 2003—高等学校：技术学校—教材 Ⅳ. ①TP317.1

中国版本图书馆 CIP 数据核字（2005）第 021653 号

出版发行：西北工业大学出版社
通信地址：西安市友谊西路 127 号　　邮编：710072
电　　话：（029）88493844　88491757
网　　址：www.nwpup.com
电子邮箱：computer@nwpup.com
印 刷 者：陕西兴平报社印刷厂
开　　本：787 mm×1 092 mm　1/16
印　　张：15
字　　数：394 千字
版　　次：2012 年 7 月第 2 版　　2012 年 7 月第 1 次印刷
定　　价：30.00 元

出版者的话

高等职业教育是我国高等教育的重要组成部分，担负着为国家培养并输送生产、建设、管理、服务第一线高素质、技术应用型人才的重任。因此，我国近年来十分重视高等职业教育。

高等职业教育要做到面向地区经济建设和社会发展，适应就业市场的实际需要，真正办出特色，就必须按照自身规律组织教学体系。为了满足高等职业教育的实际需求，我们组织高等职业院校有丰富教学经验的教师，编写了"'十二五'高职高专计算机规划教材·基础与实训系列"教材。

本系列教材充分考虑了高等职业教育的培养目标、教学现状和发展方向，在编写中突出实用性，重点讲述在信息技术行业实践中不可缺少的基础知识，并结合实训加以介绍，大量具体操作步骤、众多实践应用技巧与切实可行的实训材料真正体现了高等职业教育自身的特点。

主要特色

中文版本、易教易学

本系列教材选取市场上最普遍、最易掌握的应用软件的中文版本，突出"易教学、易操作"，结构合理、内容丰富、讲解清晰。

内容全面、结构合理

本系列教材合理安排基础与实训的比例。基础知识以"必需，够用"为度，以培养学生的职业技能为主线来设计体例结构、内容和形式，符合高等职业学生的学习特点和认知规律；对实训操作过程的论述清晰简洁、通俗易懂、便于理解，通过相关软件的实际运用引导学生学以致用。

图文并茂、实例典型

本系列教材图文并茂，便于读者学习和掌握所学内容，以行业应用实例带动知识点，诠释实际项目的设计理念，实例典型，切合实际应用。

体现教与学的互动性

本系列教材从"教"与"学"的角度出发，重点体现教师和学生的互动交流。将精练的理论和实用的行业范例相结合，学生在课堂上就能掌握行业技术应用，做到理论和实践并重。

突出职业应用，快速培养人才

本系列教材以培养计算机技能型人才为出发点，采用“基础知识+应用实例+综合应用实例+上机实训”的编写模式，内容生动，由浅入深，将知识点与实例紧密结合，便于读者学习掌握。

具备前瞻性，与职业资格培训紧密结合

本系列教材的教学内容紧随技术和经济的发展而更新，及时将新知识、新技术、新工艺和新实训引入教材，同时注重吸收最新的教学理念，根据行业需求，使教材与相关的职业资格培训紧密结合。

读者定位明确，与就业市场紧密结合

针对明确的读者定位，本系列教材涵盖了计算机基础知识及目前常用软件的操作方法和操作技巧，读者在学习后能够切实掌握实用的技能，做到放下书本就能上岗，真正具备就业本领。

读者对象

本系列教材是高等职业院校、高等技术院校、高等专科院校的计算机教材，适用于信息技术的相关专业，如计算机应用、计算机网络、信息管理、电子商务、计算机科学技术、会计电算化等，也可供优秀职高学校选作教材。对于那些要提高自己应用技能或参加一些证书考试的读者，本系列教材也不失为一套较好的参考书。

结束语

希望广大师生在使用教材的过程中提出宝贵意见，以便我们在今后的工作中不断地改进和完善，使本系列教材成为高等职业教育的精品教材。

前　言

Office 2003 是微软公司推出的办公自动化系列软件，由 Word 2003，Excel 2003，PowerPoint 2003，FrontPage 2003，Outlook 2003 等组件组成。本书主要介绍常用的 Word 2003 文字处理软件、Excel 2003 电子表格处理软件、PowerPoint 2003 演示文稿制作软件、Outlook 2003 邮件收发软件和 FrontPage 2003 网页制作软件的使用方法。

Office 2003 在原有版本的基础上又增加了许多新功能，同时对原有功能进行了较大的改进和加强，提高了软件风格的一致性，其界面更加美观，操作更为简便，文档更加安全，文档共享更加便捷，为用户进一步提高工作效率奠定了牢固的基础。

本书以“基础知识+应用实例+综合实例+上机实训”为主线，对 Office 2003 软件进行循序渐进的讲解，使读者能快速直观地了解和掌握 Office 2003 的基本使用方法、操作技巧和行业实际应用，为步入职业生涯打下良好的基础。

本书内容

全书共分 8 章。其中，第 1 章主要介绍 Office 2003 的基础知识；第 2 章主要介绍文字处理软件 Word 2003 的使用方法和技巧；第 3 章主要介绍电子表格软件 Excel 2003 的使用方法和技巧；第 4 章主要介绍演示文稿软件 PowerPoint 2003 的使用方法；第 5 章主要介绍网页制作软件 FrontPage 2003 的应用；第 6 章主要介绍了邮件收发工具 Outlook 2003 的使用；第 7 章列举了几个有代表性的综合应用实例；第 8 章是上机实训。通过理论联系实际，帮助读者举一反三、学以致用，进一步巩固所学的知识。

读者定位

本书结构合理，内容系统全面，讲解由浅入深，实例丰富实用，可作为各大中专院校计算机基础课程的教材，同时也可作为培训班教材及计算机爱好者的自学参考书。

本书力求严谨细致，但由于水平有限，书中难免出现疏漏与不妥之处，敬请广大读者批评指正。

编　者

目　录

第 1 章　中文 Office 2003 概述

Microsoft Office 2003 是 Microsoft 公司推出的 Office 系列集成办公软件的最新版本。与 Office XP 相比，无论是在其用户界面上还是在功能上，Microsoft Office 2003 都有了很大的改进，使用户操作起来更加方便和安全。

知识要点

- Office 2003 简介
- Office 2003 的新增功能
- Office 2003 企业版的安装和卸载
- Office 2003 的启动和退出
- Office 2003 的帮助系统

1.1　Office 2003 简介

Microsoft 公司推出的 Office 2003 是最新发布的功能最强大、使用最便捷的系列办公软件版本。Microsoft Office 2003 适用于办公过程中的文字排版和编辑、表格处理和计算、幻灯片制作、常用数据库管理，以及 Internet 信息交流等日常办公方面的工作。该系列软件能够帮助用户更好地使用文档，与其他用户之间进行通信和文档的共享、进行信息的使用和业务进程的改进，从而提高其工作效率。

Microsoft Office 2003 可运行于 Windows 2000 和 Windows XP 等环境。

1.2　Office 2003 的新增功能

Microsoft Office 2003 是世界领先的桌面办公软件，与 Office XP 相比，Office 2003 有了较大的改进，主要体现在对 Internet/Intranet 的支持方面。Microsoft Office 2003 与 Web 的联系更加紧密，包括将 HTML 作为主要的文件候选格式、对 HTML 格式文件的高度支持等。下面将简要介绍 Microsoft Office 2003 的新增功能。

1. Office 的新外观

Microsoft Office 2003 具有开放且充满活力的新外观。此外，它还提供了许多新增和改进的任务窗格。新任务窗格包括“开始工作”“搜索结果”以及“信息检索”等。

2. “信息检索”任务窗格

如果连接到 Internet 上，新的“信息检索”任务窗格可以为用户提供更加广泛的参考信息和扩展资源。用户可以使用百科全书、Web 搜索或者通过访问第三方搜索特定主题的内容。此外，它还提供了同义词搜索的平台。

3. 文档工作区

使用“文档工作区”可以简化在实时环境中通过 Word 2003，Excel 2003 或 PowerPoint 2003 与其他人员共同创作、编辑和审阅文档的过程。“文档工作区”是围绕一篇或多篇文档的 Microsoft Windows SharePoint Services 站点。通过它，人们可以很容易地同时处理文档，既可以在文档工作区副本上直接进行编辑，也可以在各自的副本上进行编辑并周期性地更新那些已经保存到文档工作区站点副本中的内容。

4. 信息权限管理

现在的敏感性信息只能通过限制对存储这些信息的网络或计算机的访问来进行控制。Microsoft Office 2003 提供了一种名为信息权限管理（IRM）的新功能，可以防止敏感文档和电子邮件被未受权人员转发、编辑和复制。要使用 IRM，首先需要安装 Windows Rights Management 客户端软件。用户可以在 Word 2003，Excel 2003 和 PowerPoint 2003 中应用信息权限管理来创建带限制权限的内容。

5. 支持 Tablet PC

在 Tablet PC 上，可以直接为 Office 文档进行快速手写输入。此外，还可以进行水平查看任务窗格以便按照用户自己喜欢的方式在 Tablet PC 上工作。

6. Microsoft Office Online

Microsoft Office Online 与所有 Microsoft Office 组件的集成更加完善，以便用户在工作时更充分地利用网站提供的信息。

7. 改善客户服务质量

Microsoft 通过“客户体验改善计划”收集用户的硬件配置信息以及用户如何使用 Microsoft Office 程序和服务的信息，以分析用户的需求和使用模式。当然是否参与计划是可选的，并且数据收集也是完全匿名的。通过 Internet，用户可以为 Microsoft 公司提供有关 Office 程序、帮助内容或 Microsoft Office Online 内容的用户反馈，从而使 Microsoft 公司根据用户的反馈不断地添加和改善内容。

1.3 Office 2003 企业版的安装和卸载

Microsoft Office 2003 是基于 Windows 操作系统的办公自动化系列软件，它需要 Windows 2000 或更高版本的支持。因此，如果要安装 Microsoft Office 2003，计算机里应已安装了 Windows 2000 或 Windows XP。

1.3.1 Office 2003 企业版的安装

下面以中文 Office 2003 企业版在 Windows XP 环境下的安装为例，介绍其安装步骤。

（1）将 Office 2003 安装光盘插入光盘驱动器，系统会自动运行安装程序。也可以直接运行安装光盘里的 setup.exe 安装程序，如图 1.3.1 所示。

提示：一般情况下安装程序会自动启动。安装程序不能自动启动时用户可通过打开“我的电脑”窗口，在光盘根目录下手动运行 setup.exe 安装程序。

（2）进入安装程序，选择安装组件。由于 Office 2003 的组件较多，Microsoft 将可供安装的组件进行了分类。如果只安装 Word 2003，Excel 2003，PowerPoint 2003 等常用组件，就只须选择“安装 Office 2003 企业版”即可。

（3）单击 下一步(N) > 按钮，打开如图 1.3.2 所示的窗口，提示用户输入产品密钥。

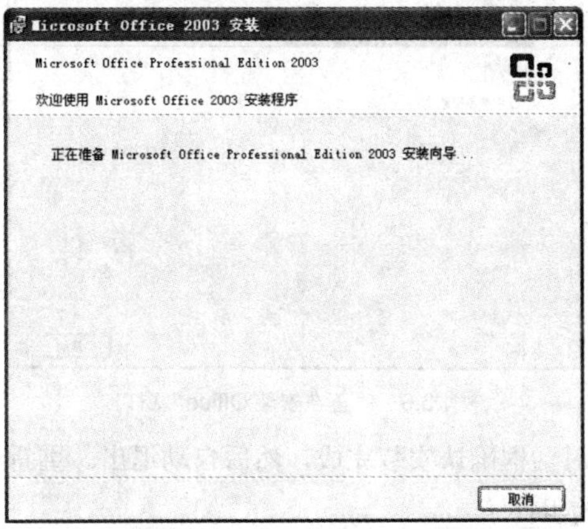

图 1.3.1　安装 Office 2003 企业版

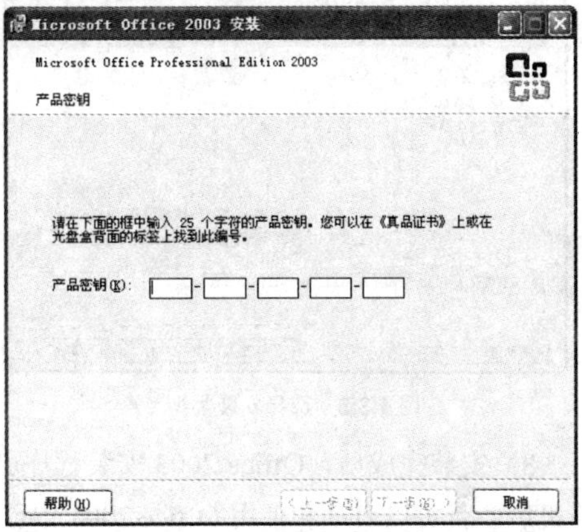

图 1.3.2　输入产品密钥

（4）输入密钥并核对无误后，单击 下一步(N) > 按钮。打开“Microsoft Office 2003 安装”窗口，如图 1.3.3 所示。在此窗口中要求输入用户信息，包括用户名、缩写和单位。

提示： 如果用户想获得个人隐私和数据安全方面的信息，可以通过单击 帮助(H) 按钮查看。

（5）单击 下一步(N) > 按钮，打开“最终用户许可协议”窗口，如图 1.3.4 所示。选中 ☑我接受《许可协议》中的条款(A) 复选框。

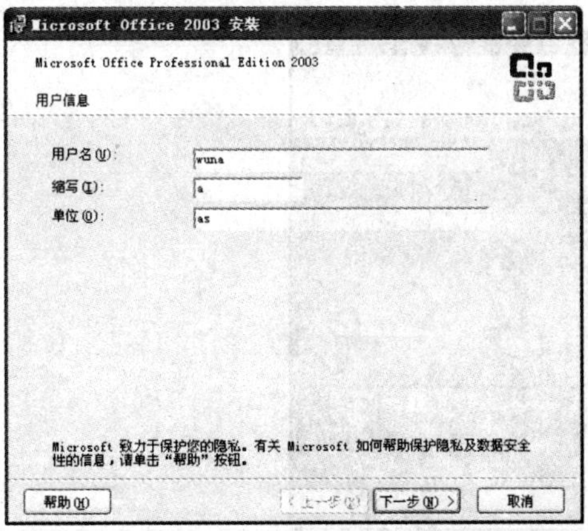

图 1.3.3　输入用户信息

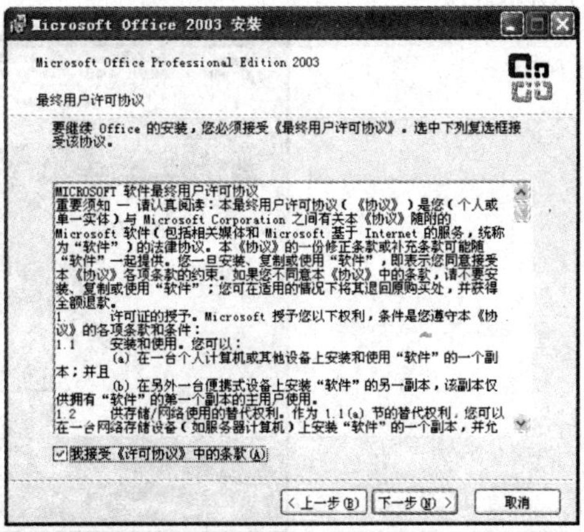

图 1.3.4　接受许可协议

（6）单击 下一步(N) > 按钮，打开“安装类型”窗口，如图 1.3.5 所示。用户可以根据需要选择安装类型。如果计算机上已安装了以前的 Office 版本，可以选择升级安装方式，否则，可以通过选择完全安装、最小安装、典型安装和自定义安装 4 种安装方式中的任何一种方式进行安装。一般选择 ◉典型安装(T) 方式。用户可以通过单击 浏览(R)... 按钮来设置 Office 2003 的文件夹安装路径。

（7）单击下一步(N) >按钮，打开“正在安装 Office”窗口，如图 1.3.6 所示，安装进度条显示当前正在安装的进度。

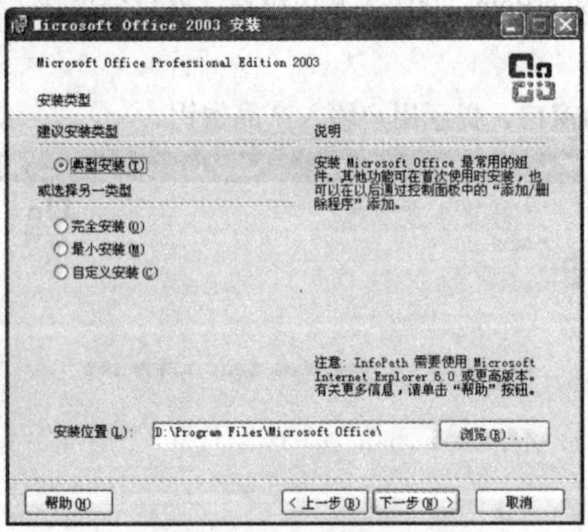

图 1.3.5　选择安装类型

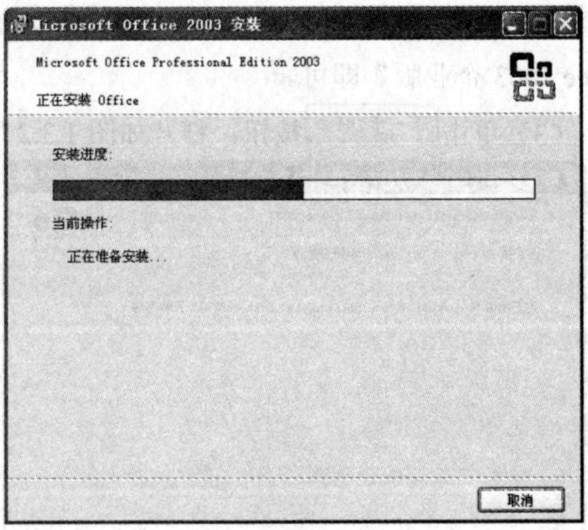

图 1.3.6　“正在安装 Office”窗口

（8）安装完成后，Office 2003 安装程序会弹出对话框确认安装完成，然后自动退出。重新启动计算机后，就可以启动和使用 Office 2003 中已安装的组件了。

技巧：Office 2003 安装完成后，当用户第一次启动 Office 2003 的各组件时，可以对各组件进行安装和设置。

1.3.2　Office 2003 的卸载

安装了 Office 2003 后，如果想卸载，可按如下步骤操作：

（1）在 Windows 任务栏中，选择开始→控制面板(C)命令，打开控制面板窗口，如图 1.3.7 所示。

图 1.3.7　“控制面板”窗口

（2）在该窗口中选择添加/删除程序命令项，打开添加或删除程序窗口，如图 1.3.8 所示。

（3）在该窗口中选择“Microsoft Office Professional Edition 2003”选项，单击删除按钮，弹出添加或删除程序确认对话框，如图 1.3.9 所示。单击是(Y)按钮，即可直接删除 Office 2003。

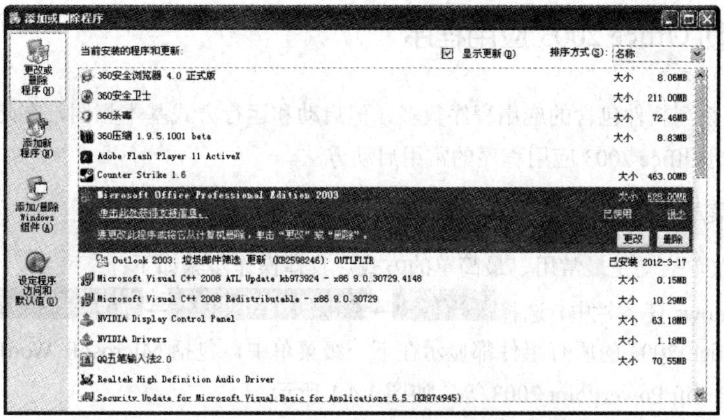

图 1.3.8　“添加或删除程序”窗口

图 1.3.9　“添加或删除程序”确认对话框

提示：在图 1.3.8 中，单击 更改 按钮，则会打开“维护模式选项”窗口，如图 1.3.10 所示。在该窗口中，用户可以通过选中任意一个单选按钮，完成相应的操作。

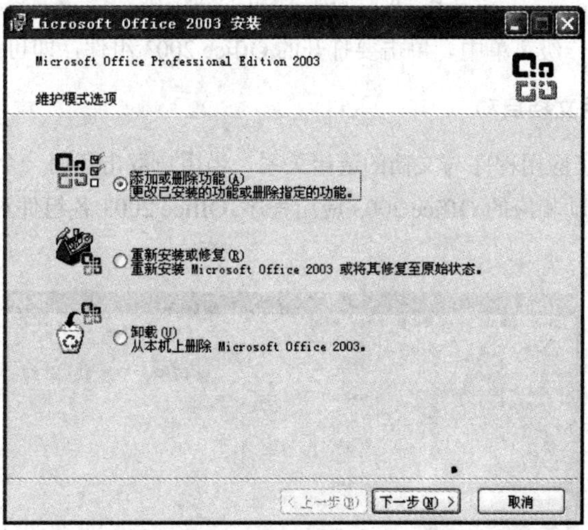

图 1.3.10　“维护模式选项”窗口

1.4　Office 2003 的启动和退出

启动和退出是使用一个软件应该掌握的最基本的操作。Office 2003 中包含有多个不同的程序组件，通过学习其启动和退出操作，用户可以逐渐认识到不同组件的界面，并熟悉 Office 2003 的操作方法。

1.4.1　启动 Office 2003 应用程序

Office 2003 系列软件包含的应用程序很多，但启动和运行方式基本相同，在此只以 Word 2003 的启动为例来介绍 Office 2003 应用程序的常用启动方法。

1．“开始”菜单启动方式

从“开始”菜单启动是最常用、最简单的方式。具体操作步骤如下：

（1）在 Windows 任务栏中，选择 开始 → 所有程序(P) → Microsoft Office 命令，可以看见 Office 2003 的所有组件都显示在下一级菜单中，包括 Microsoft Word 2003，Microsoft Excel 2003，Microsoft PowerPoint 2003 等，如图 1.4.1 所示。

图 1.4.1　通过“开始”菜单启动

（2）在所打开的下一级菜单中，单击要打开的 Office 2003 组件，即可启动相应的应用程序。

2．Office 2003 应用文档启动

Windows 系统提供了应用程序与文档的链接关系，当用户双击任何一个文件夹中的 Office 2003 文档时，系统就会自动启动相应的 Office 2003 应用程序。Office 2003 各组件对应的文件图标如图 1.4.2 所示。

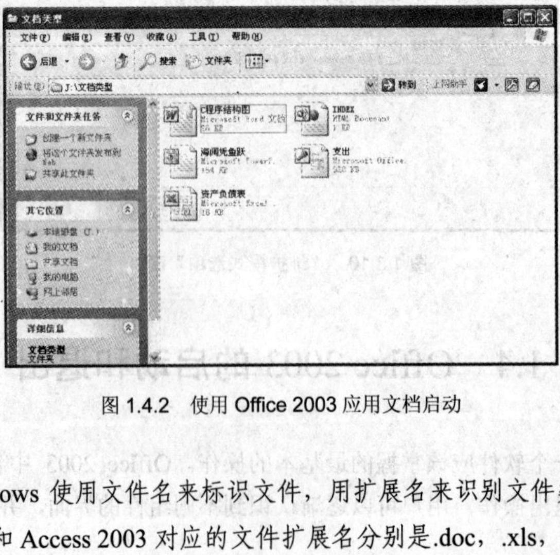

图 1.4.2　使用 Office 2003 应用文档启动

提示： Windows 使用文件名来标识文件，用扩展名来识别文件类型。Word 2003，Excel 2003，PowerPoint 2003 和 Access 2003 对应的文件扩展名分别是.doc，.xls，.ppt 和.mdb。

3．Office 2003 常用文档启动

常用文档启动 Office 2003 的具体步骤如下：

（1）在 Windows 任务栏中，选择 开始 → 我最近的文档(D) 命令，可以看见最近使用过的文档显示在下一级菜单中。

（2）在下一级菜单中，选择要打开的 Office 2003 应用程序，并且在启动的同时打开该文档，如图 1.4.3 所示。

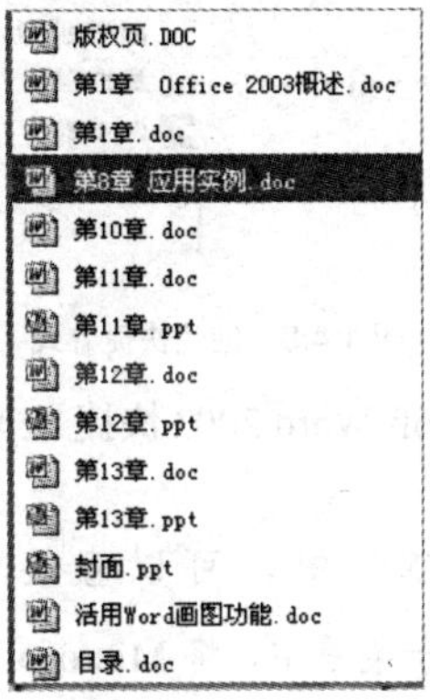

图 1.4.3　使用 Office 2003 常用文档启动

注意：利用常用文档来启动应用程序的方法，只适用于最近打开过的文档。如果该文档已经被移动或删除，那么将不能启动该应用程序。

4．快捷方式启动

快捷方式启动是使用 Windows 桌面的快捷执行命令功能来启动 Office 2003 的应用程序。如果桌面上已经有了“Microsoft Word 2003”或其他 Office 2003 组件的快捷方式，用户只需要用鼠标左键双击该图标便可以直接启动相应的应用程序。以创建 Microsoft Word 2003 应用程序的快捷方式为例，按如下步骤操作：

（1）在桌面双击“我的电脑”图标，打开“我的电脑”窗口，在 Office 2003 的安装目录下找到 WINWORD.EXE 文件，如图 1.4.4 所示。

图 1.4.4　WINWORD.EXE 文件

（2）在上述窗口中的 WINWORD.EXE 文件上单击鼠标右键，在弹出的快捷菜单中选择 发送到(N) → 桌面快捷方式 命令，如图 1.4.5 所示。

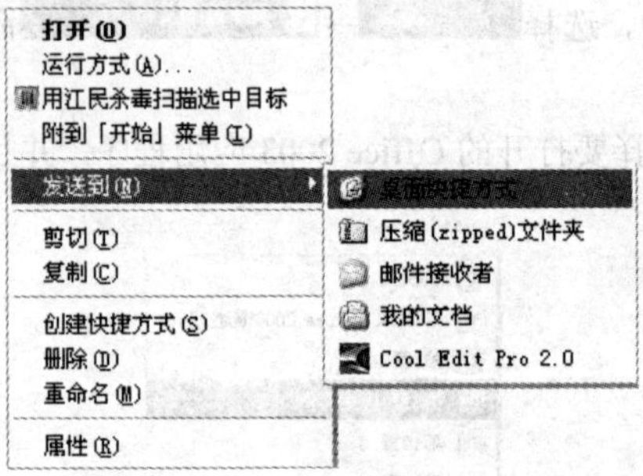

图 1.4.5　创建快捷方式

（3）此时桌面上会出现一个 Microsoft Word 2003 快捷方式图标，双击该图标即可启动 Word 2003。

技巧： 在 Windows 2000/XP 中，可以直接选择 开始 → 所有程序(P) → Microsoft Office 命令，在其子菜单中，将 Microsoft Word 2003 拖到桌面上，同样可以在桌面上创建快捷方式。

1.4.2　退出 Office 2003 应用程序

用户在完成对 Office 2003 文档的操作后，可以通过多种方法关闭当前窗口界面，常用的方法有以下 3 种：

（1）在标题栏的最左侧，单击鼠标右键，在弹出的快捷菜单中选择 关闭(C) Alt+F4 命令。

（2）单击标题栏右侧的“关闭”按钮，即可关闭 Office 2003 程序。

（3）首先激活要关闭的 Office 2003 窗口，按“Alt+F4”组合键即可。

1.5　Office 2003 的帮助系统

Office 2003 不仅具有强大的办公功能，还具有一套功能强大的帮助系统，这是 Office 系列软件极具人性化的设计之一。使用帮助系统，可以随时解决用户在使用 Office 软件时遇到的问题。不论是对于初学者，还是对于熟悉 Office 的老用户，帮助系统都是使用 Office 2003 过程中有力的辅助工具。

1.5.1　使用 Office 助手

Office 助手是一些可爱的卡通形象，它们为用户提供了智能而又活泼的交互式界面。单击 Office 助手，会弹出对话框，输入所要查询的问题，Office 助手将会给出提示，单击 搜索(S) 按钮，出现 Office 帮助文件。Office 助手提供了下列帮助方式：

（1）建议：在用户提出问题前，Office 助手能推荐与所执行任务有关的“帮助”主题。

（2）向导帮助：在启动某些向导之后，可以得到相关的帮助信息。但是并非所有的向导都要通过 Office 提供帮助信息。

（3）提示：Office 助手还可以提供有关如何更有效地使用各种功能和快捷键的提示。当一个黄色的灯泡出现在Office 助手旁边时，即可获得提示信息。

（4）消息：当Office 助手处于激活状态时，按照默认的设置，程序和系统消息将会通过Office助手显示，就像软件与用户之间通过Office 助手在进行面对面的交流。

下面以Word为例，说明Office助手的操作方法。

（1）选择 帮助(H) → 显示 Office 助手(O) 命令。

（2）此时，默认的Office 助手“孙悟空”出现在Word窗口中，处在待命状态，在闲暇时它还会做出各种可爱的动作，如图1.5.1所示。

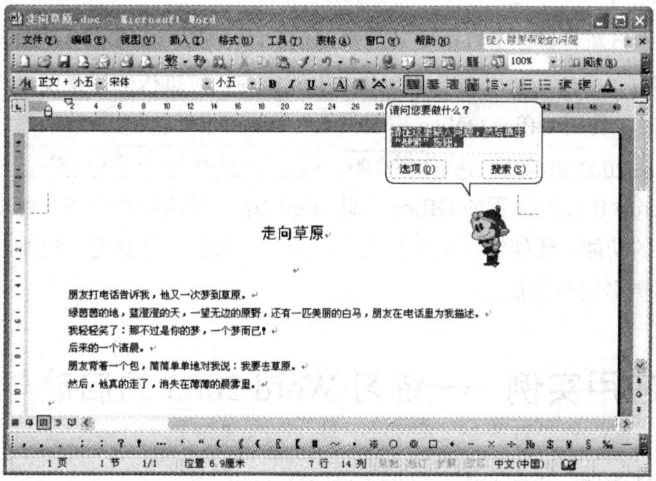

图1.5.1 Office助手

（3）单击“助手”会弹出一个黄色的对话框（见图1.5.1），这时可以输入需要向助手询问的问题，例如输入“朋友”，单击 搜索(S) 按钮，“搜索结果”任务窗格会出现在文档的右侧，如图1.5.2所示。

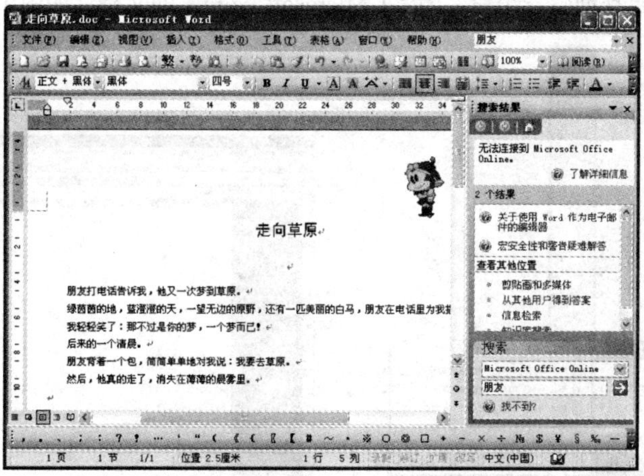

图1.5.2 “搜索结果”任务窗格

（4）如果要继续提问，可以继续单击“助手”，输入新的问题，寻求帮助。

提示：单击“助手”，然后单击黄色对话框中的 选项(O) 按钮，可以更换助手。Office 2003

提供了 4 位“助手”——孙悟空、小猫“恋恋”、小狗“聪聪”以及苗苗老师，用户可以根据自己的喜好选择。

技巧：按键盘上的“F1”键即可启动 Office 助手。事实上，对于几乎所有基于 Windows 的应用程序，按“F1”键都可以启动各个程序的帮助文件。另外，所有的 Microsoft Office 应用程序都共用一个 Office 助手，若对其选项进行修改，将会改变所有的 Office 程序中的“助手”。

1.5.2 使用在线帮助

Office 产品和技术日新月异，本机上安装的帮助信息不一定能够满足用户需求，在线帮助是提高帮助信息查找能力的有效手段。利用 Office Online 中的资源，例如利用专业设计的模板和插件，就可以在线学习 Word 2003。使用 Office Online 需要接入 Internet 才可以使用。

在任意一个 Office 2003 组件中，选择 帮助(H) → Microsoft Office Online(M) 命令，即可启动 IE 浏览器，进入 Microsoft 公司设置的 Office 协助中心网站。在该网站中用户可以下载最新的 Office 更新程序，掌握更多的功能，还能够浏览专栏文章，参考专家的指导意见。此外，还可以直接搜索需要查询的内容，了解更多的帮助信息。

1.6 应用实例——练习 Word 2003 的启动与退出

本例以 Word 2003 为例，讲解 Office 2003 的启动与退出方法。

操作步骤

（1）选择 开始 → 所有程序(P) → Microsoft Office 命令，在 Office 2003 的组件中选择 Microsoft Word 2003 应用程序，如图 1.6.1 所示。

（2）这时系统会自动创建一个命名为“1-Microsoft Word”的文档，如图 1.6.2 所示。

图 1.6.1 选择应用程序

图 1.6.2 打开的 Word 2003 文档

（3）用户在完成对文档的操作后，单击标题栏右侧的“关闭”按钮，退出 Word 2003。

本 章 小 结

本章主要介绍了 Office 2003 的新增功能、Office 2003 企业版的安装和卸载、Office 2003 的启动和退出、Office 2003 的帮助系统等内容。通过本章的学习，用户可以对 Office 2003 有一个基本的认识，为后面学习和使用 Office 2003 的各组件打下基础。

实 训 练 习

一、填空题

1．_________是中文字处理软件，适合家庭、一般办公人员和专业排版人员使用。

2．Microsoft Office 2003 是基于 Windows 操作系统的办公自动化系列软件，它需要_________或更高版本的支持。

3．将 Microsoft Office 2003 的安装光盘放入光驱后，正常情况下安装程序会自动运行，如果安装程序没有自动运行，用户可以在光盘根目录下手动运行_________文件，启动安装程序。

二、简答题

1．Office 2003 有哪些新增功能？

2．Office 2003 组件的常用启动方法有哪些？

3．如何创建 Office 组件的快捷方式？

三、上机操作题

1．按照操作步骤安装 Office 2003。

2．练习 Office 2003 组件的不同启动和退出方法。

3．练习 Office 2003 的卸载和修复操作。

第 2 章　中文 Word 2003 的基本操作

作为 Microsoft Office 软件中最强大的文字处理工具，Word 能够将文本、表格、图片、声音等内容按照用户的要求组织在一起，并按照预定格式打印到纸张上，形成一份图文并茂的文稿。Word 2003 继承了以往版本易用的特点，采用更符合 Windows XP 的界面风格，有了更新、更方便、更全面的功能。本章将由浅入深，逐步介绍 Word 2003 的基本操作。

知识要点

- Word 2003 的基础知识
- 文档的基本操作
- 表格和图形的处理
- 格式编辑
- 页面设置与打印

2.1　Word 2003 的基础知识

Word 2003 是 Office 软件中专门用于文字处理的应用程序。使用 Word 可以完成诸如输入、浏览和编辑文字之类的工作，本节主要介绍 Word 2003 的基础知识。

2.1.1　Word 2003 的新增功能

Word 2003 除拥有 Office 2003 共同的新增功能之外，还具有以下新增功能。

1．创建协作文档

Word 2003 改进了修订和批注功能，增强了记忆输入功能，使创建协作文档变得更加容易，主要体现在以下 3 个方面：

（1）使用经改进的“审阅”工具栏修订文档，对文档的修订以清晰的标记表示，不再遮盖原文档或影响布局，改进的“审阅”工具栏如图 2.1.1 所示。

图 2.1.1　“审阅”工具栏

（2）改进了比较和合并功能，可以准确跟踪更多类型文档的更改。

（3）完善了分发审阅过程，当审阅者收到需要审阅的文档时，Word 2003 将自动创建审阅申请表，并打开“审阅”工具栏，这样有助于保护文档的格式编排和样式。

2．新增任务窗格

在完善 Word 2002 中的 8 个任务窗格的基础上，又增加了 15 个任务窗格，在任务窗格中包含了很多命令的超链接和按钮，如图 2.1.2 所示的保护文档任务窗格，它可以对格式设置和编辑进行限制，从而避免其他人进行更改。

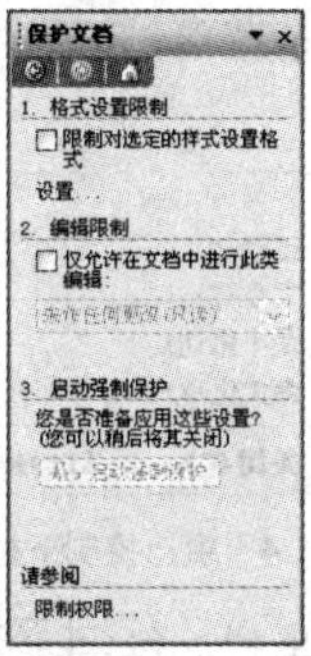

图 2.1.2　“保护文档”任务窗格

3. 信息权限管理（IRM）

利用信息权限管理（IRM）功能，可以防止收件人发送、复制或打印重要文档，从而保证信息的隐蔽性。使用信息权限管理功能需要运行 Windows Server 2003，或者访问支持信息权限管理功能的 Web 服务。

4. 手写识别

用户可以使用手写输入设备或鼠标进行输入，还可以将自然手写输入的字符转换为输入的字符，比如做笔记或者将批注发送给他人。

2.1.2　Word 2003 的界面介绍

启动 Word 2003 后，可以看到如图 2.1.3 所示的工作界面。

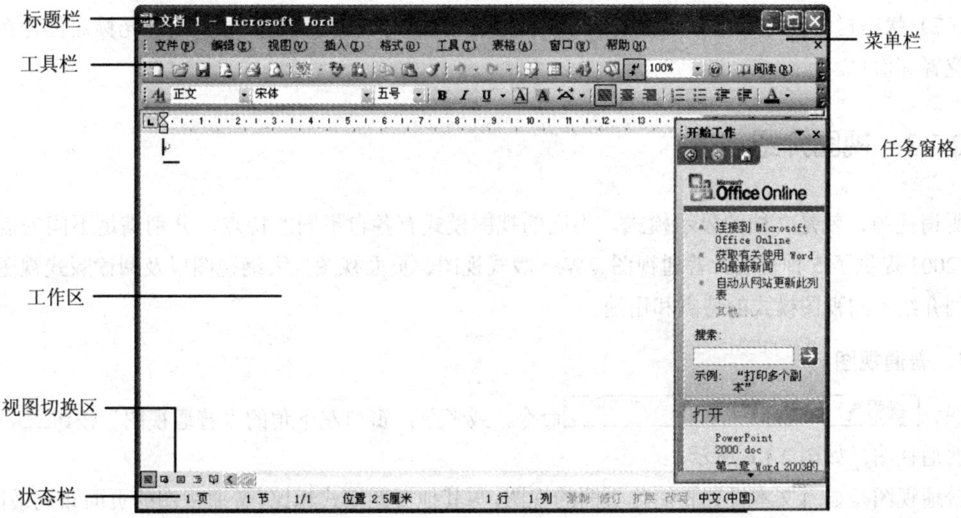

图 2.1.3　Word 2003 的工作界面

Word 2003 的工作界面包括标题栏、菜单栏、工具栏、工作区、任务窗格、视图切换区以及状态栏等。下面对界面中的各个部分分别予以介绍。

（1）标题栏：位于界面最上方的蓝色长条区域，用于显示当前正在编辑文档的文档名等信息。标题栏提供“最小化”按钮、“最大化”按钮和“关闭”按钮来管理界面，单击标题栏左边的“控制窗口”图标，弹出窗口控制下拉菜单，可以进行窗口的还原、移动、大小、最小化、最大化和关闭等操作，如图 2.1.4 所示。

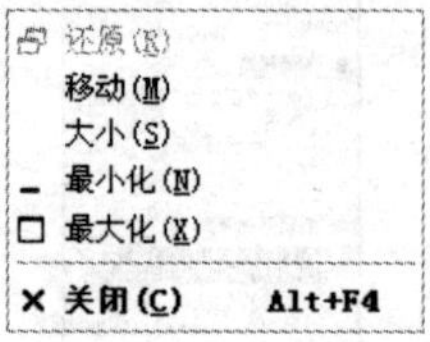

图 2.1.4　窗口控制下拉菜单

（2）菜单栏：标题栏下方紧接着是菜单栏，包含 文件(F) 、 编辑(E) 、 视图(V) 等 9 个常用菜单。通过对这些菜单中各个选项的操作，可以实现 Word 的各种功能。

（3）工具栏：是菜单栏基本命令的快捷按钮，一般位于菜单栏的下面。在默认状态下，显示“常用”工具栏和“格式”工具栏。“常用”工具栏提供一些常用命令的快捷按钮；“格式”工具栏提供文档格式快捷按钮和用于更改正文版面的下拉列表。

（4）工作区：标尺下方的白色区域，显示当前正在编辑的文档内容。文档的各种操作都是在工作区来完成的。

（5）任务窗格：提供了多种常用选项，包括“开始工作”“新建文档”和“样式和格式”等，根据需要选择不同的任务窗格，可以将任务窗格拖出来，像工具栏一样摆放在窗口中。要打开任务窗格，可以选择 视图(V) → 任务窗格(K) Ctrl+F1 命令，或者按“Shift+F1”组合键即可实现。

（6）视图切换区：位于工作区的左下角，包含 5 个视图切换按钮，如图 2.1.5 所示。通过单击这 5 个按钮可以方便地切换到相应的视图中。

图 2.1.5　“视图切换”按钮

（7）状态栏：位于工作界面的最下方，显示当前编辑文档的状态，如页码、光标定位符在文档中的位置等信息。

2.1.3　视图介绍

所谓视图，就是文档的显示模式。不同的视图模式有各自不同的特点，分别满足不同的需要。Word 2003 提供了 5 种视图：普通视图、Web 版式视图、页面视图、大纲视图以及阅读版式视图。下面分别介绍不同视图模式的特点和用途。

1．普通视图

选择 视图(V) → 普通(N) 命令，或者单击窗口左下角的“普通视图”按钮，可以进入普通视图，如图 2.1.6 所示。

普通视图是显示文本设置和简化页面的视图，与其他视图模式相比，普通视图的页面布局最简单。其不显示页边距、页眉和页脚等内容。

2．Web 版式视图

选择 视图(V) → Web 版式(W) 命令，或者单击窗口左下角的“Web 版式视图”按钮，可以进入 Web 版式视图，如图 2.1.7 所示。

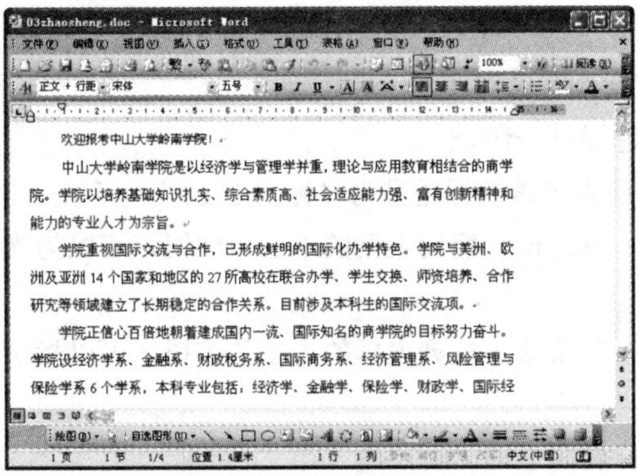

图 2.1.6　普通视图

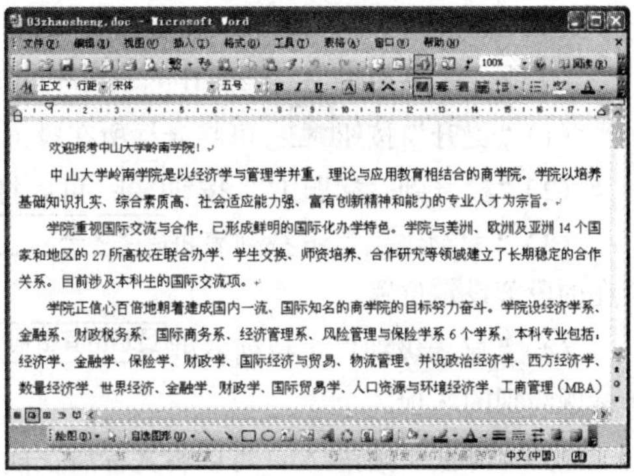

图 2.1.7　Web 版式视图

Web 版式视图常在简单的网页制作中使用。该视图最大的优点是在屏幕上显示的文档效果最佳，不管 Word 的窗口大小如何改变，在 Word 版式视图中，自动换行适应窗口的变化，不是显示实际打印的形式。另外，文档的背景也只显示在 Web 版式视图中，用户可以对文档的背景颜色进行设置。

3．页面视图

选择 视图(V) → 页面(P) 命令，或者单击窗口左下角的“页面视图”按钮，可以进入页面视图，如图 2.1.8 所示。

页面视图中文档以页面形式显示，使文档看上去就像写在纸上，与实际打印效果相同。在页面视图中，可以看见整张纸的形态，对页边距、页眉页脚都有清楚的显示，这样，文档打印在纸上的效果就能在屏幕上很直观地显示出来了。

注意：在页面视图中可以添加页眉和页脚、插入图片、图表等操作，它适合于在文档制作的过程中使用。

4．大纲视图

选择 视图(V) → 大纲(O) 命令，或者单击窗口左下角的“大纲视图”按钮，可以进入大纲视图，如图 2.1.9 所示。

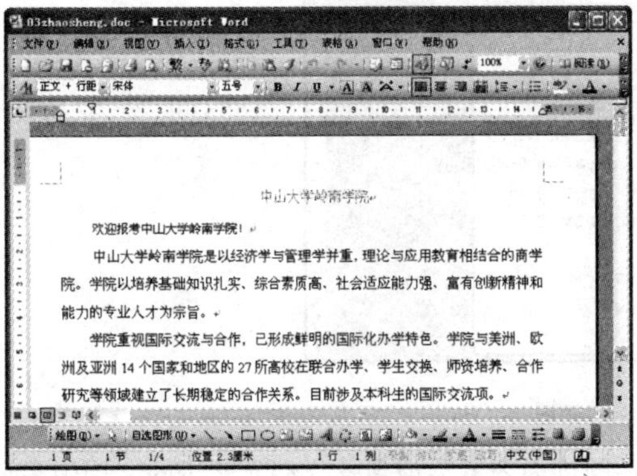

图 2.1.8　页面视图

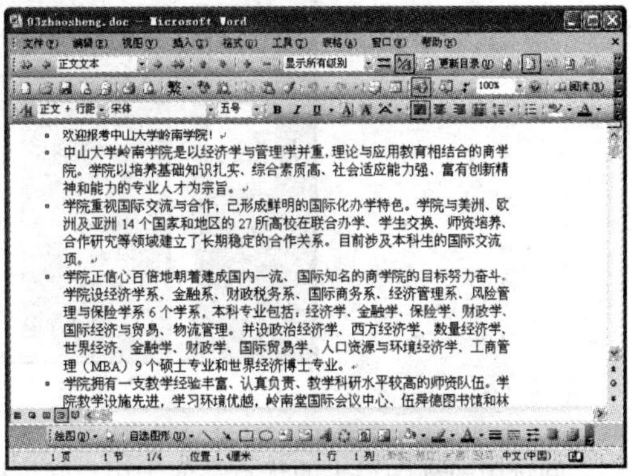

图 2.1.9　大纲视图

大纲视图用于创建、显示或修改文档的大纲，它使用缩进文档标题的形式表示标题在文档结构中的级别。进入大纲视图后，系统会自动打开“大纲”工具栏，如图 2.1.10 所示。

图 2.1.10 “大纲”工具栏

“大纲”工具栏提供一些操作大纲时常用的功能按钮，常用按钮的功能如下：

（1）“提升”按钮：可将光标所在段落的标题提升一级。

（2）“提升到‘标题 1’”按钮：可以将光标所在段落的标题升为“标题 1”。

（3）“大纲级别”下拉列表框 正文文本 ：单击该下拉列表框的下三角按钮，可以为光标所在的段落设定位置。

（4）“显示级别”下拉列表框 显示所有级别 ：单击该下拉列表框的下三角按钮，可以指定显示标题级别的选项。

（5）“降低”按钮：可以将光标所在段落的标题向下降一级。

（6）“降低为‘正文文本’”按钮：可以将选定标题降为正文文字。

（7）“展开”按钮：可以将选定标题的折叠子标题和正文文字展开。

（8）“折叠”按钮：与“展开”按钮相反，隐藏选定标题的折叠子标题和正文文字。

（9）“下移”按钮：与“上移”按钮相反，将鼠标所在段落移到下一段落之后。

（10）“上移”按钮：可以将光标所在段落上移至前一段落之前，快捷键为“Alt+Shift+↑”。

（11）“显示格式”按钮：在大纲视图中显示或隐藏字符的格式。

（12）“只显示首行”按钮：只显示正文各段落的首行而隐藏其他行。

（13）“转到目录”按钮：在正文自动插入目录后，单击此按钮可以将光标定位于插入的目录。

（14）更新目录(U)按钮：在正文自动插入目录后，单击此按钮可以将修改的目录在插入的目录中自动更新。

在大纲视图下，最大的优点是能够方便地查看文档的结构、修改标题内容和设置格式，还可以通过折叠文档来查看主要标题。所以，大纲视图经常在编辑长篇的文档时使用。

5．阅读版式视图

选择 视图(V) → 阅读版式(R) 命令，或者单击窗口左下角的“阅读版式”按钮，可以进入阅读版式视图，如图 2.1.11 所示。

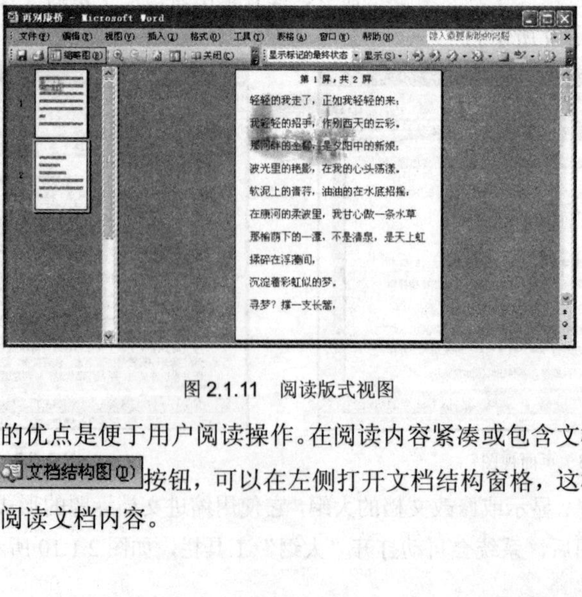

图 2.1.11 阅读版式视图

阅读版式视图最大的优点是便于用户阅读操作。在阅读内容紧凑或包含文档元素少的文档中多使用阅读版式视图，单击 文档结构图(D) 按钮，可以在左侧打开文档结构窗格，这样在阅读文档时就能够根据目录结构有选择地阅读文档内容。

2.1.4　创建和保存文档

使用 Word 2003 编辑文档，首先要学会如何创建文档，如何根据要求保存文档，这样才能进行 Word 2003 文档的基本操作。

1．创建文档

创建文档常用的方法有以下几种：

（1）选择 所有程序(P) → Microsoft Office → Microsoft Office Word 2003 命令，如图 2.1.12 所示。这样启动 Word 2003 应用程序后，系统会自动创建一个名为“1-Microsoft Word”的文档。

图 2.1.12　选择“Microsoft Office Word 2003”命令

（2）单击“常用”工具栏左边的“新建空白文档”按钮，即可新建一个空白文档。

（3）使用 新建文档 任务窗格创建文档。

1）选择 文件(F) → 新建(N)... 命令，打开 新建文档 任务窗格，如图 2.1.13 所示，可以看到新建文档的一些选项。

2）如果需要根据模板创建文档，可以单击“本机上的模板”超链接，弹出 模板 对话框，如图 2.1.14 所示。从中选择各种样式的模板用于创建文档。

图 2.1.13　“新建文档”任务窗格

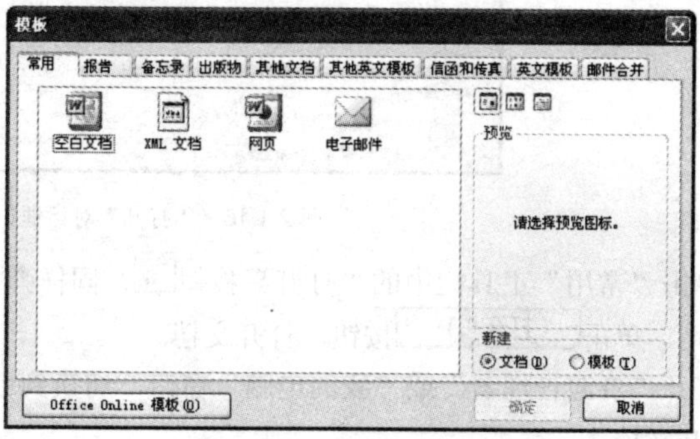

图 2.1.14　“模板”对话框

2．保存文档

在编写文档的过程中，文档的内容只是临时性的保存在计算机的内存中，保存文档是将编辑好的文档在计算机中进行永久性的保存，以便以后继续使用。保存文档的操作步骤如下：

（1）选择 文件(F) → 保存(S) Shift+F12 命令，或单击“常用”工具栏中的“保存”按钮，即可保存正在编辑的文档，如果是保存新建的文本，在选择 文件(F) → 保存(S) Shift+F12 命令后，会弹出 另存为 对话框，如图 2.1.15 所示。

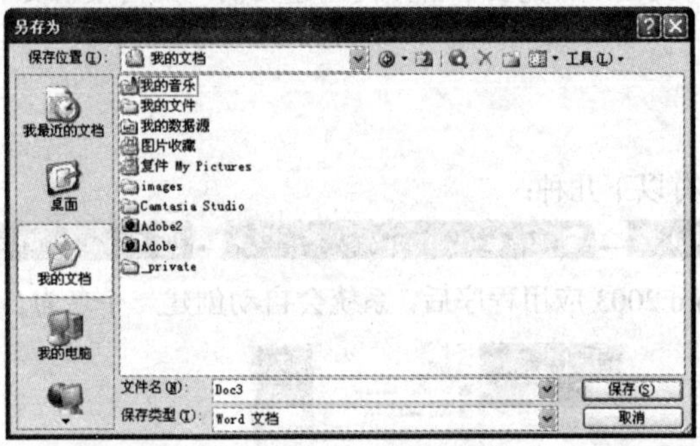

图 2.1.15　“另存为”对话框

（2）完成设置后，单击 保存(S) 按钮，即可保存文档。

2.1.5　打开和关闭文档

打开和关闭文档是 Word 中最基本的操作。

1．打开文档

打开文档操作是打开已经存在的文档，主要有以下几种方法：

（1）选择 文件(F) → 打开(O)... Ctrl+O 命令，弹出 打开 对话框，如图 2.1.16 所示。从“查找范围”下拉列表框中选择要打开的文档，单击 打开(O) 按钮即可打开文档。

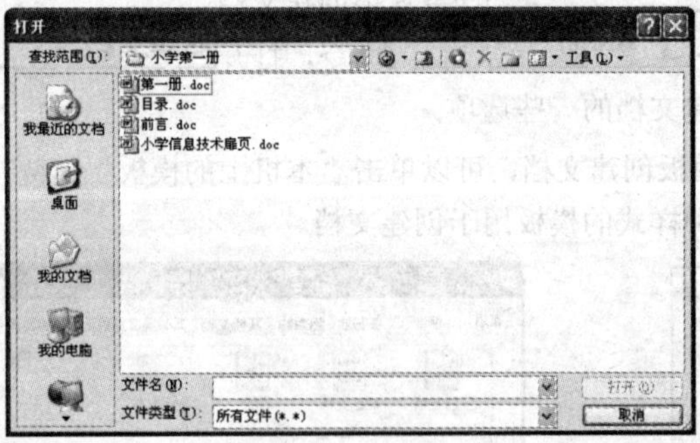

图 2.1.16　“打开”对话框

（2）单击“常用”工具栏中的“打开”按钮，同样弹出 打开 对话框，在文件列表框中选择要打开的文档，单击 打开(O) 按钮，打开文档。

（3）打开“资源管理器”或“我的电脑”窗口，切换到已有的文档所在的文件夹，双击文件图标，即可打开文档。

2．关闭文档

关闭文档的常用方法有以下两种：

（1）选择 文件(F) → 关闭(C) 命令，即可关闭文档。

（2）单击“关闭”按钮，通过关闭窗口也可关闭文档。

2.2　文档的基本操作

文档的基本操作主要包括输入文本、编辑文本以及样式和模板的使用。虽然内容比较简单，但其具有重要的基础作用。

2.2.1　输入文本

输入文本是 Word 2003 中最基本的操作，即通过键盘输入文字，当然也包括一些标点符号和特殊符号。

1. 输入文字

输入文字是文档操作的第一步，打开文档后，在工作区中可以看到一个闪烁的光标，这就是当前要输入文本的位置。在 Word 中输入文字的操作步骤如下：

（1）单击桌面右下角的输入法指示器，在弹出的输入法菜单中选择所需的输入法。

（2）从键盘输入文字。使用“智能 ABC 输入法”，此时输入法会按照输入的拼音逐步联想要输入的文字，当输入到行末的时候，程序会自动换行，如果按“Enter”键，光标就跳到下一行的开始处。

（3）当出现错别字时，可以按“BackSpace”键或“Delete”键删除错别字。“BackSpace”键是删除光标之前的文字；“Delete”键是删除光标之后的文字。

（4）整个文档输入完毕后保存并关闭文档。

2. 输入标点符号和特殊符号

输入标点符号可以直接从键盘上输入，但有些特殊的符号在键盘上没有明确表示。在 Word 2003 中，提供了多种类型的符号，可以寻找并插入这些特殊符号。

（1）下面以插入数学运算符“∈”为例，介绍如何插入特殊符号，其操作步骤如下：

1）将光标移动到要插入符号的位置。

2）选择 插入(I) → 符号(S)... 命令，弹出 符号 对话框，如图 2.2.1 所示。

图 2.2.1　“符号”对话框

3）在“字体”下拉列表框中选择“普通文本”选项；在“子集”下拉列表框中选择“数学运算符”选项。

4）选中符号“∈”，然后单击 插入(I) 按钮，被选中的符号“∈”就插入到相应位置了。

注意： 也可以选择 插入(I) → 特殊符号(Y)... 命令，弹出 插入特殊符号 对话框，进行选择。

（2）如果一个符号在输入过程中多次用到，就需要自定义快捷键。

自定义快捷键的操作步骤如下：

1）在 符号 对话框中选中要使用的符号。

2）单击 快捷键(K)... 按钮，弹出 自定义键盘 对话框，如图 2.2.2 所示。

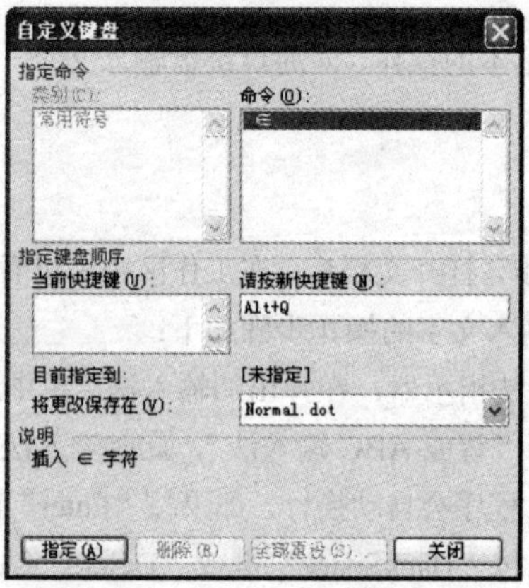

图 2.2.2 “自定义键盘”对话框

（3）在“请按新快捷键”文本框中输入习惯使用的快捷键。

（4）单击 指定(A) 按钮，则在“当前快捷键”文本框中出现刚才自定义的快捷键。

（5）单击 关闭 按钮，完成操作。以后插入该符号时，直接使用自定义的快捷键就可以了。

注意： 自定义的快捷键不能与系统指定的快捷键相冲突，否则系统原来的快捷键将不起作用。

2.2.2 编辑文本

在编辑文本时，通常会对文本进行选择、移动、复制、删除和查找替换等操作，熟练掌握这些操作方法可以提高工作效率。

1. 选择文本

不管是复制或是删除文本，都必须先将文本选中。当文本呈现反白显示状态时说明被选中，在 Word 文档中，一次只能选中一个区域，重新选择新区域时，旧的区域会自动消失。选择文本主要有以下几种常用方法：

（1）将光标指向需要定义的文字开始处，按住鼠标左键拖动，直到在定义的文字结束处松开鼠标左键，如图 2.2.3 所示。

（2）按住“Ctrl”键的同时，单击句中任何位置，即可选中整句。

（3）移动光标到文档左边缘，这时鼠标指针呈 ↗ 状态，单击鼠标即可选中指针对准的行，如图 2.2.4 所示。同样方式，如果要选择一段，双击鼠标即可；如果要选择整篇文章，三击鼠标左键即可。

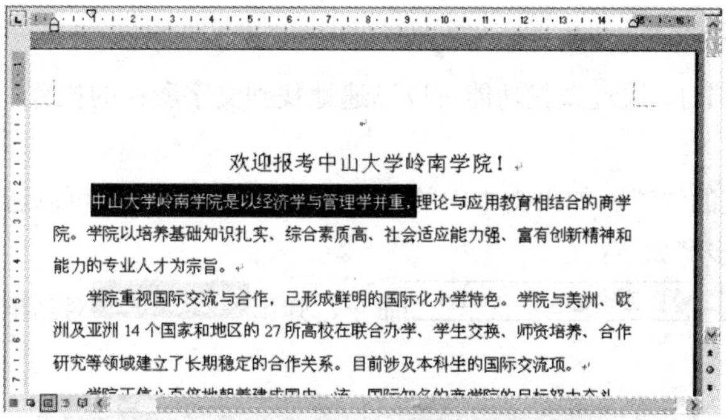

图 2.2.3　选择文本

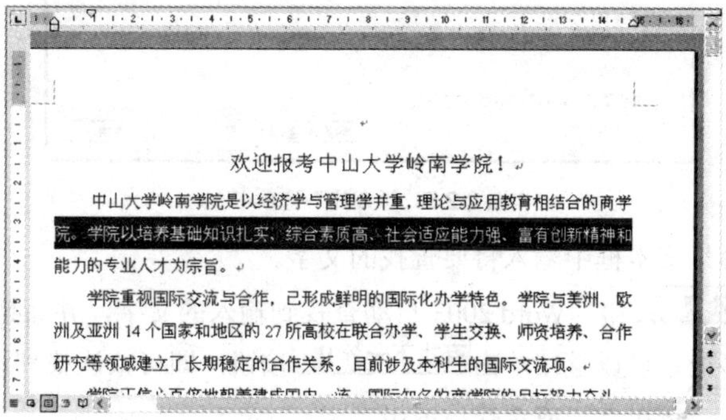

图 2.2.4　选择一行文本

技巧：当光标在文档左边缘呈现状态时，如果在选择文字时按住鼠标左键上下拖动，则可以选择多行文字；如果双击左键后不释放鼠标，向上或向下拖动，就可以选定多个段落。

2．移动、复制和删除文本

在输入和编辑文本时，经常需要移动、复制和删除文本。这些操作都可以通过键盘、鼠标或剪贴板来完成。

（1）移动文本。移动文本的方式比较多，但目的都是一样的，移动文本的操作步骤如下：

1）选中要移动的文本。

2）选择 编辑(E)→剪切(T) Ctrl+X 命令，将文本放入剪贴板中。

3）用鼠标或键盘把光标移动到需要插入文本的位置。

4）选择 编辑(E)→粘贴(P) Ctrl+V 命令，便把剪贴板中的内容粘贴到插入点处。这样就完成了文本的移动。

（2）复制文本。当文本中的部分内容与另一部分相同时，就可以利用复制功能，将相同的部分复制出来，其操作步骤如下：

1）选中要复制的文本。

2）选择 编辑(E)→复制(C) Ctrl+C 命令，把选中的文字复制下来，保存到剪贴板中。

3）用鼠标或键盘把光标移动到需要插入文本的位置。

4）选择 编辑(E)→粘贴(P) Ctrl+V 命令，即可把剪贴板上的内容粘贴到插入点的位置。

（3）删除文本。删除文本的方法非常简单，只要选中要删除的文本，按住“Delete”“Shift+Delete”或“BackSpace”键就可以了。

3. 查找和替换文本

在处理一些长的文档时，通过查找功能可以迅速地找到文字所在的位置。替换是将文本中查找到的文本进行替换。

（1）查找文本所在的位置。如果文本中的某些地方出现了错误，可以通过以下方法查找错误文本所在位置，具体操作步骤如下：

1）选择 编辑(E) → 查找(F)... Ctrl+F 命令，弹出 查找和替换 对话框，选择“查找”选项卡如图 2.2.5 所示。

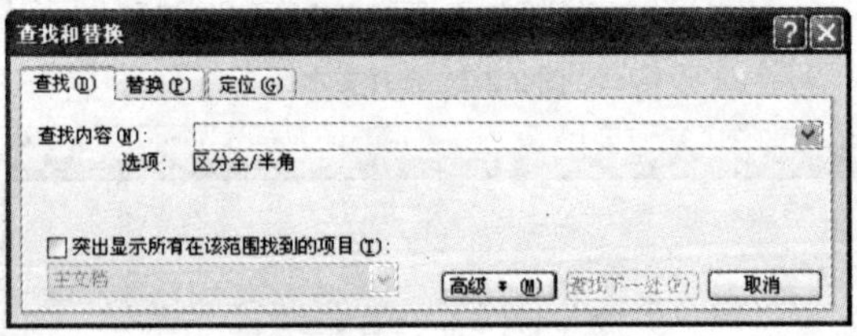

图 2.2.5 “查找”选项卡

2）在“查找内容”文本框中输入将要查找的文字。

3）单击 查找下一处(F) 按钮，Word 2003 自动查找到输入的文字，并高亮显示其查找的结果。

4）如果要查找多处，可以继续单击 查找下一处(F) 按钮，即可依次找到该文字。

5）单击 取消 按钮，完成查找后退出。

（2）替换文本。在 Word 2003 中进行文本替换的操作步骤如下：

1）选择 编辑(E) → 替换(E)... Ctrl+H 命令，弹出 查找和替换 对话框，选择“替换”选项卡如图 2.2.6 所示。

2）在“查找内容”文本框中输入将要查找的文字。

3）在“替换为”文本框中输入替换的文字，单击 替换(R) 按钮，即可完成替换。

图 2.2.6 “替换”选项卡

2.2.3 样式和模板的使用

样式和模板是 Word 2003 中最重要的排版工具。应用样式，可以直接将文字和段落设置成事先定义好的格式；应用模板，可以轻松制作出精美的传真、信函、会议等公文。

1. 新建样式

样式就是由多个格式排版命令组合而成的，新建样式的操作步骤如下：

（1）首先选中要建立样式的文本，选择 格式(O) → 样式和格式(S)... 命令，打开 样式和格式 ▼ 任务窗格，如图 2.2.7 所示。

（2）单击 新样式... 按钮，弹出 新建样式 对话框，如图 2.2.8 所示。

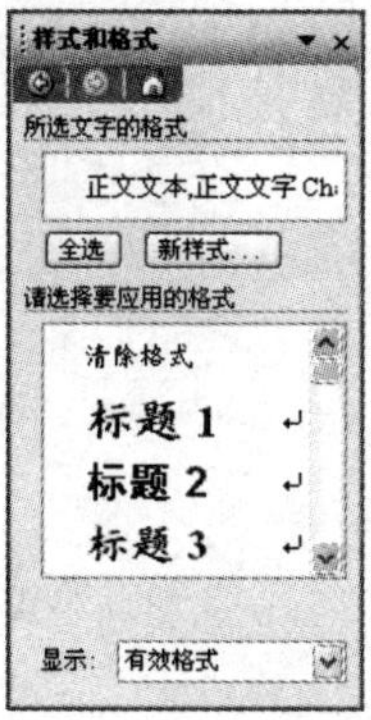

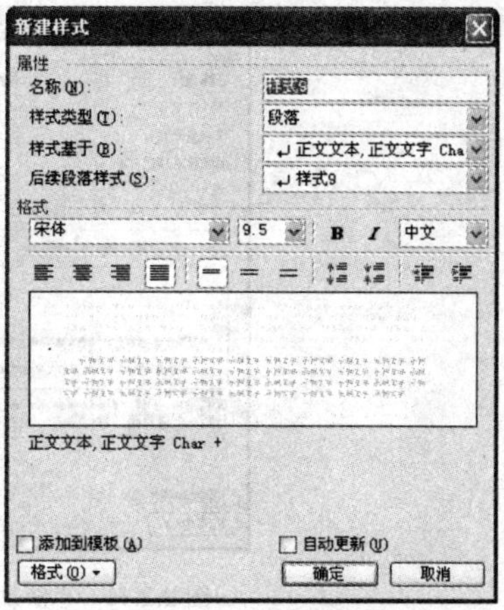

图 2.2.7　“样式和格式”任务窗格　　　　图 2.2.8　“新建样式”对话框

（3）在“属性”选区内进行样式属性设置；在“格式”选区内设置该样式的文字格式。

（4）单击 格式(O) 按钮，弹出其子菜单，如图 2.2.9 所示。

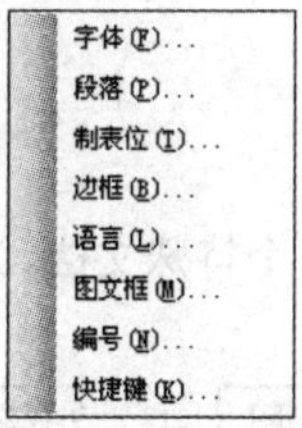

图 2.2.9　“格式”子菜单

（5）在其子菜单内选择任一命令均可弹出一个相应对话框。如选择 编号(N)... 命令，弹出 项目符号和编号 对话框，如图 2.2.10 所示。

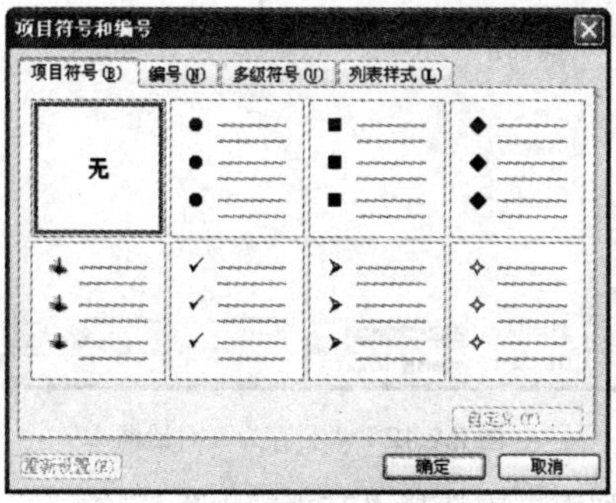

图 2.2.10　“项目符号和编号”对话框

（6）在各对话框中进行设置，完成设置后单击 确定 按钮，即可新建样式。

2．样式的编辑

样式的编辑是在样式创建好后，根据当时的需要对不符合要求的样式进行修改，修改样式的操作步骤如下：

（1）选择 格式(O) → 样式和格式(S)... 命令，打开 样式和格式 任务窗格。

（2）在“请选择要应用的格式”列表框中选择要更改的样式，选择 修改(M)... 命令，弹出 修改样式 对话框，如图 2.2.11 所示。

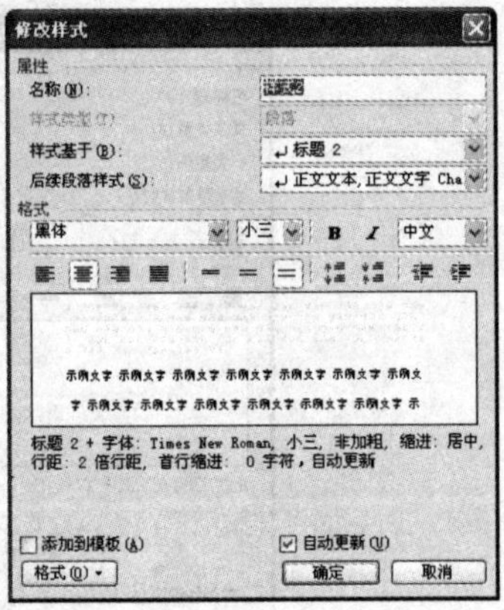

图 2.2.11 “修改样式”对话框

（3）在修改样式对话框中修改样式，修改完成后单击确定按钮，即可完成修改。

提示： 修改样式对话框和新建样式对话框很像，唯一的不同在于修改样式对话框无法改变样式的类型。

3. 创建模板

模板就是由多个特定样式组合而成的一个特殊文档。对文档完成样式创建后，利用文档创建模板的操作步骤如下：

（1）打开作为模板的文档，选择文件(F)→另存为(A)...命令，弹出另存为对话框，如图 2.2.12 所示。

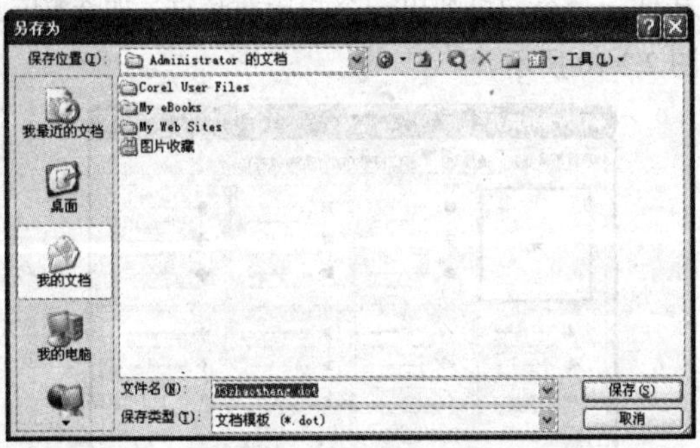

图 2.2.12 “另存为”对话框

（2）在“保存类型”下拉列表框中选择“文档模板”选项；在“文件名”文本框中输入模板的名字；在“保存位置”下拉列表框中选择所需位置，一般情况下使用默认的“我的文档”。

（3）单击保存(S)按钮，即可完成模板的创建。

4. 套用模板

套用模板以后，可以让多个文档具有相同的排版格式。套用模板的操作步骤如下：

（1）选择菜单栏中的工具(T)→模板和加载项(I)...命令，弹出模板和加载项对话框，如图 2.2.13 所示。

（2）单击选用(A)...按钮，弹出选用模板对话框，如图 2.2.14 所示。

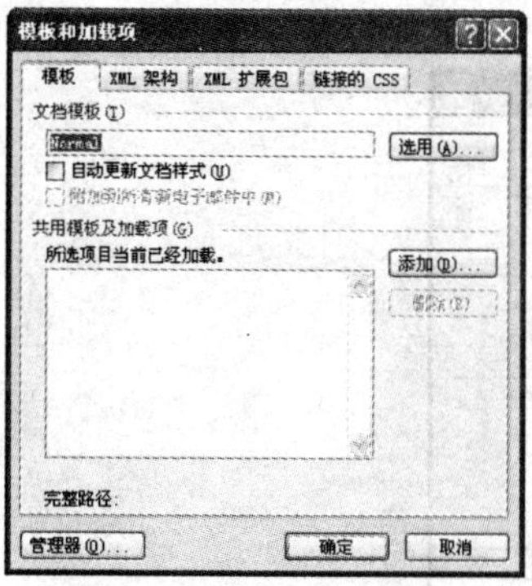

图 2.2.13　“模板和加载项”对话框

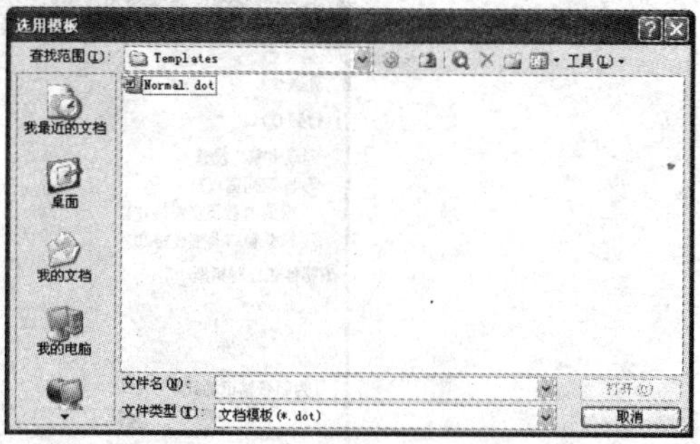

图 2.2.14　“选用模板”对话框

（3）选中要应用的模板文件，单击 打开(O) 按钮，返回到 模板和加载项 对话框。

（4）选中 ☑自动更新文档样式(U) 复选框，单击 确定 按钮，新模板的样式将替换文档现有的样式，并自动更新“格式”工具栏、样式和格式 ▼ 任务窗格中的所有样式。

2.3　表格和图形的处理

Word 2003 具有强大的表格处理功能，用户可以轻松地建立和使用表格、实现对图形对象的各种操作。把图形与文字结合编排在一起，实现图文并茂的效果，使文档更加美观。

2.3.1　创建表格

创建表格的方法有多种，用户可以使用 Word 2003 自带的命令插入表格，也可以利用工具绘制表格，还可以多种方法混合使用。

1. 使用按钮

使用“插入表格”按钮创建表格的操作步骤如下：

（1）将光标定位于要插入表格的位置。

（2）单击“常用”工具栏中的“插入表格”按钮，弹出如图 2.3.1 所示的表格选择框。

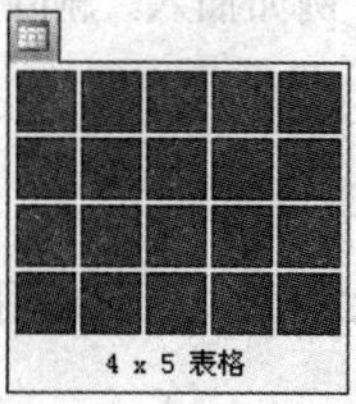

图 2.3.1　表格选择框

（3）拖动鼠标选择表格的行数和列数，然后释放鼠标，系统会在光标处插入表格。

2. 使用菜单命令

使用菜单命令能够准确地定义表格大小和栏目数量，其操作步骤如下：

（1）选择 表格(A) → 插入(I) ▶ → 表格(T)... 命令，弹出 插入表格 对话框，如

图 2.3.2 所示。

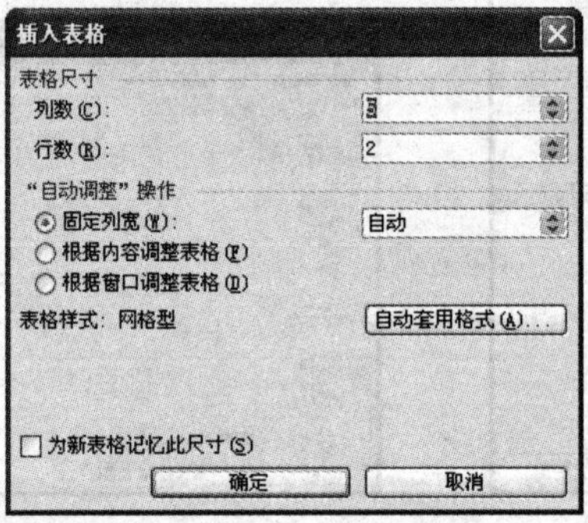

图 2.3.2 “插入表格”对话框

（2）分别在“列数”和“行数”微调框中输入表格的列数和行数；选中“固定列宽(W):”单选按钮设置表格的列宽；也可以单击“自动套用格式(A)...”按钮来创建表格的格式。

（3）设置完成后单击“确定”按钮，表格即被插入。

3．绘制表格

使用“表格和边框”工具栏绘制表格，其操作步骤如下：

（1）选择“表格(A)”→“绘制表格(W)”命令，打开“表格和边框”工具栏，如图 2.3.3 所示。

图 2.3.3 “表格和边框”工具栏

（2）单击“表格和边框”工具栏中的“绘制表格”按钮，这时鼠标指针变成铅笔形状，拖动鼠标可以在文档里绘制表格。

（3）单击“表格和边框”工具栏中的“擦除”按钮，可以擦去画错的线条。

（4）绘制完毕后，再次单击“绘制表格”按钮，即可结束绘制。

2.3.2 编辑表格

创建完成的表格有时还需要一些调整，例如插入、删除、合并单元格等，这些都需要在编辑表格中进行。

1．插入与删除行或列

创建表格完成后，若需要增加或减少行和列，可以使用插入或删除功能。

（1）有 3 种方法可以插入行或列。

1）选中需要插入行或列的位置，单击鼠标右键，在弹出的快捷菜单中选择“插入行(I)”或“插入列(I)”命令。

2）选中需要插入行或列的位置，选择“表格(A)”→“插入(I)”→“行(在上方)(A)”或“列(在左侧)(L)”命令。

3）选中需要插入行或列的位置，单击“常用”工具栏中的“插入行”按钮或“插入列”按钮即可。

（2）删除行或列。删除行或列非常简单。选中行或列，单击“剪切”按钮或按“Ctrl+X”快捷键，选中的行或列即被删除，还可以选择 表格(A) → 删除(D) → 行(R) 或 列(C) 命令删除行或列。

2．插入与删除单元格

创建表格后，若需要增加或删除一栏数据，就需要用到插入或删除单元格功能。

（1）插入单元格。其具体操作步骤如下：

1）将光标移到要插入单元格的位置。

2）选择 表格(A) → 插入(I) → 单元格(E)... 命令，弹出 插入单元格 对话框，如图 2.3.4 所示。

3）选择一种插入方式。

4）单击 确定 按钮，即可插入。

（2）删除单元格。删除单元格的方法比较简单，操作步骤如下：

1）将光标置于要删除的单元格内。

2）选择 表格(A) → 删除(D) → 单元格(E)... 命令，弹出 删除单元格 对话框，如图 2.3.5 所示。

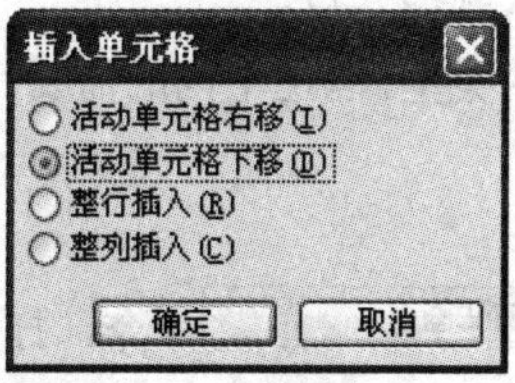

图 2.3.4　“插入单元格”对话框

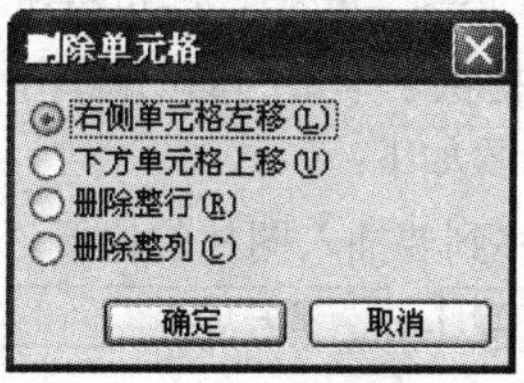

图 2.3.5　“删除单元格”对话框

3）选择一种删除方式。

4）单击 确定 按钮，即可删除。

3．合并与拆分单元格

擦除相邻两个单元格之间的边线可以将两个单元格合并成一个大的单元格；在一个单元格中添加一条线就可以将一个单元格拆分成两个小单元格。这就是最简单的合并与拆分单元格。

（1）合并单元格。使用菜单命令合并单元格的操作步骤如下：

1）选中表格中需要合并的单元格。

2）选择 表格(A) → 合并单元格(M) 命令，选中的单元格自动合并成一个单元格。

（2）拆分单元格。拆分单元格与合并单元格正好相反，其操作步骤如下：

1）选中需要拆分的单元格。

2）选择 表格(A) → 拆分单元格(P)... 命令，弹出 拆分单元格 对话框，如图 2.3.6 所示。

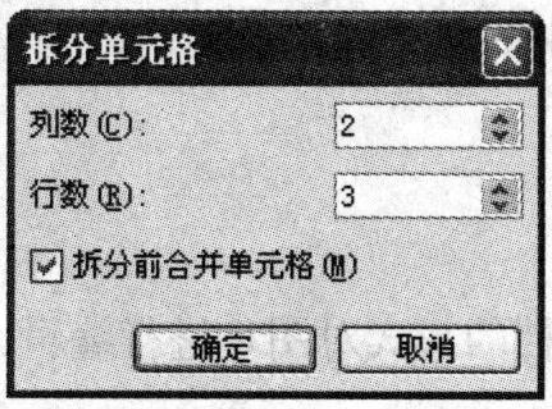

图 2.3.6　“拆分单元格”对话框

3）分别在“行数”和“列数”微调框中输入行数和列数。

4）单击 确定 按钮，完成拆分操作。

2.3.3 插入和编辑图片

在文档中使用一些说明性图片，可以给文档增加活力。插入的图片一般是来自文件的图片，也有剪辑库中的剪贴画，另外还可以自绘图形。下面分别介绍在 Word 文档中插入和编辑图片。

1. 插入图片

在文档中插入的图片，其来源可以是 来自文件(F)... 的任意一张图片，也可以是 Word 2003 自带的 剪贴画(C)... 中的图片。

（1）从 来自文件(F)... 里选择一张图片插入到文档中的操作步骤如下：

1）将插入点移到要插入图片的位置。

2）选择 插入(I) → 图片(P) → 来自文件(F)... 命令，弹出 插入图片 对话框，如图 2.3.7 所示。

3）在“查找范围”下拉列表框中选择图片所在的文件夹，选中该文件夹中的图片。

4）单击 插入(S) 按钮，即可将所需图片插入到插入点。

（2）Word 2003 提供了丰富的剪贴画库，分为不同的类型，满足不同的需要，从 剪贴画(C)... 中插入图片的操作步骤如下：

1）将插入点移到要插入图片的位置。

2）选择 插入(I) → 图片(P) → 剪贴画(C)... 命令，打开 剪贴画 任务窗格，如图 2.3.8 所示。

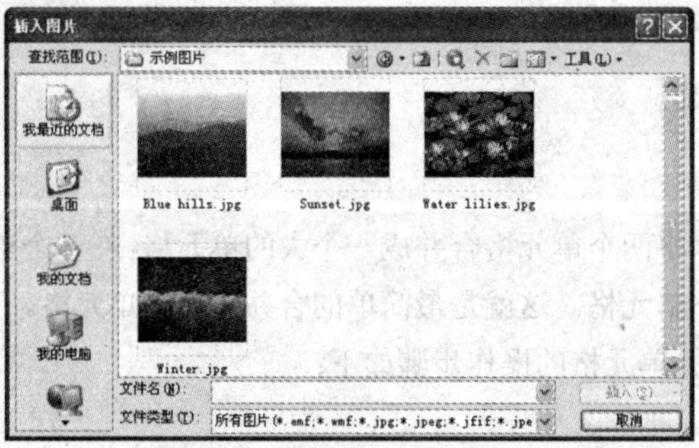

图 2.3.7 “插入图片”对话框

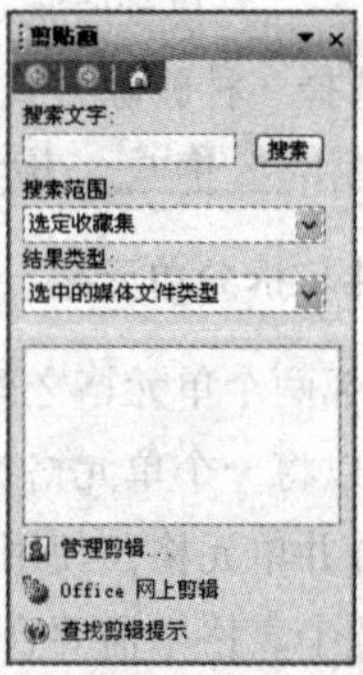

图 2.3.8 “剪贴画”任务窗格

3）在“搜索文字”文本框中输入要找的剪贴画名称；在“搜索范围”下拉列表框中选择剪贴画保存的位置；在“结果类型”下拉列表框中选择需要的类型。

4）单击 搜索 按钮，即可进行搜索。

5）在搜索结果中所有符合要求的剪贴画都会显示出来，从中选择合适的剪贴画，单击即可插入到插入点。

2. 编辑图片

图片被插入文档后，需要根据文档的形式对图片进行编辑。假如需要图片的某个部分，把多余的部分裁剪掉，其操作步骤如下：

（1）选中需要编辑的图片。

（2）选择 视图(V) → 工具栏(T) → 图片 命令，打开“图片”工具栏，如图 2.3.9 所示。

图 2.3.9　“图片”工具栏

（3）单击“裁剪”按钮，此时光标变成形状，拖动图片四周的 8 个控制点即可控制裁剪图片的大小。

（4）要对图片进行精确的裁剪，选择 格式(O) → 图片(I)... 命令，弹出 设置图片格式 对话框，如图 2.3.10 所示。

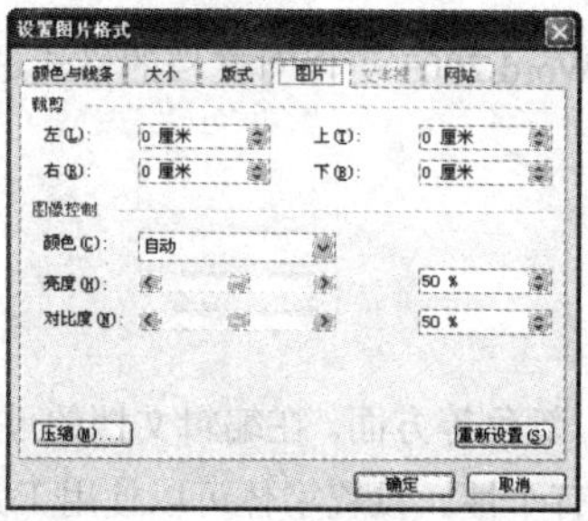

图 2.3.10　“设置图片格式”对话框

（5）在“裁剪”选区中设置图片四周的剪切尺寸，设置完毕后单击 确定 按钮即可。

提示：在 Word 2003 中还可以直接对插入的图片进行整体缩放。选中图片，移动光标到图片句柄上，光标显示为双箭头时拖动鼠标，使图片边框缩放到合适位置松开鼠标，实现图片的整体缩放。

2.3.4　绘制图形

在 Word 2003 中除了可以插入图片外，还可以使用绘图工具绘制需要的图形。Word 2003 提供的绘图工具可以绘制出形状各异、大小不同的图形。

绘制直线的操作步骤如下：

（1）选择 视图(V) → 工具栏(T) → 绘图 命令，打开“绘图”工具栏，如图 2.3.11 所示。

图 2.3.11　“绘图”工具栏

（2）单击“直线”按钮，此时光标变为“十”形状。

（3）将光标移到文档窗口中，按住鼠标并拖动，释放鼠标即可绘制出一条直线。

绘制箭头、矩形和椭圆的方法与绘制直线的方法相同，只是需要选择的工具不同而已。要想在文档中绘制自选图形，可以单击 自选图形(U) 按钮，弹出系统提供的几类自选图形列表，如图 2.3.12 所示。

图 2.3.12 自选图形列表

2.4 格式编辑

一般的文档都有一定的格式，Word 2003 可以对文档的格式进行设置，这样编写出来的文档有利于用户阅读。

2.4.1 字体格式

字体格式主要包括字体、字号、颜色等方面。在编辑文档的过程中，如果能选择适当的字体格式，可以使整个文档显得灵活多变，富有个性。设置字体可以使用工具栏设置，也可以使用对话框设置。

1. 使用工具栏设置字体

选择 视图(V) → 工具栏(T) → 格式 命令，打开 格式 工具栏，如图 2.4.1 所示。

图 2.4.1 “格式”工具栏

单击 格式 工具栏中的按钮对文字进行设置，其中与字体格式相关的主要有以下几个按钮：

“字体”下拉列表框 宋体：打开该下拉列表框后，可以为选中的文本选择一种字体。

“字号”下拉列表框 小三：打开该下拉列表框后，可以为选中的文本选择一种字号。

“加粗”按钮 B：为选中的文字设置或取消粗体。

“倾斜”按钮 I：为选中的文字设置或取消倾斜体。

“下画线”按钮 U：为选中的文字加上或取消下画线。单击右侧的按钮可以弹出下画线类型下拉列表框，选择下画线类型和设置下画线颜色。

“字符和边框”按钮 A：为选中的文字加上或取消字符边框。

“字符底纹”按钮 A：为选中的文字加上或取消底纹。

“字符缩放”按钮：为选中的文字设置水平方向缩放比例。

“突出显示”按钮：为选中的文字设置背景底色，突出显示文字。单击右侧的按钮可以选择不同的颜色。

“字体颜色”按钮 A：为选中的文字设置字体颜色。单击右侧的按钮可以选择不同的颜色。

注意： 字体的格式可以同时设置，即一段文字可以同时拥有几种格式。

2．使用对话框设置字体

使用字体对话框设置字体，其操作步骤如下：

（1）选择格式(O)→A 字体(F)...命令，弹出字体对话框，如图 2.4.2 所示。

图 2.4.2　“字体”对话框

（2）在字体(N)选项卡中设置字体的基本格式。

（3）单击字符间距(R)标签，打开字符间距(R)选项卡，精确设置字符的显示比例、间距和位置。

（4）单击文字效果(X)标签，打开文字效果(X)选项卡，设置文字动态效果。

（5）完成设置后单击确定按钮，即可应用字体格式。

2.4.2　段落格式

段落是指两个段落标记之间的文本。用户可以将整个段落作为一个整体进行格式设置。设置段落格式主要包括以下几方面内容。

1．设置段落基本格式

段落基本格式包括两端对齐、居中对齐、右对齐和分散对齐，这 4 种段落基本格式分别对应格式工具栏里的 4 个按钮。

“两端对齐”按钮：段落文字按正常排列对齐。

“居中对齐”按钮：段落文字从正中向两边排列对齐。

“右对齐”按钮：段落文字从右向左排列对齐。

“分散对齐”按钮：段落所有行的文本的左右两端分别以文档的左右两端对齐。

若是单个段落，只要将鼠标定位于该段落，单击相应的按钮或使用快捷键即可。若是多个段落，需要选中这几个段落，然后单击相应的按钮或使用快捷键。

2．设置段落缩进

段落缩进指的是改变段落两侧与页边之间的距离，设置段落缩进可以将一个段落与其他的段落分开，使得文档条理清晰，便于阅读。

实现段落缩进有多种方法，这里主要介绍 3 种方法。

（1）使用工具栏。使用格式工具栏设置段落缩进的操作步骤如下：

1）将光标定位于将要调整的段落的任意位置。

2）单击“增加缩进量”按钮，即可将当前段落右移一个默认制表位的距离。相反，单击“减少缩进量”按钮，可将当前段落左移一个默认制表位的距离。

3）根据需要可以多次单击按钮完成段落缩进。

（2）使用对话框。使用段落对话框设置段落缩进的操作步骤如下：

1）将光标定位于将要调整的段落的任意位置。

2）选择格式(O)→段落(P)...命令，弹出段落对话框，如图 2.4.3 所示。

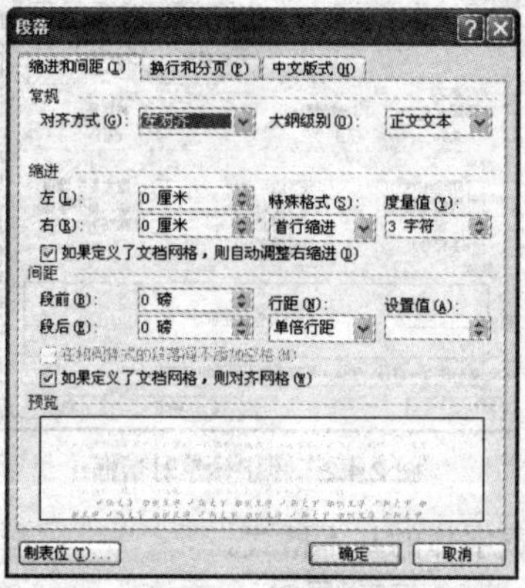

图 2.4.3 “段落”对话框

3）在缩进和间距(I)选项卡中进行设置，包括缩进尺寸和段间间距，可以在预览框中进行预览，以达到精确缩进段落文档的目的。

4）设置完成后单击确定按钮，即可应用段落缩进。

（3）使用标尺的段落缩进滑块。使用标尺的段落缩进滑块设置段落缩进。段落缩进滑块位于水平标尺上，可以在标尺上拖动缩进滑块，标尺缩进滑块如图 2.4.4 所示。

图 2.4.4 标尺缩进滑块

1）“左缩进”滑块□：控制整个段落左边界的位置。

2）“右缩进”滑块△：控制整个段落右边界的位置。

3）“首行缩进”滑块▽：改变段落中第一行第一个字符的起始位置。

4）“悬挂缩进”滑块△：改变整个段落中除第一行以外所有行的起始位置。

对多个段落而言，使用缩进滑块进行段落缩进要先选中这些段落；对单个段落而言，使用缩进滑块进行段落缩进只需将光标置于段落开始或中间，然后在标尺上按缩进格式拖动相应缩进滑块即可完成缩进，如图 2.4.5 所示，使用标尺设置首行缩进。

注意：“悬挂缩进”滑块和“左缩进”滑块大多数情况下连在一起。区分“悬挂缩进”和“左缩进”的办法：当移动“左缩进”滑块时，“首行缩进”滑块跟着移动；当移动“悬挂缩进”滑块时，“首行缩进”滑块不动。

3. 设置行间距和段间距

行间距是指段落中行与行之间的距离，段间距指的是段落与段落之间的距离。设置行间距和段间距的操作步骤如下：

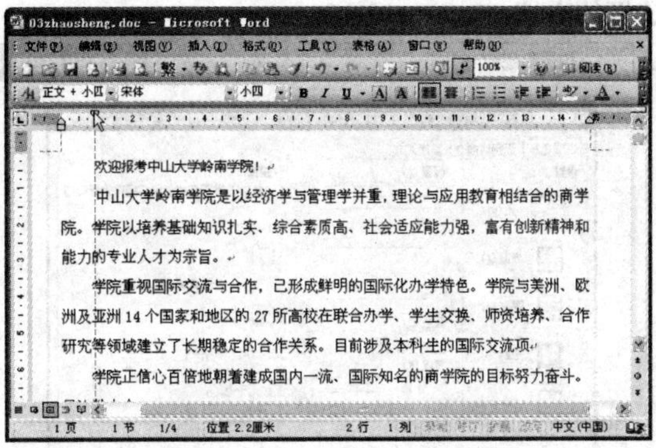

图 2.4.5　使用标尺设置首行缩进

（1）选中要更改行间距及段间距的文本。

（2）选择 格式(O) → 段落(P)... 命令，弹出 段落 对话框，系统默认打开 缩进和间距(I) 选项卡。

（3）在“间距”选区中的“行距”下拉列表框中选择一种行距方式，如选择“单倍行距”选项，如图 2.4.6 所示。另外，也可以直接在“设置值”微调框中输入相应的值。

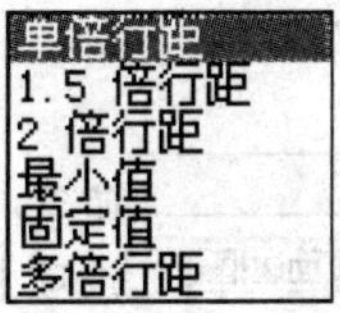

图 2.4.6　“行距”下拉列表框

“行距”下拉列表框中各选项的含义如下：

1）单倍、1.5 倍、2 倍行距：指行距是该行最大字高的单倍、1.5 倍、2 倍。

2）最小值：选中该选项后可以在“设置值”微调框中输入固定的行间距，当该行中的文字或图片超过该值时，Word 自动扩展行间距。

3）固定值：选中后可以在“设置值”微调框中输入固定的行间距，当该行中的文字或图片超过该值时，Word 不会扩展行间距。

4）多倍行距：选中后在“设置值”微调框中输入的值为行间距，但此时的单位为行，而不是磅。

（4）在“间距”选区中的“段前”“段后”微调框中设置段间距。

（5）设置完成后单击 确定 按钮，即可应用段间距和行间距。

2.4.3　设置边框和底纹

Word 2003 不仅能为页面设置边框和底纹，也能为文本和段落设置边框和底纹。为文档添加边框和底纹可以修饰和突出文档中的内容。

1．添加边框

向文档中添加边框可以把用户认为重要的文本突出显示。

（1）为文档添加边框的操作步骤如下：

1）选中需要添加边框的文档。

2）选择 格式(O) → 边框和底纹(B)... 命令，弹出 边框和底纹 对话框，如图 2.4.7 所示。

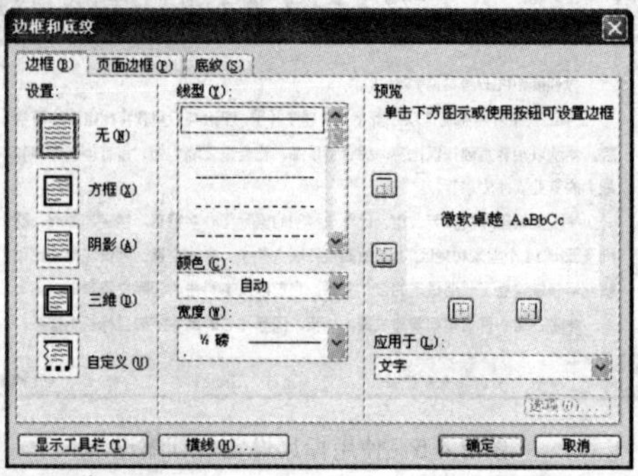

图 2.4.7 “边框和底纹”对话框

3）在“设置”选区中可选择任意一种边框方式；在“线型”列表框中可设置线条的线型；在“颜色”下拉列表框中选择线条的颜色；在“宽度”下拉列表框中可设置边框线的宽度；在“应用于”下拉列表框中可设置边框线的应用范围。

4）单击 确定 按钮，即可看到边框效果。

（2）为页面添加边框的操作步骤如下：

1）打开要添加边框的页面。

2）选择 格式(O) → 边框和底纹(B)... 命令，弹出 边框和底纹 对话框。

3）单击 页面边框(P) 标签，打开 页面边框(P) 选项卡，如图 2.4.8 所示。

4）在选项卡中选择边框的线型、颜色以及宽度等，并在左侧的“设置”选区中选择一种边框的类型。

5）单击 确定 按钮，即可完成页面边框的设置。

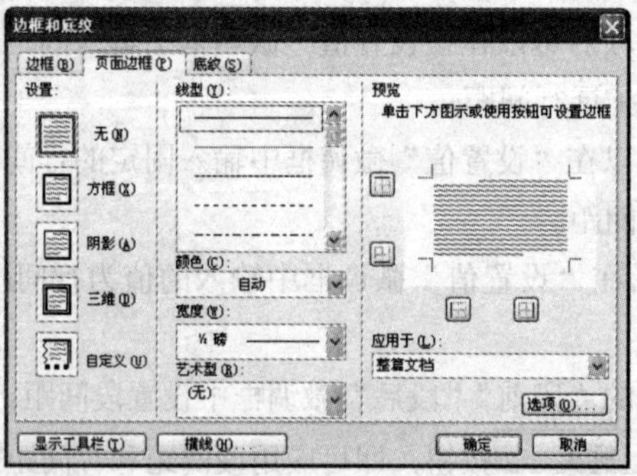

图 2.4.8 “页面边框”选项卡

2. 添加底纹

添加底纹是指设置页面或某些文档的背景效果。对于一般的文档如果没有特别的要求，应设置相对简单和淡色的底纹，以免为阅读带来不便。

为文档添加底纹的操作步骤如下：

（1）选中要添加底纹的文档。

（2）选择 格式(O) → 边框和底纹(B)... 命令，弹出 边框和底纹 对话框。

（3）单击底纹(S)标签，打开底纹(S)选项卡，如图 2.4.9 所示。

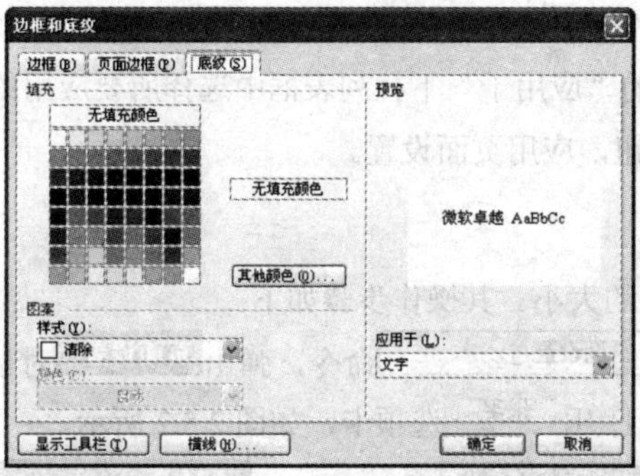

图 2.4.9　“底纹”选项卡

（4）在“填充”选区中选择填充颜色；在“图案”选区中的“样式”和“颜色”下拉列表框中选择图案的样式和颜色。

（5）设置完毕后，单击确定按钮，即可看到底纹效果。

3．设置表格边框

如果用户对表格默认的边框设置不满意，可以重新设置表格的边框。

为表格添加边框的操作步骤如下：

（1）把光标移到要添加边框的表格中。

（2）选择格式(O)→边框和底纹(B)...命令，弹出边框和底纹对话框。

（3）单击边框(B)标签，打开边框(B)选项卡，在选项卡中进行相应的选项设置。

（4）在“应用于”下拉列表框中选择表格应用的范围。

（5）单击确定按钮完成设置。

2.5　页面设置与打印

创建文档的主要目的是为了保存和发布信息，所以经常需要把编写的文档打印出来。进行页面设置是为了编排出一个简洁、美观的版式，以供用户欣赏。下面介绍如何编排一个简洁、美观的版面以及如何打印这些文档。

2.5.1　页面设置

页面设置主要包括修改页边距、设置纸张与版式、设置文档网格等内容。

1．修改页边距

页边距是页面四周的空白区域，修改页边距的操作步骤如下：

（1）选择文件(F)→页面设置(U)...命令，弹出页面设置对话框，打开页边距选项卡，如图 2.5.1 所示。

（2）在“页边距”选区中的“上”“下”“左”“右”“装订线”和“装订线位置”微调框中输入页边距的精确数值。

（3）在“方向”选区中选择文本打印的方向。

（4）在“页码范围”下拉列表框中选择一种页码范围方式。

（5）在“预览”选区中的“应用于”下拉列表框中选择所要应用的文档项目。

（6）单击 确定 按钮，应用页面设置。

2. 设置纸张

设置纸张主要是设置纸张的大小。其操作步骤如下：

（1）选择 文件(F) → 页面设置(U)... 命令，弹出 页面设置 对话框。

（2）单击 纸张 标签，打开 纸张 选项卡，如图 2.5.2 所示。

图 2.5.1 “页面设置”对话框

图 2.5.2 “纸张”选项卡

（3）在“纸张大小”下拉列表框中选择打印纸张的类型。

提示：如果需要使用特定的纸型，可以在“宽度”和“高度”微调框中输入相应的数值。

（4）在“纸张来源”选区中的“其他页”列表框中选择纸张位于打印机中的位置，系统默认为“默认纸盒”。

（5）单击 打印选项(T)... 按钮，弹出 打印 对话框，如图 2.5.3 所示。

（6）在 打印 对话框中用户可以根据需要设置“打印选项”“打印文档的附加信息”“只用于当前文档的选项”和“双面打印选项”等。

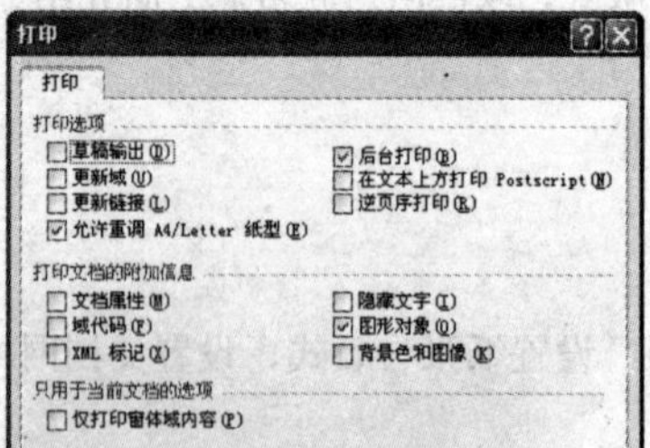

图 2.5.3 “打印”对话框

（7）单击 确定 按钮，确定文档的打印方式，返回 页面设置 对话框。

（8）单击 确定 按钮完成纸张设置。

3．设置版式

可以在不同的页面中使用不同的页面设置，其操作步骤如下：

（1）选择 文件(F) → 页面设置(U)... 命令，弹出 页面设置 对话框。

（2）单击 版式 标签，打开 版式 选项卡，如图 2.5.4 所示。

（3）在“节”选区中打开“节的起始位置”下拉列表框，为文档中各个节设置起始位置。

（4）在“页眉和页脚”选区中的“页眉”“页脚”微调框中，输入页眉和页脚距页面两端的距离。还可以根据情况选中 ☑奇偶页不同(O) 和 ☑首页不同(P) 复选框。

（5）单击 行号(N)... 按钮，弹出 行号 对话框，如图 2.5.5 所示。

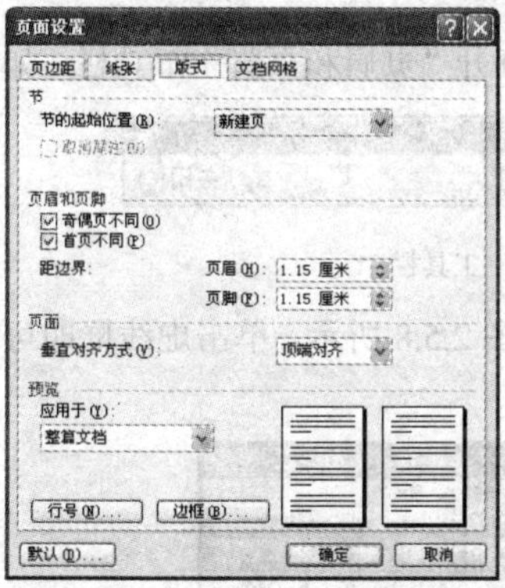

图 2.5.4　“版式”选项卡

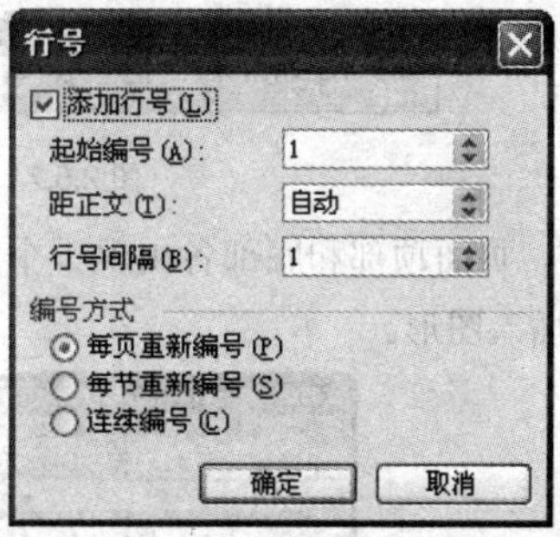

图 2.5.5　“行号”对话框

（6）选中 ☑添加行号(L) 复选框，在“起始编号”“距正文”和“行号间隔”微调框中选择或输入相应的数值；在“编号方式”选区中根据需要选择一种编号方式。单击 确定 按钮返回 页面设置 对话框。

（7）单击 边框(B)... 按钮，弹出 边框和底纹 对话框，根据需要设置边框和底纹。

（8）单击 确定 按钮完成版式设置。

4．设置文档网格

利用 Word 2003 中的文档网格，可以设置文档中每行字符的个数、每页行数和文字的排列方向等。设置文档网格的操作步骤如下：

（1）选择 文件(F) → 页面设置(U)... 命令，弹出 页面设置 对话框。

（2）单击 文档网格 标签，打开 文档网格 选项卡，如图 2.5.6 所示。

图 2.5.6　“文档网格”选项卡

（3）在“网格”选区中进行网格设置。

（4）在“预览”选区中选择文档网格应用的范围。

（5）设置完毕后单击 确定 按钮，文档中相应的页面会显示出网格。

2.5.2 添加页眉和页脚

页眉和页脚出现在文档的顶部和底部区域，可以由文本或图形组成。页眉和页脚一般显示文档的附加信息，如页码、日期、作者姓名等，可以根据不同的页面设置不同的页眉和页脚。

在页面中添加页眉和页脚的操作步骤如下：

（1）选择 视图(V) → 页眉和页脚(H) 命令，打开“页眉和页脚”工具栏，如图 2.5.7 所示。

图 2.5.7 “页眉和页脚”工具栏

（2）此时，页面顶部和底部各出现一个虚线框，如图 2.5.8 所示。单击虚线框即可在页眉或页脚中输入文本或插入图形。

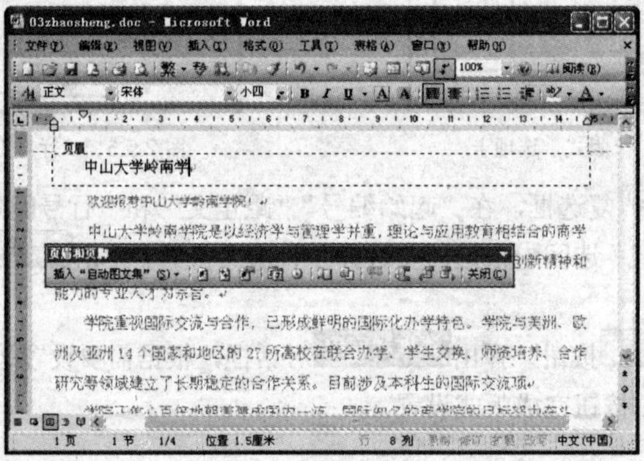

图 2.5.8 设置页眉窗口

（3）页眉和页脚设计好后，单击“页眉和页脚”工具栏中的 关闭(C) 按钮，或双击变灰的正文，返回 Word 文档编辑状态。

2.5.3 打印文档

文档编写完成后，经过页面设置，形成了一份较理想的文档，这时可以将文档打印出来。下面介绍如何在打印前进行预览和打印设置。

1. 预览文档

由于版式方面的原因，在打印文档之前先预览一下文档，查看打印效果是否与预想中的一致，确认以后再打印文档比较好。

预览文档的操作步骤如下：

（1）选择 文件(F) → 打印预览(V) 命令，或单击“常用”工具栏中的“打印预览”按钮，打开“打印预览”工具栏，如图 2.5.9 所示。

图 2.5.9　“打印预览”工具栏

（2）单击“打印预览”工具栏中的“多页”按钮，在弹出的列表框中选择同时显示几个页面，如图 2.5.10 所示。

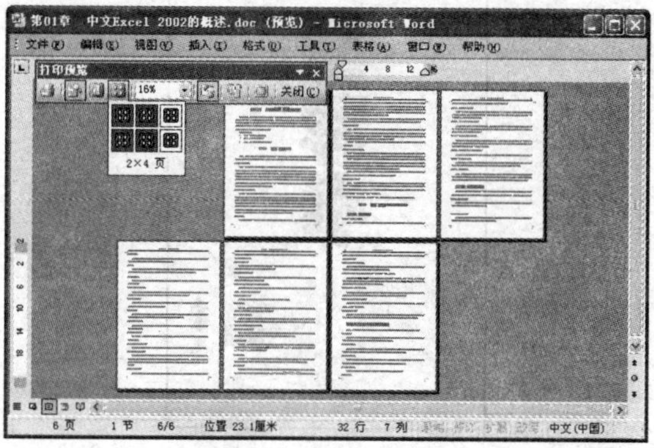

图 2.5.10　多页面预览

（3）单击“打印预览”工具栏中的“放大镜”按钮，鼠标变成放大镜的形状。如果显示，单击鼠标放大页面；如果显示，单击鼠标缩小页面。

（4）预览完毕，单击关闭(C)按钮即可关闭预览。

2．打印设置

如果对打印预览的效果满意，即可开始打印文档。打印文档的操作步骤如下：

（1）选择 文件(F) → 打印(P)... Ctrl+P 命令，弹出 打印 对话框，如图 2.5.11 所示。

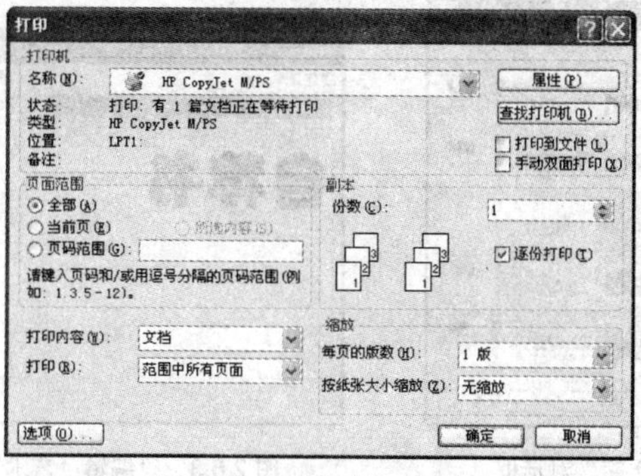

图 2.5.11　“打印”对话框

（2）在“页面范围”选区中选择要打印的页面。选中 全部(A) 单选按钮，打印整个文档；选中 当前页(E) 单选按钮，打印当前一页；选中 页码范围(G): 单选按钮，输入要打印的范围。

（3）如果要打印多份，在“副本”选区中的“份数”微调框中选择或输入文档要打印的份数。

（4）在“打印内容”下拉列表框中选择打印文档的内容。

（5）在“打印”下拉列表框中选择打印的范围，可以选择“奇数页”“偶数页”或“范围中所有页面”中的一种。

（6）在“缩放”选区中设置每页打印的版数。

（7）设置完成，单击 确定 按钮，开始打印文档。

2.6　应用实例——制作自荐书的封面

本例利用 Word 2003 制作自荐书的封面，效果如图 2.6.1 所示。

图 2.6.1　效果图

操作步骤

（1）启动 Word 2003，选择 文件(F) → 新建(N)... 命令，新建一个空白文档。

（2）选择 插入(I) → 图片(P) → 艺术字(W)... 命令，弹出 艺术字库 对话框，如图 2.6.2 所示，选择第二行第三种艺术字样式，单击 确定 按钮。

（3）弹出 编辑“艺术字”文字 对话框，输入文字“自荐书”，如图 2.6.3 所示。在“字体”下拉列表框中选择“华文琥珀”，如图 2.6.4 所示。单击 确定 按钮，艺术字效果如图 2.6.5 所示。

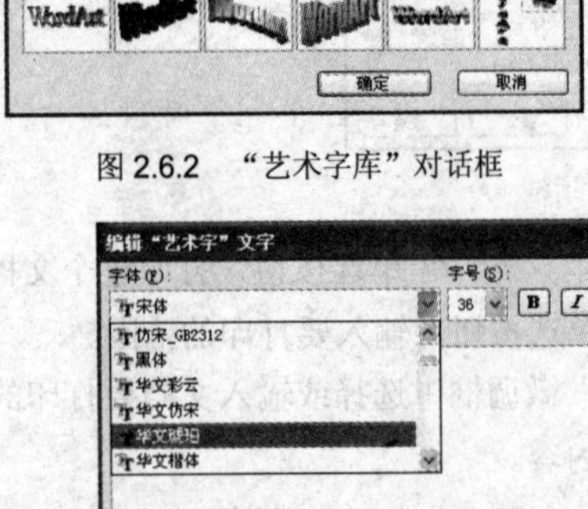

图 2.6.2　“艺术字库”对话框

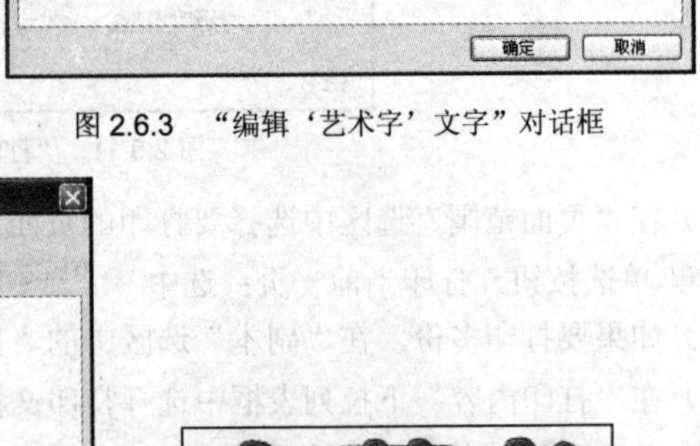

图 2.6.3　“编辑‘艺术字’文字”对话框

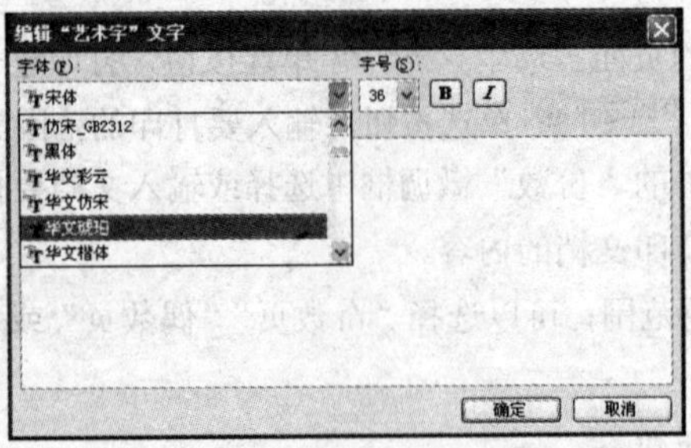

图 2.6.4　设置字体格式为“华文琥珀”

图 2.6.5　设置后的艺术字效果

（4）选中艺术字，弹出“艺术字”工具栏，单击工具栏中的“设置艺术字格式”按钮，弹出设置艺术字格式对话框，如图 2.6.6 所示。选择版式选项卡，设置艺术字版式为“浮于文字上方”，单击确定按钮，效果如图 2.6.7 所示。

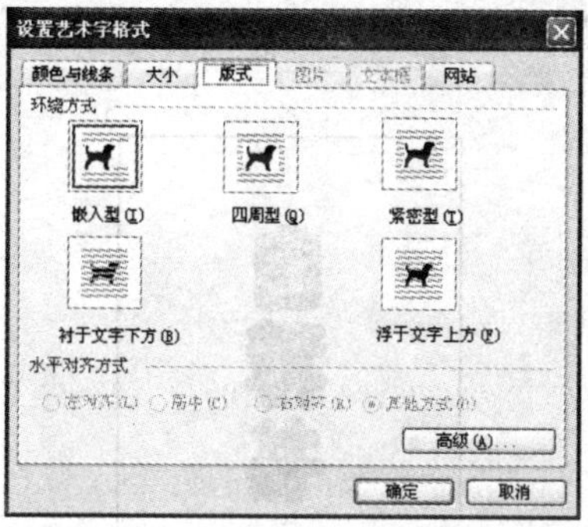

图 2.6.6　“设置艺术字格式”对话框

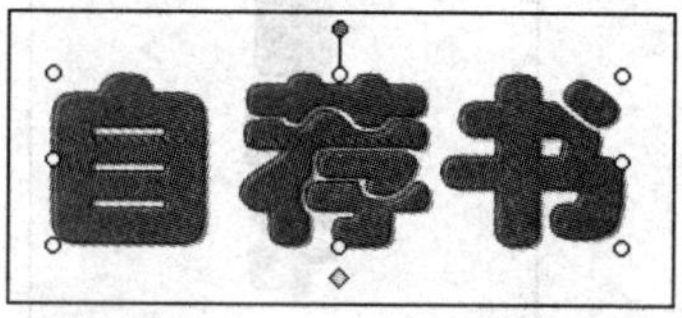

图 2.6.7　“浮于文字上方”效果

（5）选中艺术字“自荐书”，单击“艺术字”工具栏中的“艺术字竖排文字”按钮，将文字由横排变为竖排，效果如图 2.6.8 所示。

（6）移动鼠标至艺术字任意一个角的控制柄上，单击并拖动鼠标改变艺术字的大小，如图 2.6.9 所示。

（7）在常用工具栏的“显示比例”下拉列表框中选择“整页”选项，将艺术字调至文档中间，效果如图 2.6.10 所示。

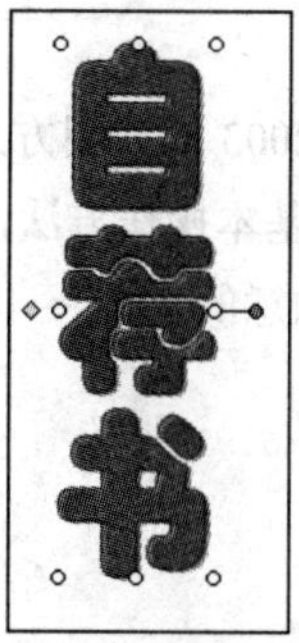

图 2.6.8　艺术字竖排效果

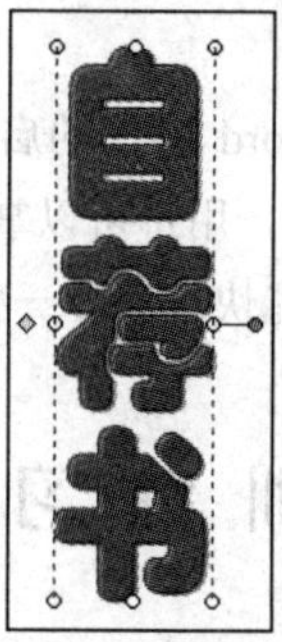

图 2.6.9　改变艺术字大小

图 2.6.10　调整艺术字至文档中间

（8）选择插入(I)→图片(P)→剪贴画(C)...命令，弹出“插入剪贴画”任务窗格，如图 2.6.11 所示。单击搜索按钮，在搜索结果中选择一张图片，单击图片右侧的黑色箭头，在弹出的下拉菜单中选择插入(I)命令，效果如图 2.6.12 所示。

图 2.6.11　“插入剪贴画”任务窗格

图 2.6.12　插入图片后的效果

（9）选中插入的剪贴画，单击鼠标右键，在弹出的快捷菜单中选择 设置图片格式(I)... 命令，弹出 设置图片格式 对话框。打开 版式 选项卡，设置图片版式为“浮于文字上方”，单击 确定 按扭，调整图片的大小及位置，效果如图 2.6.13 所示。

（10）重复第（2）步操作在文档中插入艺术字“李志杰”，调整其至合适的大小及位置，效果如图 2.6.14 所示。

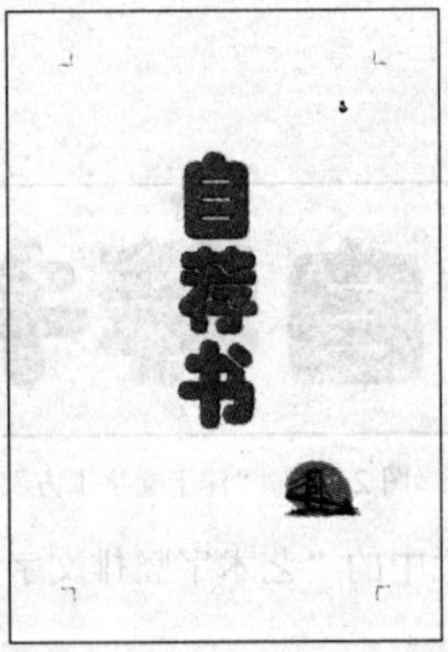

图 2.6.13 调整图片的大小及位置

图 2.6.14 插入艺术字

（11）重复第（8）步操作，为“自荐书”加上底纹，最终效果如图 2.6.1 所示。

本 章 小 结

本章主要介绍了 Word 2003 的新增功能、Word 2003 的启动与退出、Word 2003 的视图方式、Word 2003 帮助系统的使用等内容。通过本章的学习，用户可以掌握文档和文本的基本操作方法，表格及图形的处理、字符格式和段落样式的设置等，能快速制作一些实用的、称心如意的文档。

实 训 练 习

一、填空题

1．Word 2003 提供了 5 种视图方式，当新建一个文档时，自动进入__________视图方式。

2．如果要快速打开最近使用过的文档，可以选择__________菜单，在其下拉菜单中显示了最近打开过的文档。

3．在 Word 2003 中如果要选定整个文档，使用快捷键__________即可。

4．Word 2003 中修改文本内容，有__________和__________两种方法。

5．Word 2003 中改变纸张大小规格，应执行文件菜单的__________命令。

6．为方便提高排版的效率，在 Word 2003 中经常使用的工具为__________和__________。

二、选择题

1．在 Word 2003 编辑状态下选定文本，当鼠标在某行行首的左边，下列（ ）操作可以仅选择光标所在的行。

A．单击鼠标左键　　　　B．双击鼠标左键

C．三击鼠标左键　　D．单击鼠标右键

2．在 Word 2003 编辑状态下，执行编辑菜单中的复制命令后（　）。

A．被选中的内容被复制到插入点处

B．被选中的内容被复制到剪贴板

C．插入点所在的段落内容被复制到剪贴板

D．光标所在的段落内容被复制到剪贴板

3．在 Word 2003 文档中，为了使一个文档中各段落的格式一致，可以使用（　）。

A．模板　　B．向导

C．样式　　D．页面格式化

4．把指针移到段落左边空白处，使指针变成右指的箭头，若（　）则选定该段落。

A．单击鼠标左键　　B．单击鼠标右键

C．双击鼠标左键　　D．双击鼠标右键

5．在 Word 2003 中，若要将格式刷重复应用多次，应该_____。

A．单击“格式刷”按钮　　B．双击“格式刷”按钮

C．右击“格式刷”按钮　　D．拖动“格式刷”按钮

6．下列关于 Word 2003 文档创建项目符号的叙述中，正确的是_____。

A．以段落为单位创建项目符号

B．以选中的文本为单位创建项目符号

C．以节为单位创建项目符号

D．可以任意创建项目符号

7．在 Word 2003 编辑状态下，若需要调整左右边界，更直接、快捷是利用______。

A．工具栏　　B．格式栏

C．菜单　　D．标尺

三、简答题

1．Word 2003 有哪几种视图方式？

2．创建新文档有哪几种方法？

3．怎样选择不连续的文本？

4．怎样为文本添加边框和底纹效果？

5．怎样设置段落的格式？

6．怎样快速创建表格，并为表格设置边框效果？

7．怎样进行页面设置和打印？

三、上机操作题

1．启动 Word 2003 系统，创建一个文档，内容为本章第一节的文本及排版布局，以文件名“First.doc”存盘，并将该文件打印出来，然后关闭该文件。

2．创建一个 5 行 7 列的表格，选用“自动套用格式”中的“网格 5”，练习插入、删除某行（或列、单元格），以及合并、拆分单元格等操作。

第 3 章　中文 Excel 2003 的基本操作

Excel 2003 是最新版本的电子表格处理系统，它是 Microsoft Office XP 套件中的重要成员，以其强大的数据处理与分析功能、友好的操作界面、全新的工作环境，赢得了广大用户的青睐。在 Excel 2003 工作簿中可以输入文本、数据、插入图表以及多媒体对象，而且以电子表格的形式进行计算、统计、管理和分析等操作，使用户制作出不同结构和格式的电子表格。

知识要点

- Excel 2003 概述
- 工作簿的基本操作
- 工作表的基本操作
- 数据的管理与分析
- 打印工作簿

3.1　Excel 2003 概述

与 Excel 的早期版本相比较，Excel 2003 无论是在界面上还是在功能上都有不少改进。本节只介绍 Excel 2003 的主要新增功能。

3.1.1　Excel 2003 的新增功能

Excel 2003 的新增功能主要体现在以下几个方面。

（1）列表功能。在 Microsoft Office Excel 2003 中，用户可以在工作表中创建列表以分组或操作相关数据。可在现有数据中创建列表，也可在空白区域中创建列表。如将某一区域指定为列表，可方便地管理和分析列表数据而不必理会列表之外的其他数据。另外，通过与 Microsoft Windows SharePoint Services 进行集成还可与其他人员共享列表中的信息。如图 3.1.1 所示为指定的列表区域采用新的用户界面和新增列表功能。

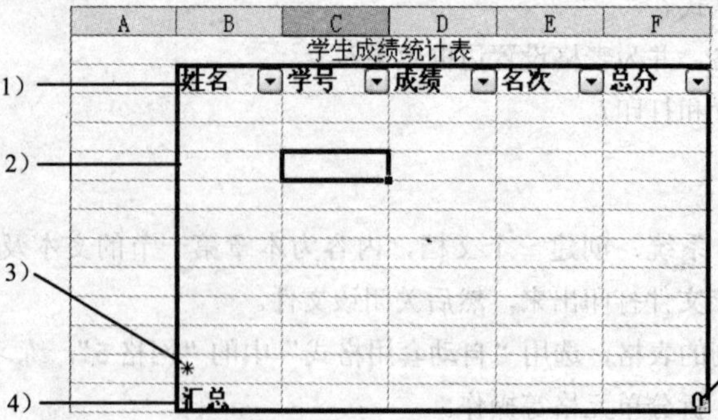

图 3.1.1　列表功能示例

图中注释的含义如下：

1）默认情况下，在标题行列表中的所有列启用自动筛选功能，从而允许用户快速筛选或排列数据。

2）深蓝色的列表边框可清晰地界定出组成列表的单元格区域。

3）列表框中包含有星号的行，也称为插入。如果在该行中输入信息，系统自动将数据添加到列表中。

4）可以为列表添加汇总行。单击汇总行中的单元格，可从下拉列表中选择聚合函数。

5）通过拖动列表边框右下角的调整手柄，可以修改列表大小。

Excel 列表通过与 Windows SharePoint Services 集成，从而允许用户合并列表中的信息。通过发布 Excel 列表，可以基于该列表在 SharePoint 网站上创建 SharePoint 列表。如果选择将列表链接到 SharePoint 网站，当同步列表时，用户在 Excel 中对列表所做的任何更改都将反映到 SharePoint 站点中。

（2）改进的统计函数。Excel 2003 对 BINOMDIST（返回一元二项式分布的概率），CONFIDENCE（返回总体平均值的置信区间），FINV（返回 F 概率分布的反函数值），GAMMAINV（返回伽玛累积分布函数的反函数），HYPGEOMDIST（返回超几何分布）等统计函数的许多特性（包括取整和精度）进行了改进，使函数的结果可能与在以前版本的 Excel 中的计算结果不同。

（3）XML 支持。通过在 Excel 2003 中支持工业标准的 XML，可使在计算机和后端系统之间访问和获取信息、解除信息锁定以及允许跨组织在商业伙伴之间创建集成企业解决方案的过程更加方便。

XML 允许用户采用以前根本不可能或非常困难的方法来组织和处理工作簿和数据，使用 XML 架构，可以从普通商业文档中识别和提取特定的商业数据，首先将自定义的 XML 架构添加到任何工作簿，然后使用“XML 源”任务窗格将单元格映射到架构元素。将 XML 元素映射到工作表后，可向映射的单元格中导入或从中导出 XML 数据。由于 XML 是一种常用的数据格式，所以无论企业、公司，还是个人用户都可以方便地定义数据格式，存储、读取以及修复数据。

（4）智能文档。智能文档是可以对其进行编程，以通过动态地响应操作的上下文来扩展工作簿功能的文档。有多种类型的工作簿（如窗体和模板）作为智能文档进行工作，效果很好。智能文档对于作为进程的一部分的工作簿效果尤其显著。智能文档可以帮助用户重复使用现有内容。例如，会计师在创建记账声明时可以使用现有的样板文件。

（5）并排比较工作簿。使用一张工作簿查看多名用户所做的更改非常困难，但 Excel 2003 具有并排比较工作簿的新功能。使用并排比较工作簿能够方便地查看两个工作簿之间的差异，而不必将所有更改合并到一张工作簿中，还可以在两个工作簿中同时滚动以确定两个工作簿之间的差异。

（6）其他新增功能。Excel 2003 作为 Microsoft Office 2003 的重要成员之一，与其他 Office 2003 组件一样具有开放且充满活力的新外观、支持如 Tablet PC 等手写设备以及新的“信息检索”任务窗格，提供各种各样的参考资料和丰富的信息资源（需要接入 Internet）。

3.1.2 Excel 2003 的窗口组成

启动 Excel 2003 后，系统自动新建一个名为“Book1”的工作簿。Excel 2003 的工作窗口如图 3.1.2 所示。

与其他的 Windows 应用程序一样，Excel 2003 的工作窗口由标题栏、菜单栏、工具栏（“常用”

工具栏和“格式”工具栏）、名称框、编辑栏、工作表区、工作表标签、滚动条、状态栏和任务窗格等部分组成。

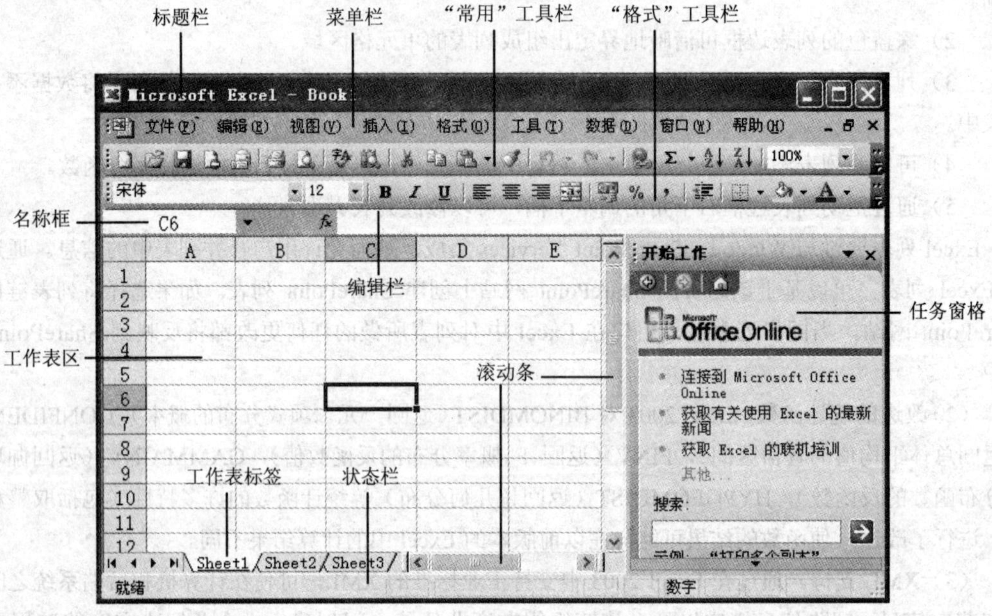

图 3.1.2　Excel 2003 工作窗口

标题栏位于工作窗口的顶端，显示应用程序与当前工作簿文件的名称。菜单栏、工具栏、状态栏以及任务窗格等与 Office 2003 其他组件的相应项类似，图 3.1.2 已标明各组成部分的名称，其他组成部分的用途将在后面的章节中做详细介绍。

注意：在标题栏和菜单栏中都有“最小化”按钮、“最大化（还原）”按钮和“关闭”按钮，它们控制的对象是不一样的。标题栏上的 3 个按钮用来控制 Excel 2003 应用程序，而菜单栏上的按钮控制的是工作簿。

3.1.3　Excel 2003 的启动与退出

在启动 Windows XP 后，按照下列方法中的任意一种操作，均可启动 Excel 2003 应用程序。

（1）选择 开始 → 所有程序(P) → Microsoft Office → Microsoft Office Excel 2003 命令。

（2）选择 开始 → 所有程序(P) → 新建 Office 文档 命令，弹出如图 3.1.3 所示的 新建 Office 文档 对话框。在 常用 选项卡中选择“空工作簿”图标，单击 确定 按钮即可新建一空白工作簿。

提示：默认情况下，新建 Office 文档 对话框中打开的是 常用 选项卡。

（3）双击桌面上创建的 Excel 2003 快捷图标。

完成工作后，要退出 Excel 2003 的方法有下列 3 种，用户可根据自己的习惯选择一种方法。

（1）单击标题栏上的“关闭”按钮。

（2）单击标题栏上的 Excel 控制图标，在弹出的菜单中选择 关闭(C) Alt+F4 命令，或者双击控制图标。

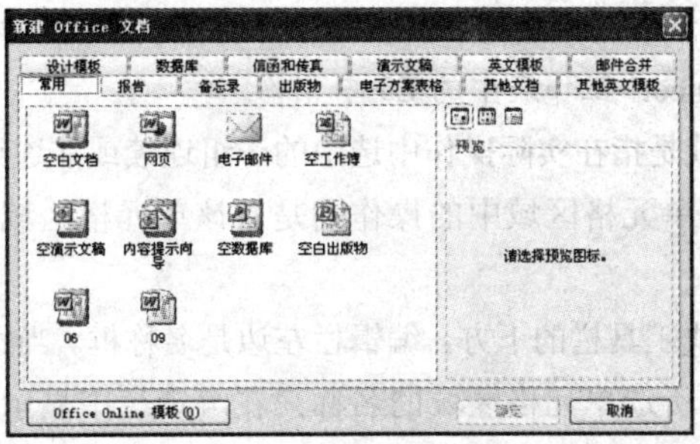

图 3.1.3 “新建 Office 文档”对话框

（3）选择 文件(F) → 退出(X) 命令即可退出 Excel 2003 应用程序。

如果在退出时没有保存文件，系统将弹出如图 3.1.4 所示的提示对话框，询问在退出前是否保存文件，用户可根据需要单击 是(Y) 、 否(N) 或 取消 按钮。

图 3.1.4 Microsoft Excel 提示对话框

3.2 工作簿的基本操作

工作簿与工作表是 Excel 2003 中两个最重要的基本概念，本节主要介绍新建工作簿、在工作簿中输入数据、保存和打开工作簿等内容。通过本节的学习使用户了解 Excel 2003 电子表格中常用的基本概念、掌握工作簿的新建、保存和打开的方法。

3.2.1 基本概念

在 Excel 2003 中进行数据处理时，首先要了解一些基本概念，以便于深入了解和学习 Excel 2003。其基本概念包括工作簿、工作表、单元格、单元格区域、编辑栏、工作表标签等。

工作簿：工作簿是指在 Excel 中用来处理并存储数据和工作的文件。在默认情况下，一个工作簿文中包含有 3 个工作表，分别是 Sheet1，Sheet2 和 Sheet3。在 Excel 中，数据都是以工作表的形式存储在工作簿文件中的，通常一个工作簿最多可以包含 255 个工作表。

工作表：工作表是工作簿的重要组成部分，由 65 536 行和 256 列所构成，也称电子表格。每个工作表的行编号用阿拉伯数字标识，即由上而下依次为 1～65 536；列编号用罗马字母标识，即由左到右依次为 A～IV。

单元格：单元格是工作表中最小的存储单位。在单元格中可以输入文本、图形图像、公式等内容，在单元格中最多可以输入 32 000 个字符。而且任意一个单元格都有其固定的地址，由列号与行号组成，如 E 列的第 9 个单元格的地址为 E9。

提示： 在 Excel 2003 中每张工作表是由 65 536 × 256 个单元格组成，但只有一个单元格为当前工作的活动单元格，该单元格用黑色粗框标识。如果在工作簿中要引用不同工作表的同一个单元格地址，必须在地址前面添加工作表的名称，而且工作表与单元格之间用“!”号分隔开来，如 Sheet1!E9 表示该单元格是 Sheet1 工作表中的 E9 单元格。

单元格区域：单元格区域是指在实际操作中选中的一组连续或非连续的单元格。选中后的单元格区域呈高亮度显示。对所选单元格区域中的操作则是对该单元格区域中的所有单元格执行相同的操作。

编辑栏：编辑栏位于格式工具栏的下方，编辑栏左边是名称框。当选中某一单元格时，在名称框中显示活动单元格的地址或所选单元格区域的名称；在编辑栏中显示选中单元格中输入或编辑的内容。

在单元格中输入信息时，在名称框与编辑栏之间将会显示“取消”按钮☒和“输入”按钮☑，分别用于取消和确认输入或编辑的内容。

工作表标签：在工作簿中用来标识不同的工作表，它位于工作簿窗口的底部，在其上面显示工作表的名称。当前活动的工作表标签名称有单下画线显示。如果工作簿中有多个工作表，单击这些工作表标签可以在工作表之间进行切换，还可以通过单击工作表标签左边的 4 个箭头按钮显示工作簿中更多的工作表标签。

3.2.2 新建工作簿

在启动 Excel 2003 后，系统将自动新建一个名为 Book1 的工作簿，如果用户自己要创建工作簿，可以使用下列两种方法。

（1）选择 文件(F) → 新建(N)... Ctrl+N 命令，打开 新建工作簿 任务窗格，如图 3.2.1 所示。单击“空白工作簿”超链接，即可新建一个空白工作簿。

技巧：单击“常用”工具栏中的“新建”按钮，也可新建一个空白工作簿。

（2）选择 文件(F) → 新建(N)... Ctrl+N 命令，在 新建工作簿 任务窗格中单击“本机上的模板”超链接，弹出 模板 对话框。单击 电子方案表格 标签，打开 电子方案表格 选项卡，如图 3.2.2 所示。在模板列表框中选择所需的电子方案表格模板，单击 确定 按钮，新建一个具有模板特征的工作簿。

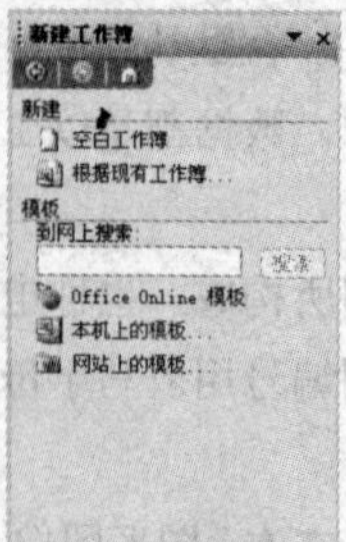

图 3.2.1 “新建工作簿”任务窗格

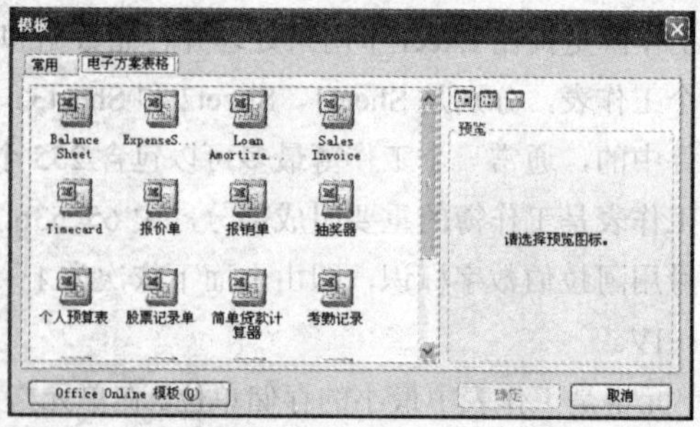

图 3.2.2 “电子方案表格”选项卡

3.2.3 输入数据

完成工作簿的创建后，就可以在默认情况下选中的工作表（Sheet1）中输入数据。在 Excel 中输入的数据一般包括文本、数值、日期和时间。在单元格中输入数据时，应先选定一个单元格，即单击或者使用键盘选定，然后在单元格中输入内容。输入完成后，按“Tab”键、“Enter”键、箭头键或单击编辑栏左边的“输入”按钮✓确认输入的内容。如果要取消输入的内容，则可按“Esc”键或单击编辑栏左边的“取消”按钮✕。

1. 输入文本

Excel 中的文本是指字符、数字或者是字符与数字的组合。默认情况下，在单元格中输入的文本是靠左对齐的。用户也可以通过单击“格式”工具栏上的各种对齐按钮更改文本的对齐方式。如果在一个单元格中输入的文本太长（超过 32 000 个字符），Excel 允许该文本覆盖相邻的单元格，显示当前单元格的全部数据，如图 3.2.3 所示。

如果在单元格中要输入由数字字符串组成的文本，如身份证号码、电话号码，为了与系统的数值型数据区别，在输入这些字符时需要在其前面添加撇号“'”，否则输入的数字太长，Excel 在单元格中将以科学计数法显示。如图 3.2.4 所示的是在单元格中输入数字字符串（身份证号码）与数字“610115198006103546”后的区别。

	A	B	C	D
1	清平乐　六盘山　一九三五年十月			
2	天高云淡，望断南飞雁。			
3	不到长城非好汉，屈指行程二万。			
4	六盘山上高峰，红旗漫卷西风。			
5	今日长缨在手，何时缚住苍龙？			
6				

图 3.2.3　在单元格中输入文本

	A	B
1		
2	数字字符串（身份证号码）	数字
3	610115198006103546	6.10115E+17
4		
5		
6		

图 3.2.4　字符串与数字的区别

2. 输入数值

在 Excel 中可作为数字使用的合法字符有“0～9”“+”“−”“(”“)”“/”“$”“%”“·”“E”“e”。输入数字时，直接用键盘输入。所有的数字在单元格中均右对齐。如果输入的数字以正号开头，Excel 将忽略其前面的正号“+”，并将单一的句点视为小数点。其他数字与非数字的组合将被视为文本。输入负数时应在其前输入减号“−”，或将其置于括号“()”中。

3. 日期和时间

在 Excel 中将输入的日期和时间视为数字处理。在工作表中的时间或日期的显示方式取决于所在单元格的数字格式。系统默认日期和时间在单元格中靠右对齐。

由于计算机程序解释日期和时间的规则十分复杂，在输入日期和时间时必须严格遵守 Excel 的规则。在 Excel 2003 中是按 24 小时制理解时间的，例如输入 4: 00 应理解为 4: 00AM，而不是 4: 00PM。如果用户使用了 12 小时制时间，必须在时间后输入一个空格后再输入 AM 或 PM，也可输入 A 或 P。

提示： 如果要在同一个单元格中同时输入日期和时间，必须在两者之间输一个空格。

4. 自动输入数据

在输入数据的过程中，当某一行或某一列的数据有规律时，例如 3，5，7…或 2，4，8…或者是一组固定的序列数据，例如某公司的员工姓名等，可以使用自动填充功能快速输入这些数据。

（1）在单元格中输入序列。在单元格中可以输入不同类型的数据序列，如等差、等比、日期和自动填充等。选择 编辑(E) → 填充(I) → 序列(S)... 命令，弹出如图 3.2.5 所示的 序列 对话框。

在序列对话框中可以设置序列产生的行或列、序列的类型、日期单位、步长值、终止值等内容。其中步长值是指序列中任意两个数值之间的差值（等差序列）或比值（等比序列）。终止值是在单元格中输入数值时没有选定填入序列的单元格，在终止值文本框中输入终止值后，可以确定序列的长度。

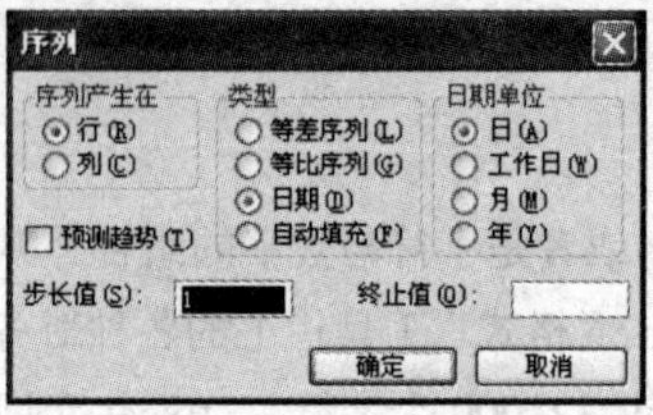

图 3.2.5 “序列”对话框

提示：在单元格中快捷填充序列的方法：在某行或列的前两个单元格中输入开始的前两个数字，并选中这两个单元格，如图 3.2.6 所示。用鼠标左键单击第二个单元格右下角的填充柄并拖曳到结束的单元格后松开鼠标左键，结果如图 3.2.7 所示。

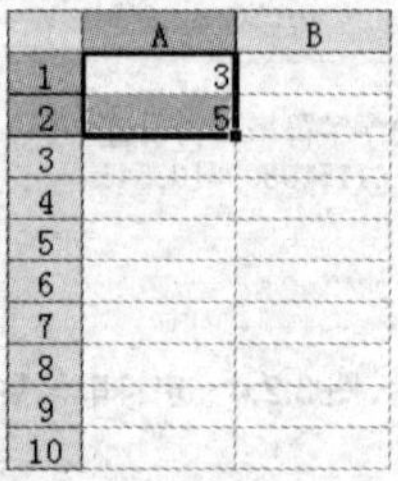

图 3.2.6 选中第一、二单元格

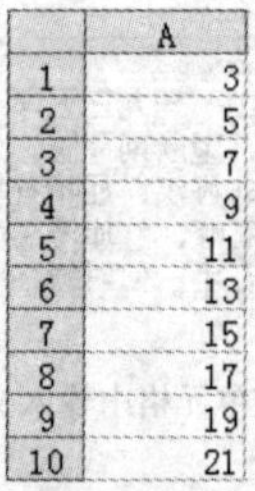

图 3.2.7 用自动填写序列输入数据

（2）自动填写自定义序列。可以使用自定义序列的方式进行自动填写，设置自定义序列的方法如下：

1）选择 工具(T) → 选项(O)... 命令，弹出选项对话框，单击 自定义序列 标签，打开 自定义序列 选项卡，如图 3.2.8 所示。

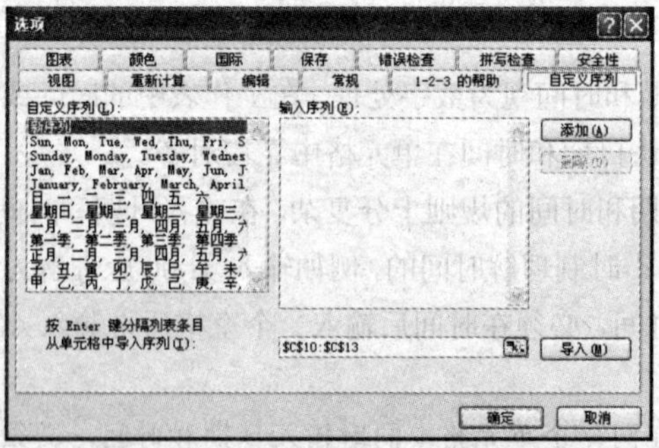

图 3.2.8 “自定义序列”选项卡

2）选中“自定义序列”列表框中的“新序列”，在“输入序列”列表框中输入自定义的序列，如“王小丫、杨阳、白雪、王小汇”等，每一项后按“Enter”键，输入完后单击 添加(A) 按钮。也可以将工作表中已经输入的文本自定义为序列，单击 导入(M) 按钮左边的“折叠”按钮，选中自定义序列的文本，再单击“伸展”按钮，最后单击 导入(M) 按钮即可。

3）如果要删除“自定义序列”列表框中的序列，应先选中要删除的序列，然后单击 删除(D) 按钮。

4）设置完成后单击 确定 按钮。在输入“王小丫、杨阳、白雪、王小汇”自定义序列时，在第一个单元格中输入“王小丫”，将鼠标指针指向该单元格右下角的填充柄，当指针变为“十”时，按住鼠标左键并拖动直到终止的单元格时释放鼠标左键即可。

3.2.4　保存和打开工作簿

完成工作簿的编辑后，需要保存工作簿中的内容。保存工作簿有下面两种方法。

（1）通过工具栏保存工作簿。单击“常用”工具栏中的“保存”按钮，完成保存工作簿的操作。

（2）通过命令保存工作簿。通过命令保存工作簿的具体操作步骤如下：

1）选择 文件(F) → 另存为(A)... 命令，弹出如图 3.2.9 所示的 另存为 对话框。

2）在“保存位置”下拉列表框中选择保存工作簿的具体位置（默认情况下保存在“我的文档”中），在“文件名”文本框中输入工作簿的名称，在“保存类型”下拉列表框中选择保存类型。

3）设置好后单击 保存(S) 按钮。

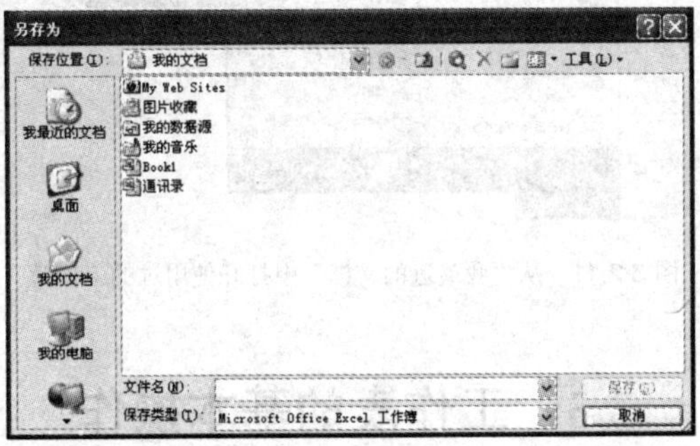

图 3.2.9　“另存为”对话框

提示： 当第一次保存工作簿时，会弹出 另存为 对话框。如果要保存对工作簿所做的更改，可以直接单击“常用”工具栏中的“保存”按钮，或使用“Ctrl+S”快捷键即可。

如果要打开计算机中保存的工作簿，可以使用下面两种方法。

（1）使用命令或快捷按钮。

1）启动 Excel 2003 应用程序后，选择 文件(F) → 打开(O)... Ctrl+O 命令，或单击“常用”工具栏中的“打开”按钮，弹出如图 3.2.10 所示的 打开 对话框。

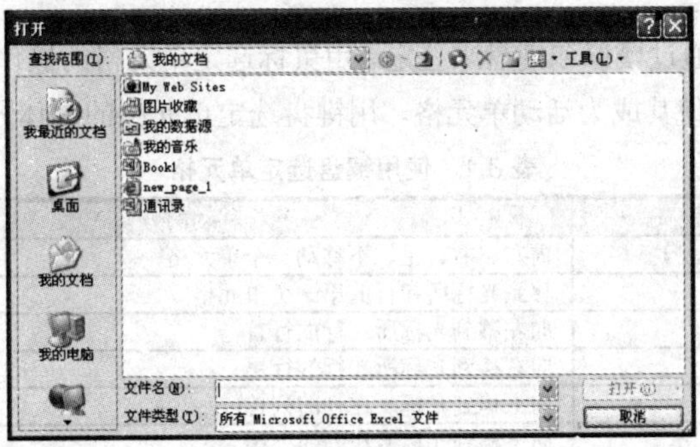

图 3.2.10　“打开”对话框

提示：也可使用“Ctrl+O”快捷键打开工作簿。

2）在“查找范围”下拉列表框中查找要打开的工作簿的位置。

3）找到要打开的工作簿后，双击该文件图标即可，或者选中文件图标后，再单击 打开(O) 按钮。

（2）从“我最近的文档”中打开使用过的工作簿。

1）单击 开始 按钮，弹出开始菜单。

2）选择“我最近的文档”，在弹出的级联菜单中单击要打开的工作簿文件名，如图 3.2.11 所示。

图 3.2.11　从“我最近的文档”中打开使用过的工作簿

3.3　工作表的基本操作

工作表的基本操作包括选定单元格、编辑单元格、工作表的选中、插入和删除、格式设置和显示设置以及工作表中的计算。

3.3.1　选定单元格

通常在一张工作表中始终有一个粗黑边框的单元格，称为活动单元格。所谓在工作表中输入数据，其实是在活动单元格中输入数据。因此，在工作表中输入内容时，首先要选定单元格，使其处于活动状态。

要选定单元格，可以通过鼠标和键盘来选定。用鼠标选定单元格的操作比较简单，只要在工作表中单击任意单元格，即可使其成为活动单元格。用键盘选定单元格的具体方法如表 3.1 所示。

表 3.1　使用键盘选定单元格

按 键	光标移动的方向
←，→，↑，↓	向左、右、上、下移动一个单元格
Home	移到光标所在行的第一个单元格
Ctrl+←	向左移到光标所在行的行首
Ctrl+→	向右移到光标所在行的行尾
Ctrl+↑	向上移到光标所在列的列首
Ctrl+↓	向下移到光标所在列的列尾
PageUp	向上移动一屏

续表

按 键	光标移动的方向
PageDown	向下移动一屏
Ctrl+PageUp	移到上一张工作表
Ctrl+PageDown	移到下一张工作表
Ctrl+Home	移到光标所在工作表的第一个单元格
Ctrl+End	移到光标所在工作表的已有数据的右下角最后一个单元格

在实际操作中，有时要选定某一行或某一列。选中一行的具体操作步骤如下：

（1）将光标移到要选择的行处。

（2）当鼠标变成向右箭头➡时，单击鼠标即可选择整行，如图 3.3.1 所示。

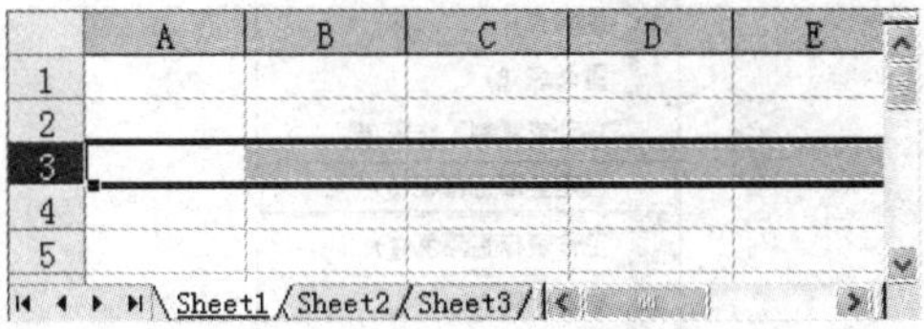

图 3.3.1　选定一行

选定列的操作与选定行的操作基本相同，当鼠标变成向下箭头⬇时，单击鼠标即可选定一列，如图 3.3.2 所示。

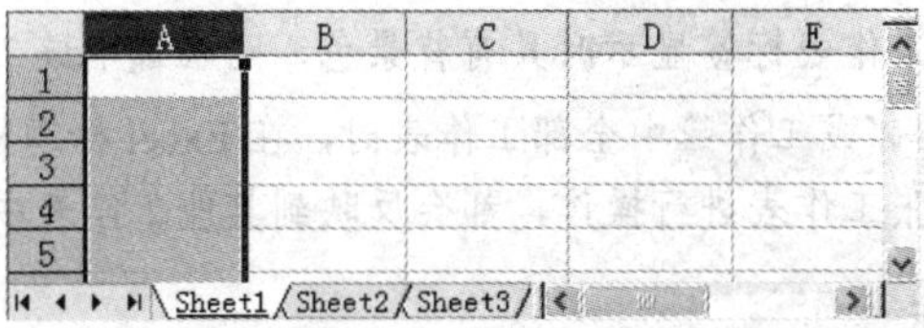

图 3.3.2　选定一列

3.3.2　工作表的选中、插入和删除

选中单张工作表可以单击工作表相应的标签，或者使用“Ctrl+PageUp”和“Ctrl+PageDown”快捷键，前面已经介绍过，这里不再赘述。有时要对多张工作表同时进行操作，就需要同时选定多张工作表。

1. 工作表的选中

工作表的选中包括相邻工作表、不相邻工作表和工作簿中所有工作表的选中。选中相邻的多张工作表的具体操作步骤如下：

（1）选中第一张工作表的标签，如选中“Sheet2”工作表。

（2）在按住“Shift”键的同时，单击最后一张工作表的标签，如“Sheet4”工作表，即可选中“Sheet2”“Sheet3”“Sheet4”3 个相邻的工作表，如图 3.3.3 所示。

图 3.3.3　选中相邻的多个工作表

（3）释放“Shift”键即可取消选中相邻的多张工作表。

选中不相邻的多张工作表的具体操作步骤如下：

（1）单击其中任意一张工作表的标签。

（2）在按住“Ctrl”键的同时单击其他工作表标签，如图 3.3.4 所示。

图 3.3.4　选中不相邻的多张工作表

如果要选定工作簿中的所有工作表，可用鼠标右键单击工作表标签，弹出如图 3.3.5 所示的快捷菜单，选择 选定全部工作表(S) 命令即可。

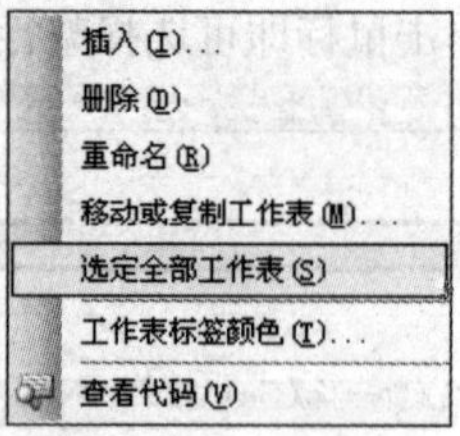

图 3.3.5　快捷菜单

提示：（1）如果工作表标签用颜色做了标记，则当选中该工作表标签时其名称将按用户指定的颜色加下画线。如果工作表标签显示时具有背景色，则未选中该工作表。

（2）当选中相邻、不相邻或工作簿中全部工作表时，在 Excel 标题栏中都会出现[工作组]字样。当用户对工作组中的任意一张工作表进行操作，都会反映到其他工作表中。

2．工作表的插入和删除

在默认情况下，一个工作簿包含有 3 张工作表，在实际应用中，用户可根据需要来插入工作表。在工作簿中插入工作表的具体操作步骤如下：

（1）选定插入新工作表的位置。

（2）选择 插入(I) → 工作表(W) 命令即可，插入的新工作表将出现在当前活动工作表的前面，并且成为当前活动工作表。

提示：用鼠标右键单击工作表标签，在弹出的快捷菜单（见图 3.3.5）中选择 插入(I)... 命令，可快速插入一张工作表。

如果要删除工作簿中不需要的工作表，其具体操作步骤如下：

（1）选中要删除的一张或多张工作表。

（2）选择 编辑(E) → 删除工作表(L) 命令，弹出如图 3.3.6 所示的提示框。

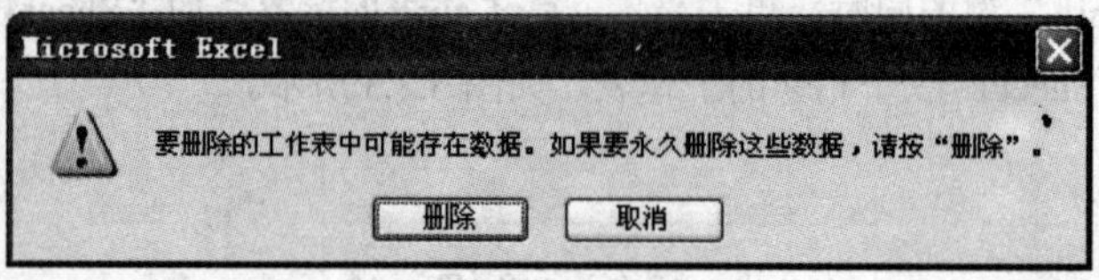

图 3.3.6　提示框

提示：（1）用鼠标右键单击工作表标签，在弹出的快捷菜单（见图 3.3.5）中选择 删除(D) 命令，可快速删除一张工作表。

（2）如果工作表中存有数据，就会弹出Microsoft Excel提示框，否则直接删除选中的工作表而且没有任何提示。

3.3.3　工作表的格式设置

工作表的格式设置并不影响工作表中所存放的内容，必要时设置一些格式，如背景颜色、文本对齐方式、边框等，可以使数据显示更加清晰、直观。本节主要介绍工作表中单元格格式、条件格式和自动套用格式的设置。

1．单元格格式设置

单元格格式的设置主要包括数字类型、对齐方式、字体、边框和图案等的设置。这些设置可以使用单元格格式对话框或“格式”工具栏来设置。

在单元格中输入内容时，可以先预设其格式，具体操作步骤如下：

（1）用鼠标右键单击工作表中的任意一个单元格。

（2）在弹出的快捷菜单中选择设置单元格格式(F)...命令，弹出如图 3.3.7 所示的单元格格式对话框。

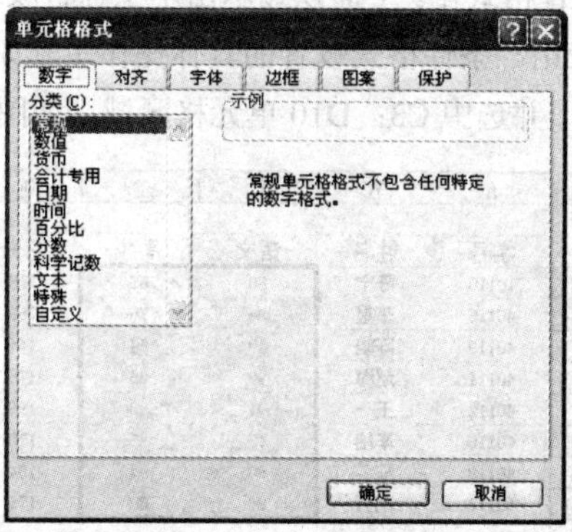

图 3.3.7　“单元格格式”对话框

（3）从图 3.3.7 中可以看出单元格格式对话框中包含了数字、对齐、字体、边框、图案和保护共 6 个选项卡。用户可根据需要对单元格中的数字类型、对齐方式、字体、边框和图案等进行设置。下面将简要介绍各选项卡的作用。

1）数字格式：在 Excel 中，可以通过设置数字格式改变其外观显示，而不改变数字本身。无论使用哪种数字格式都不会影响单元格中的实际数值，即显示在编辑栏中的值，因为 Excel 要使用这些实际值进行数值计算。

2）对齐方式：对齐方式是指单元格内容相对于单元格的位置。如果要改变选定范围的对齐方式，也可使用“格式”工具栏中的各种对齐按钮进行操作。在对齐选项卡中还可以设置文本、文字方向、文本控制（自动换行、缩小字体填充和合并单元格）等内容。如图 3.3.8 所示为设置文本的方向旋转 45°后的效果。

3）字体：工作表中默认的文本字体为宋体，通过设置字体的大小、字形、颜色以及底纹等格式，可以突出显示单元格中的数据。

4）边框和图案：在制作财务报表、统计图表时，设置表格的边框是非常有用的。设置表格的边框和图案可以进一步修饰工作表，使工作表看起来美观、漂亮。如果只是设置较简单的边框，也可以使用“格式”工具栏中的“边框”按钮。

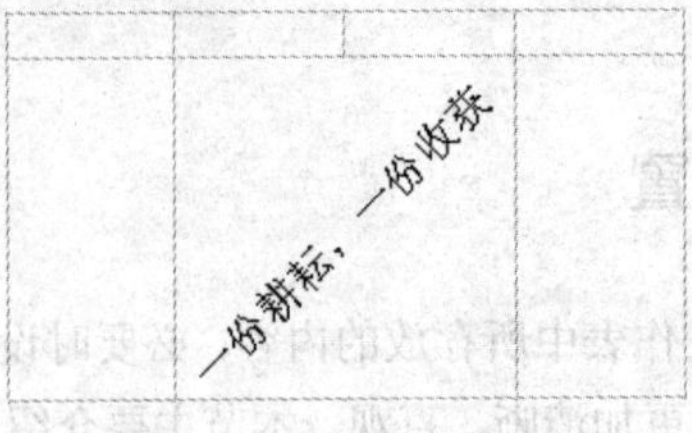

图 3.3.8　文本的旋转效果

提示：（1）工作表中实际没有边框线，屏幕中显示的网格线只是为了便于用户的操作而设置的，并不能打印出来。

（2）所谓的图案其实是指单元格的底纹颜色和系统自带的底纹图案。如果只是设置纯颜色的底纹，可以单击“格式”工具栏上的“颜色填充”按钮。

2．条件格式设置

当工作表中的数据比较多时，可以使用 Excel 的条件格式功能将某些特定单元格中的数据显示出来，即对符合一定条件的数据进行格式化。下面以显示出学生各科成绩均高于 75 分而低于 85 分的成绩为例，介绍条件格式的具体应用。条件格式设置的具体操作步骤如下：

（1）打开学生成绩统计表，并选中 C3：D10 单元格区域，如图 3.3.9 所示。

	A	B	C	D	E
1					
2	学号	姓名	语文	高数	总分
3	10110	陈宁	80	85	165
4	40115	李星	84	75	159
5	40119	陈晓	80	64	144
6	40111	赵海	90	86	176
7	40112	王一	91	68	159
8	40116	李艳	75	95	170
9	40118	陈冬	80	84	164
10	10113	刘民	96	80	176
11					

图 3.3.9　选中条件格式区域

（2）选择 格式(O) → 条件格式(D)... 命令，弹出如图 3.3.10 所示的 条件格式 对话框。

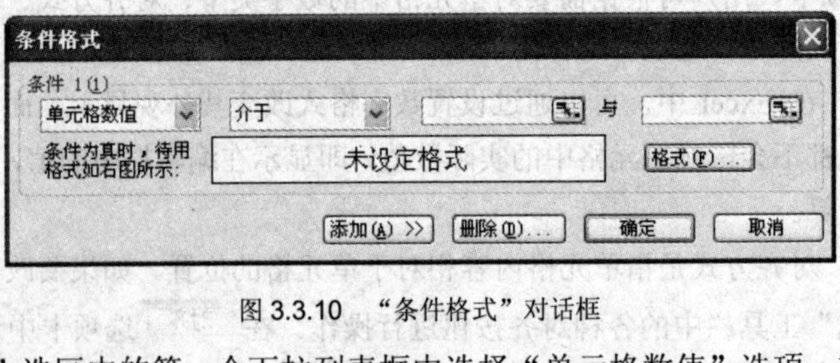

图 3.3.10　“条件格式”对话框

（3）在“条件”选区中的第一个下拉列表框中选择“单元格数值”选项，在第二个下拉列表框中选择“介于”选项，在最后面的两个文本框中分别输入 75 和 85。

（4）单击 格式(F)... 按钮，弹出如图 3.3.11 所示的 单元格格式 对话框，在 字体 选项卡中设置字体的颜色为“蓝色”。

（5）单击 确定 按钮，返回 条件格式 对话框，如果还想再设置其他格式，可以单击对话框中的 添加(A) >> 按钮，设置第二个条件，此时的 条件格式 对话框如图 3.3.12 所示。

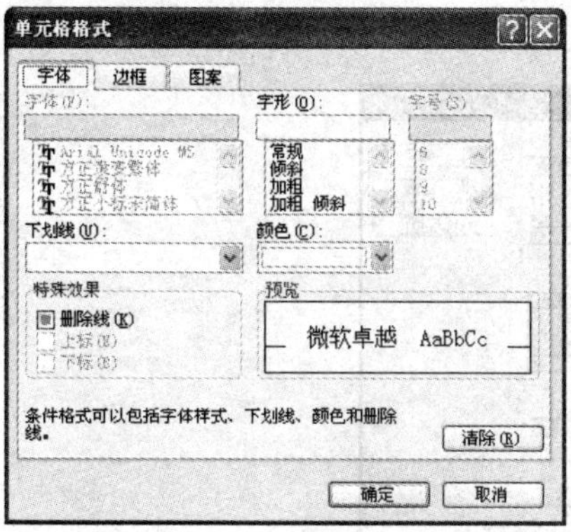

图 3.3.11　“单元格格式”对话框

图 3.3.12　“条件格式”对话框

（6）设置完后单击 确定 按钮，符合条件的成绩均以蓝色显示，如图 3.3.13 所示。

2	学号	姓名	语文	高数	总分
3	10110	陈宁	80	85	165
4	40115	李星	84	75	159
5	40119	陈晓	80	64	144
6	40111	赵海	90	86	176
7	40112	王一	91	68	159
8	40116	李艳	75	95	170
9	40118	陈冬	80	84	164
10	10113	刘民	96	80	176

图 3.3.13　设置条件格式后的显示效果

3．自动套用格式设置

Excel 2003 提供了多种表格自动套用格式，使用这些格式可以快速设置满足条件的单元格，从而省去了格式化工作表的麻烦。使用自动套用格式的具体操作步骤如下：

（1）打开要格式化的工作表，用鼠标选中应用自动套用格式的单元格区域。

（2）选择 格式(O) → 自动套用格式(A)... 命令，弹出如图 3.3.14 所示的 自动套用格式 对话框。

（3）选择用户需要的格式，如“序列 2”，单击 确定 按钮即可将该自动套用格式应用到所选定的单元格区域，如图 3.3.15 所示。

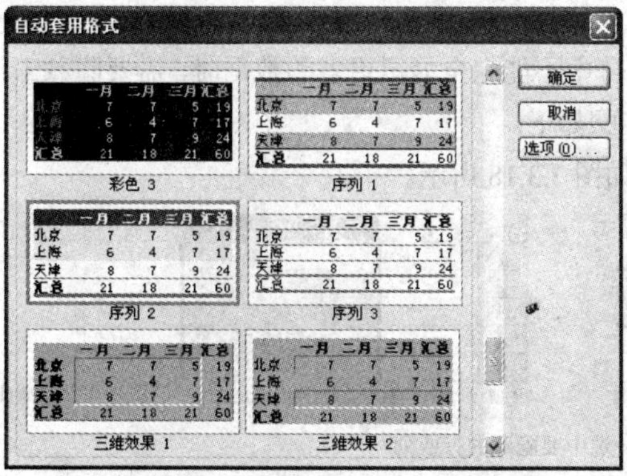

图 3.3.14　“自动套用格式”对话框

学号	姓名	语文	高数	总分
10110	陈宁	80	85	165
40115	李星	84	75	159
40119	陈晓	89	64	153
40111	赵海	90	86	176
40112	王一	91	68	159
40116	李艳	92	95	187
40118	陈冬	94	84	178
10113	刘民	96	80	176

图 3.3.15　应用“序列 2”后的显示效果

如果不想完全应用自动套用格式，也可以使用部分格式。在 自动套用格式 对话框中单击 选项(O)... 按钮，此时的对话框如图 3.3.16 所示。

在“要应用的格式”选区中包含了 ☑数字(N)、☑字体(F)、☑对齐(A)、☑边框(B)、☑图案(P) 等复选框。通过取消选中复选框，可应用部分套用格式。

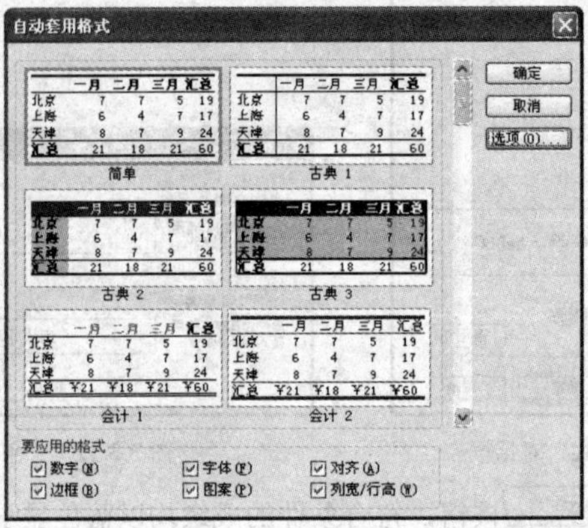

图 3.3.16　展开的“自动套用格式”对话框

提示：如果在应用自动套用格式之前没有选定单元格区域，系统将会弹出如图 3.3.17 所示的提示框。

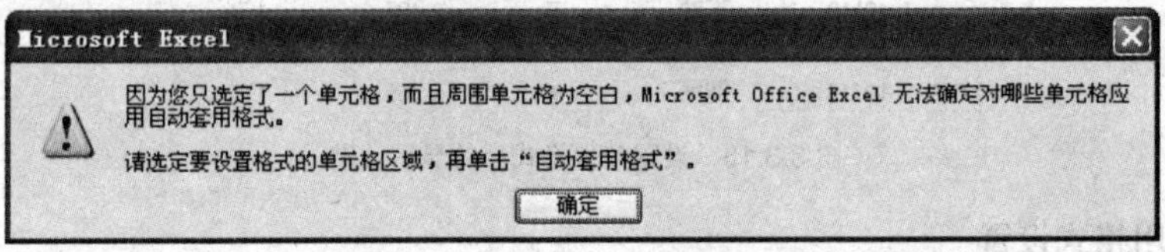

图 3.3.17　Microsoft Excel 提示框

3.3.4　工作表的显示设置

工作表的显示设置包括隐藏工作表及其组成元素，同时显示不同工作簿中的多张工作表以及工作表的拆分与冻结等内容。

1. 隐藏工作表的行或列

有时为了更清晰地显示数据，尤其是在屏幕中不能完全显示更多的数据时，需要隐藏工作表的某些行或列。隐藏工作表的行或列的具体操作步骤如下：

（1）在工作表中选定要隐藏的行或列，如图 3.3.18 所示。

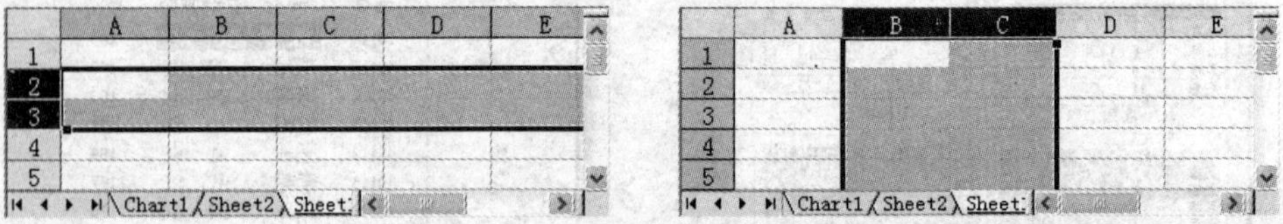

图 3.3.18　选中要隐藏的行或列

（2）选择 格式(O) → 行(R) 或 列(C) 命令，再选择 隐藏(H) 命令即可，隐藏后的效果如图 3.3.19 所示。

如果要取消隐藏的行或列，选择 格式(O) → 行(R) 或 列(C) 命令，再选择 取消隐藏(U) 命令即可。

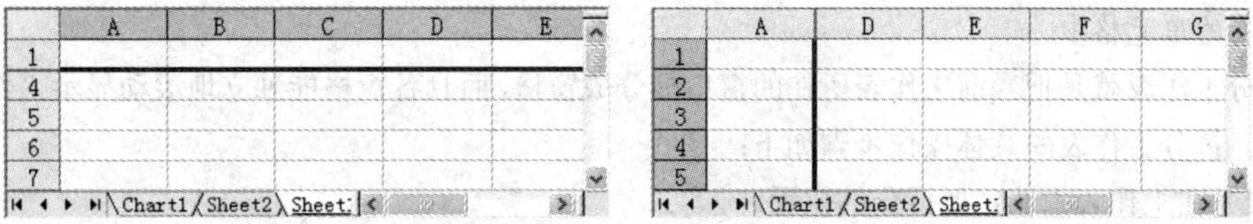

图 3.3.19　隐藏选中的行或列后的效果

2．同时显示不同工作簿中的多张工作表

如果要在 Excel 工作窗口中同时显示不同工作簿中的多张工作表，可以选择[窗口(W)]→[新建窗口(N)]命令，系统将自动新建一个工作簿（其名称为 Book1:2），该工作簿成为当前活动的工作簿，用户可在不同的窗口中选择不同的工作表。

在打开多个工作簿时，用户也可以使用 Excel 的重排窗口功能按排窗口在屏幕中的排列方式。选择[窗口(W)]→[重排窗口(A)...]命令，弹出如图 3.3.20 所示的[重排窗口]对话框。

在“排列方式”选区中选择所需的排列方式。如果选中[当前活动工作簿的窗口(W)]复选框，则表示只显示当前活动工作簿中的工作表。

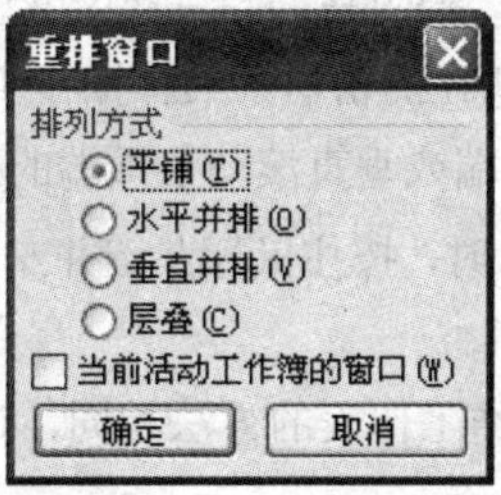

图 3.3.20　“重排窗口”对话框

3．工作表的冻结与拆分

在工作表中滚动显示大量的数据，并保持行列标志始终可见时，可以使用 Excel 提供的冻结窗口功能实现。冻结工作表的具体操作步骤如下：

（1）在工作表中选定一个单元格作为冻结点，即在冻结点上部和左侧区域的单元格被冻结，始终显示在屏幕中，本例选定 C8 单元格。

（2）选择[窗口(W)]→[冻结窗格(F)]命令即可，冻结后的显示效果如图 3.3.21 所示。

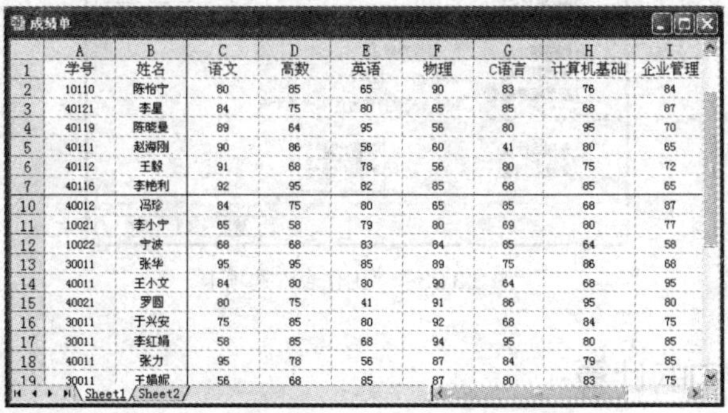

	A	B	C	D	E	F	G	H	I
1	学号	姓名	语文	高数	英语	物理	C语言	计算机基础	企业管理
2	10110	陈怡宁	80	85	65	90	83	76	84
3	40121	李星	84	75	80	65	85	68	87
4	40119	陈晓曼	89	64	95	56	80	95	70
5	40111	赵海刚	90	86	56	60	41	80	65
6	40112	王毅	91	68	78	56	80	75	72
7	40116	李艳利	92	95	82	85	68	85	65
10	40012	冯珍	84	75	80	65	85	68	87
11	10021	李小宁	65	58	79	80	69	80	77
12	10022	宁波	68	68	83	84	85	64	58
13	30011	张华	95	95	85	89	75	86	68
14	40011	王小文	84	80	80	90	64	68	95
15	40021	罗圆	80	75	41	91	86	95	80
16	30011	于兴安	75	85	80	92	68	84	75
17	30011	李红娟	58	85	68	94	95	80	85
18	40011	张力	95	78	56	87	84	79	85
19	30011	于娟妮	56	68	85	87	80	83	75

图 3.3.21　冻结工作表示例

如果要撤消冻结工作表窗口，选择[窗口(W)]→[取消冻结窗格(F)]命令即可。

提示：在冻结的工作表中按“Ctrl+Home”快捷键，当前活动单元格的指针将返回到冻

结点所在的单元格中。

拆分工作表就是把当前工作表所在的窗口拆分成窗格，而且各窗格能独立地滚动显示工作表的不同部分。拆分工作表的具体操作步骤如下：

（1）在工作表中选定要拆分的位置。

（2）选择 窗口(W) → 拆分(S) 命令，拆分后的显示效果如图 3.3.22 所示。

图 3.3.22　拆分工作表示例

用户也可以使用鼠标拆分工作表所在的窗口，具体操作步骤如下：

（1）将鼠标移动到水平滚动条右端或垂直滚动条顶端的拆分框上。

（2）当光标变成双向箭头 ⇹ 或 ⇳ 时，按住鼠标左键并左右或上下拖动到工作表中要进行拆分的单元格位置，然后释放鼠标。

取消拆分工作表的方法与取消冻结工作表的方法相同，选择 窗口(W) → 取消拆分(S) 命令即可。

提示： 冻结或拆分后的工作表在打印时将不会显示出来。如果要打印工作表中每页上重复显示的行和列标题，可以利用 页面设置 对话框中的 工作表 选项卡进行设置，如图 3.3.23 所示。在“打印标题”区域中设置“顶端标题行”和“左端标题列”，即设置工作表中用做标题的行和列。

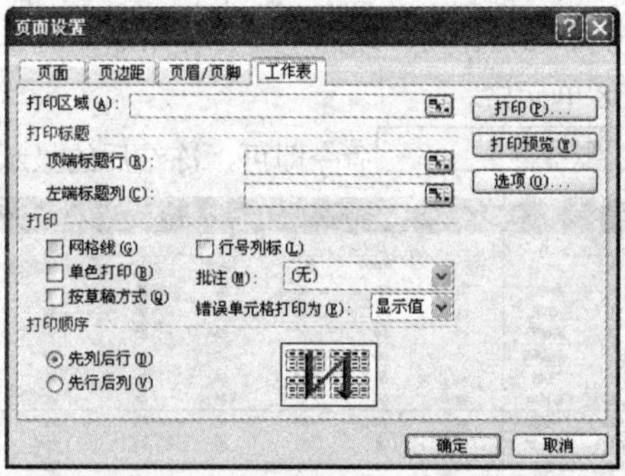

图 3.3.23　“工作表”选项卡

3.3.5　工作表中的计算

在 Excel 电子表格中不但可以进行一般表格的处理，还可以进行数据的计算（计算是对公式求解并在包含公式的单元格中以数值方式显示计算结果的过程）。用户在单元格中输入公式或插入函数就可以进行一些复杂的计算。

1. **使用公式进行计算**

在单元格中输入公式的方法有以下两种：

（1）直接在选定的单元格中输入公式，然后按“Enter”键即可。

（2）选定单元格之后，在编辑栏中输入公式并单击“输入”按钮☑，如图 3.3.24 所示。

	A	B	C	D	E
1		材料名称	数量	单价（元）	合计金额
2	1	方钢	400	1.4	560
3	2	圆钢	500	1.5	750
4	3	钢板	400	1.7	680
5	4	黄铜	100	3.2	320
6	5	紫铜	200	3.5	700
7	6	铝	2000	2.3	4600
8	7	铁	1800	0.9	1620
9	8	铅	500	5	2500

图 3.3.24 在编辑栏中输入公式

公式是单元格中的一系列值、单元格引用、名称或运算符的组合，可生成新的值，而且公式总是以等号（=）开始，用于表明之后的字符为公式，紧随等号之后的是需要进行计算的元素，即操作数，各操作数之间以运算符分隔。Excel 将根据公式中运算符的特定顺序（运算符的优先级）从左到右计算公式。各种运算符的优先级从高到低如表 3.2 所示。

表 3.2 运算符的优先级

运算符	含 义
:（冒号）	区域运算符
,（逗号）	联合运算符
（空格）	交叉运算符
-（负号）	负数
%（百分号）	百分比
+，—，*，/	加、减、乘、除
&	文本运算符
=，>，<，>=，<=，<>	比较运算符

Microsoft Excel 中包含 4 种类型的运算符：算术运算符、比较运算符、引用运算符和文本运算符。算术运算符如表 3.3 所示，主要用于完成基本的数学运算，如加法、减法和乘法，连接数字和产生数字结果等。

表 3.3 算术运算符

算术运算符	含 义	示 例
+（加号）	加法运算	3+3
—（减号）	减法运算	3—1
-（负号）	负数	-1
*（星号）	乘法运算	3*3
/（正斜线）	除法运算	3/3
%（百分号）	百分比	20%
^（插入符号）	乘幂运算	3^2

比较运算符如表 3.4 所示，主要用于比较两个值，其结果是一个逻辑值，即 TRUE 或 FALSE。

表 3.4 比较运算符

比较运算符	含 义	示 例
=（等号）	等于	A1=B1
>（大于号）	大于	A1>B1
<（小于号）	小于	A1<B1
>=（大于等于号）	大于或等于	A1>=B1
<=（小于等于号）	小于或等于	A1<=B1
<>（不等号）	不等于	A1<>B1

引用运算符如表 3.5 所示，使用它可以将单元格区域合并进行计算。

表 3.5　引用运算符

引用运算符	含 义	示 例
:（冒号）	区域运算符	在公式中引用一个单元格区域，如 B5:B15 范围内的所有单元格
,（逗号）	联合运算符	将多个引用合并为一个引用，如（SUM（B5:B15，D5:D15））
（空格）	交叉运算符	产生对两个引用共有的单元格的引用，如（SUM（B7:D7 C6:C8））同时属于两个引用 B7:D7，C6:C8

文本连接运算符“&”用于加入或连接一个或更多文本字符串以产生一串连续的文本。如在单元格 A2 中输入“Happy”，在 B2 单元格中输入“New”，在 C1 单元格中输入公式“=A2&B2&"Year"”，按 “Enter”键，则会在 C1 单元格中显示如图 3.3.25 所示的字符串结果。

提示：公式中“Year”两侧的引号是在英文状态下输入的，否则将会出错。

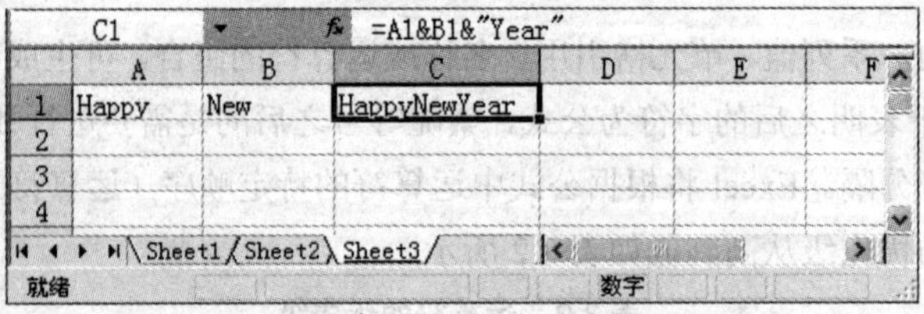

图 3.3.25　文本连接运算符的应用

在默认情况下，单元格中显示的是用户输入公式的结果，而不是实际公式。如果要查看工作表中用到的公式，可以按下列步骤进行操作：

（1）选择 工具(T) → 选项(O)... 命令，在弹出的 选项 对话框中打开 视图 选项卡，如图 3.3.26 所示。

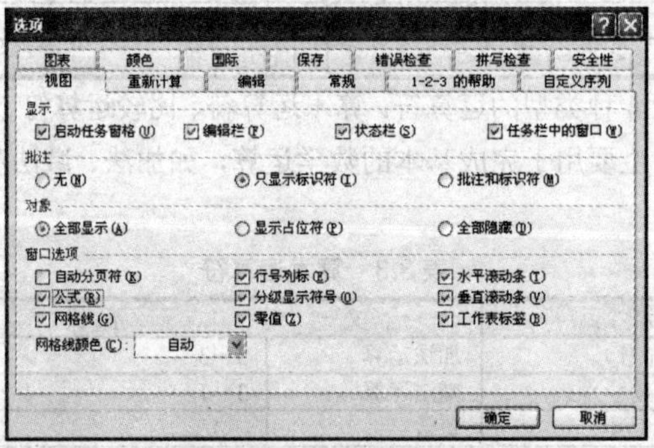

图 3.3.26　“视图”选项卡

（2）在 视图 选项卡的“窗口选项”选区中选中 ☑公式(R) 复选框。

（3）单击 确定 按钮即可。

Excel 中的公式是可以移动和复制的，其操作方法与复制单元格中的数据的方法相同，可以使用快捷键、菜单、鼠标等多种方法将含有公式的单元格移动或复制到其他单元格。这里主要介绍使用快捷键和菜单来移动和复制单元格数据的方法。

使用快捷键移动和复制单元格数据的具体操作步骤如下：

（1）在工作表中选定要移动和复制的单元格或单元格区域。

（2）单击“常用”工具栏中的“复制”按钮或“剪切”按钮。

（3）选定要粘贴公式的单元格或单元格区域，单击“常用”工具栏中的“粘贴”按钮即可。

注意：如果需要移动和复制单元格区域，则所选的单元格必须是连续的，按“Esc”键即可取消选定的单元格区域。

使用菜单命令复制和移动公式的具体操作步骤如下：

（1）在工作表中选定要移动和复制的单元格或单元格区域。

（2）选择 编辑(E) → 复制(C) Ctrl+C 命令。

（3）选定要复制公式的单元格或单元格区域。

（4）选择 编辑(E) → 选择性粘贴(S)... 命令，弹出如图 3.3.27 所示的 选择性粘贴 对话框。

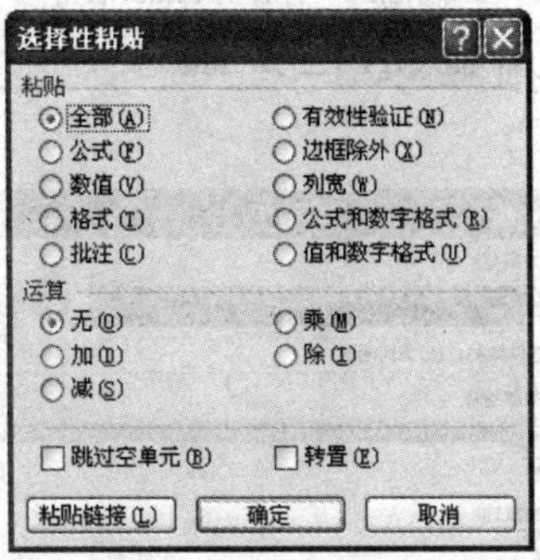

图 3.3.27 “选择性粘贴”对话框

（5）在“粘贴”选区中选中相应的单选按钮，如选中 公式(F) 单选按钮；在“运算”选区中选中相应的单选按钮，如选中 乘(M) 单选按钮。

（6）设置完成后，单击 确定 按钮即可。

在使用公式时，如果输入的公式格式不符合要求，将会出现例如“####！”“#VALUE！”“#NAME！”等错误信息。公式中的错误不仅使计算结果出错，而且会产生某些意外结果。只有了解了这些错误信息的含义，用户才能进一步修改单元格中的公式。表 3.6 列出了 Excel 中的常见错误、含义、可能原因及其修改方法。

表 3.6 常见错误及其含义

错 误	含 义	可能原因及其修改方法
####!	列不够宽，或者使用了负的日期或负的时间	加宽单元格
#VALUE!	使用的参数或操作数类型错误	检查公式或者函数的数值和参数
#DIV/0!	数字被零（0）除时，出现错误	（1）输入的公式中除数或者分母为零（0），将除数更改为非零值； （2）使用对空白单元格或包含零的单元格的引用做除数； （3）运行的宏程序中包含有返回#DIV/O!的函数或公式
#NAME!	Microsoft Excel 未识别公式中的文本	检查公式中引用的单元格名字是否键入了不正确的字符
#N/A	数值对函数或公式不可用	遗漏数据，取而代之的是#N/A 或 NA( )，以免引用空单元格，用新数据取代
#REF!	单元格引用无效	删除其他公式所引用的单元格，或将已移动的单元格粘贴到其他公式所引用的单元格上
#NUM!	公式或函数中使用无效数字值	（1）在需要数字参数和函数中使用了无法接受的参数； （2）使用了迭代计算的工作表函数，如：IRR 或 RATE，并且函数无法得到有效的结果； （3）由公式产生的数太大或太小，Microsoft Excel 不能表示
#NULL!	当指定并不相交的两个区域的交点时，出现这种错误，用空格表示两个引用单元格之间的相交运算符	（1）使用了不正确的区域运算符； （2）按步骤计算嵌套公式

2．使用函数进行计算

当公式比较复杂时，可通过函数进行计算，其具体操作步骤如下：

（1）打开一个 Excel 表格，如图 3.3.28 所示。

	A	B	C	D	E
1	姓名	语文	英语	数学	平均分
2	刘江	85	85	87	
3	李亚	95	75	95	
4	李星	75	95	65	
5	赵宁	85	76	78	
6					

图 3.3.28　打开的 Excel 表格

（2）选中 E2 单元格，然后选择 插入(I) → 函数(F)... 命令，弹出 插入函数 对话框，如图 3.3.29 所示。

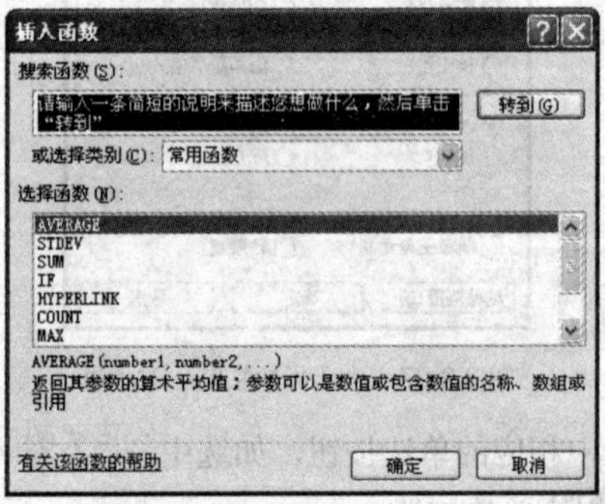

图 3.3.29　“插入函数”对话框

（3）在“选择函数”列表框中选择“AVERAGE”选项，单击 确定 按钮，弹出 函数参数 对话框，如图 3.3.30 所示。

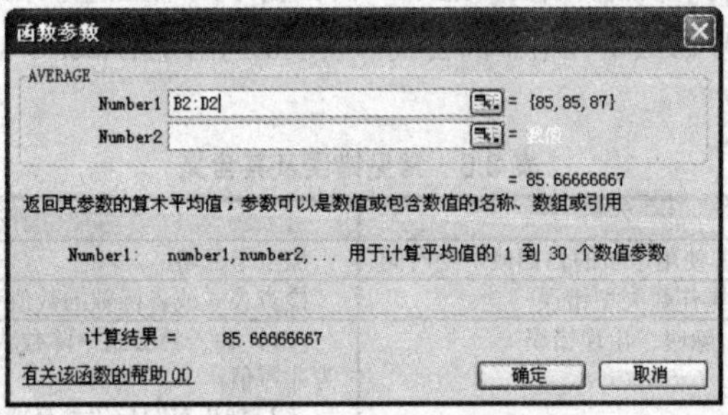

图 3.3.30　“函数参数”对话框

（4）在“Number1”文本框中输入“B2:D2”，或者在 Excel 表格中选中 B2～D2 的单元格区域，单击 确定 按钮。

（5）计算出“刘江”3 科成绩的平均分，以同样的方法计算其他学生成绩的平均分，最终效果如图 3.3.31 所示。

	A	B	C	D	E
1	姓名	语文	英语	数学	平均分
2	刘江	85	85	87	85.66667
3	李亚	95	75	95	88.33333
4	李星	75	95	65	78.33333
5	赵宁	85	76	78	79.66667
6					

图 3.3.31　计算平均成绩

提示： 选中 E2 单元格，按住“Ctrl”键向下拖动鼠标至 E5 单元格，即可计算出其他学生的平均分。

3.4　数据的管理与分析

Excel 2003 与其他的数据管理软件一样，在排序、数据筛选和汇总等方面具有强大的管理功能。本节主要介绍建立数据清单、数据的排序、数据的筛选、数据的汇总、数据透视表的使用和图表的创建与编辑。

3.4.1　建立数据清单

数据清单是指包含一组相关数据的一系列工作表集合。通常把数据清单看做数据库，数据清单中的行相当于数据库中的记录，行标题相当于记录名；数据清单中的列相当于数据库中的字段，列标题相当于数据库中的字段名。

建立数据清单，其具体操作步骤如下：

（1）启动 Excle 2003 应用程序，创建一张工作表。

（2）在工作表的 A1～E1 单元格区域中输入列标题，如图 3.4.1 所示。

（3）在对应的列标题下方的单元格中输入相应的信息，一个数据清单就创建完成了，如图 3.4.2 所示。

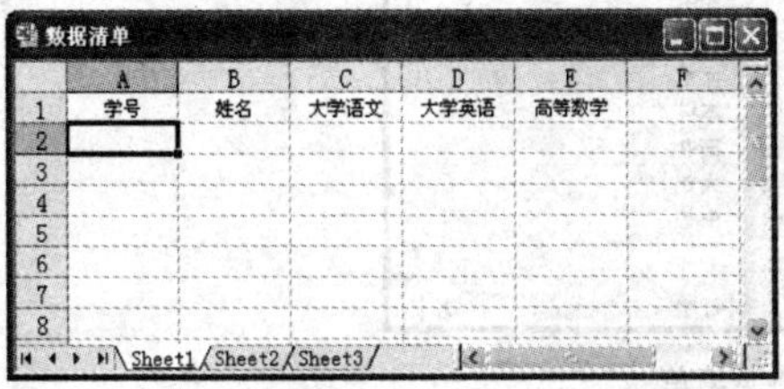

图 3.4.1　输入列标题

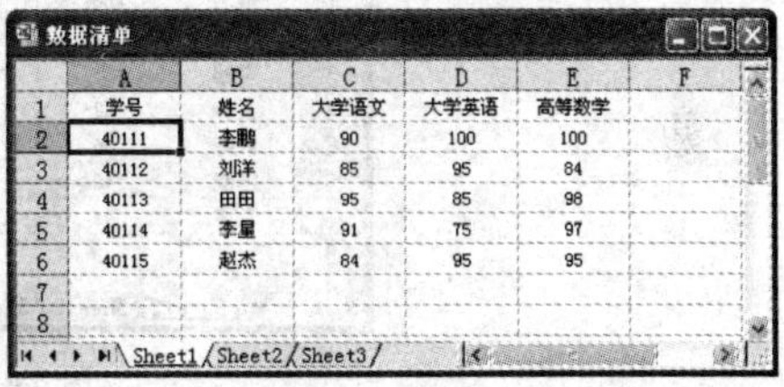

图 3.4.2　数据清单

3.4.2　数据的排序

下面主要介绍数据的排序。数据排序包括普通排序和自定义排序两种。

1. 普通排序

对图 3.4.2 中数据清单中的“高等数学”成绩由高到低进行排序。

（1）单击数据清单中的任意单元格。

（2）选择 数据(D) → 排序(S)... 命令，弹出 排序 对话框，如图 3.4.3 所示。

（3）在“主要关键字”下拉列表框中选择“高等数学”选项，并选中其后的 ◉降序(D) 单选按钮。

（4）单击 确定 按钮，排序后的数据清单如图 3.4.4 所示。

提示： 在如图 3.4.3 所示的 排序 对话框中的“我的数据区域”选区中，如果选中

⊙有标题行(R)单选按钮，表示在排序时不包括标题行；如果选中⊙无标题行(W)单选按钮，表示标题行也同时进行排序。一般情况下，标题行不参加排序。

图 3.4.3 “排序”对话框

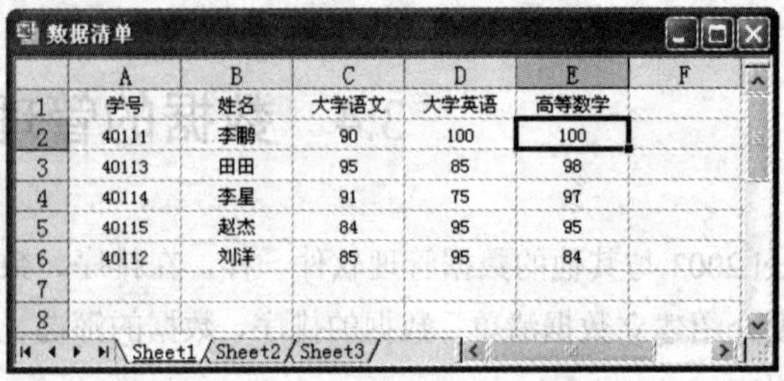

图 3.4.4 排序结果

注意：在图 3.4.3 中，如果还需要对其他字段进行排序，可以在排序对话框中的“次要关键字”和“第三关键字”的下拉列表框中选择其他字段，并设置其为“升序”或“降序”排列，设置完成单击确定按钮即可同时对几个字段进行排序。

2. 自定义排序

当数据清单按照默认方法进行排序得不到正确结果时，就需要进行自定义排序，如图 3.4.5 所示，如果要对其“学历”进行由高到低的排序时，则需要先自定义排序方式，然后再进行排序，其具体操作步骤如下：

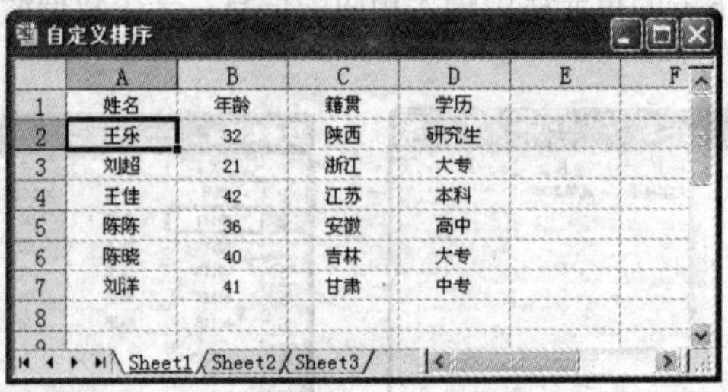

图 3.4.5 数据清单

（1）打开如图 3.4.5 所示的数据清单，并对其“学历”进行由低到高的排序。

（2）选择工具(T)→选项(O)...命令，弹出选项对话框。

（3）单击自定义序列标签，打开自定义序列选项卡，在“自定义序列”列表框中选择“新序列”选项，然后在“输入序列”列表框中输入自定义的序列，如图 3.4.6 所示。

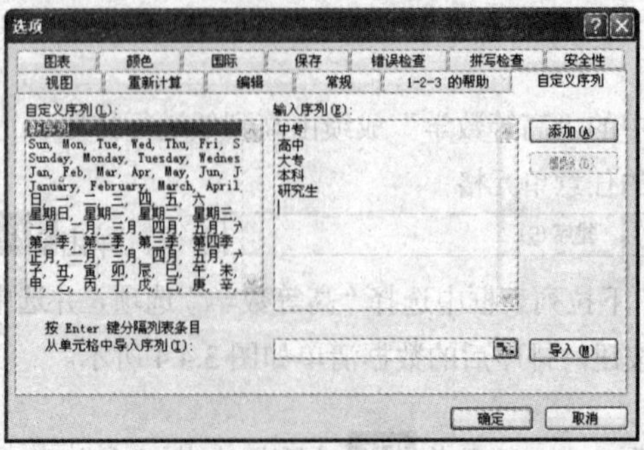

图 3.4.6 “自定义序列”选项卡

提示： 在选项对话框中的“输入序列”列表框中，必须将要进行排序的记录由高到低或由低到高进行输入，否则排出的序列依然不正确。

（4）单击 添加(A) 按钮，将自定义的序列添加到“自定义序列”列表框中，然后单击 确定 按钮。

（5）在数据清单中单击任意单元格。

（6）选择 数据(D) → 排序(S)... 命令，弹出排序对话框，在“主要关键字”下拉列表框中选择“学历”选项，并且选中 降序(D) 单选按钮。

（7）在“排序”对话框中单击 选项(O)... 按钮，弹出排序选项对话框，在“自定义排序次序”下拉列表框中选择第（3）步自定义的序列，如图 3.4.7 所示。

（8）单击 确定 按钮，返回到排序对话框，再单击 确定 按钮，数据清单中的排序结果如图 3.4.8 所示。

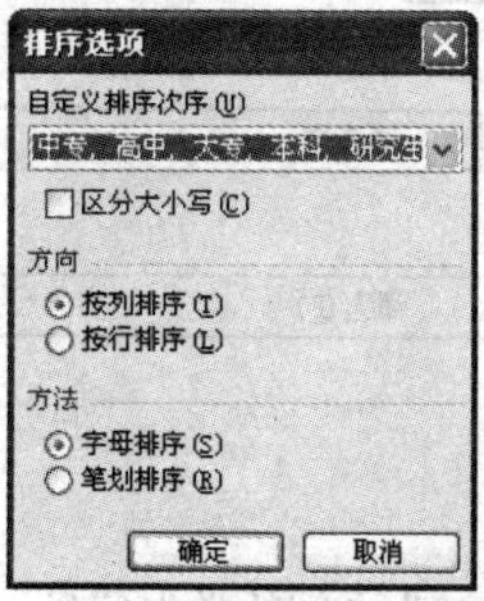

图 3.4.7　“排序选项”对话框

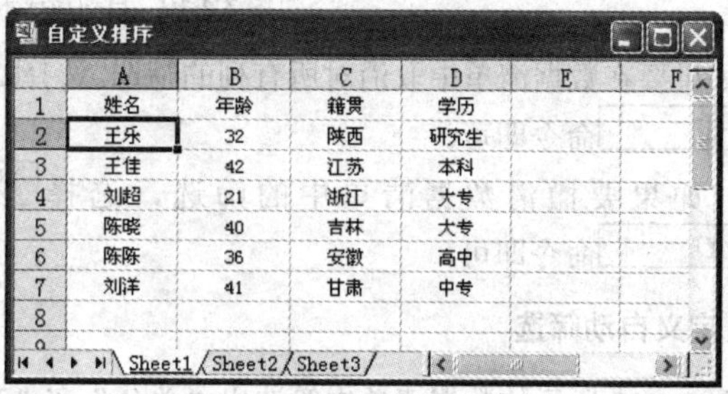

图 3.4.8　自定义排序

3.4.3　数据的筛选

所谓筛选，就是从数据中找出满足给定条件的数据。使用自动筛选能够迅速处理大型数据清单，快速查找数据，并将不满足指定条件的数据进行隐藏。在选择自动筛选命令之前，必须确定数据清单中有标题行，即字段名称，否则不能顺利进行自动筛选。

1. 普通自动筛选

（1）打开一个数据清单，并单击其数据清单中的任意单元格，如图 3.4.9 所示。

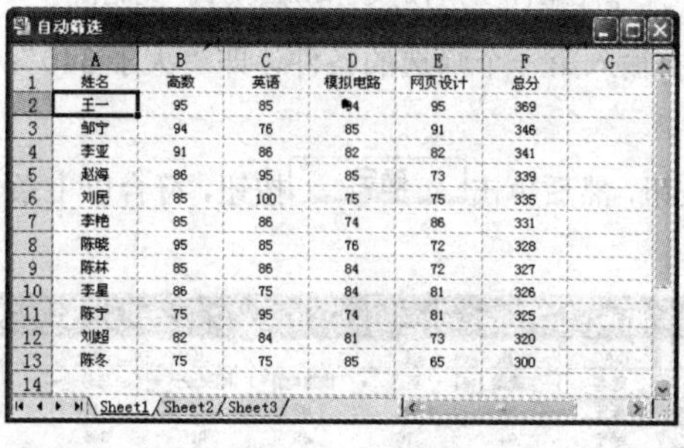

图 3.4.9　数据清单

（2）选择 数据(D) → 筛选(F) → 自动筛选(F) 命令。这时标题行中各个字段名所在的单元格将自动变成下拉列表框形式，如图 3.4.10 所示。

（3）单击每个下拉列表框旁边的下三角按钮▼，从弹出的下拉列表框中选择筛选的条件，例如在“总分”下拉列表框中选择“前 10 个”选项，数据清单中将只显示总分在前 10 名的学生信息。

取消筛选结果，恢复显示数据清单中的所有数据，有以下 3 种方法：

（1）如果要在数据清单中取消对某一列数据的筛选，单击该下拉列表旁边的下三角按钮▼，从弹出的下拉列表中选择“全部”选项，将显示所有数据。

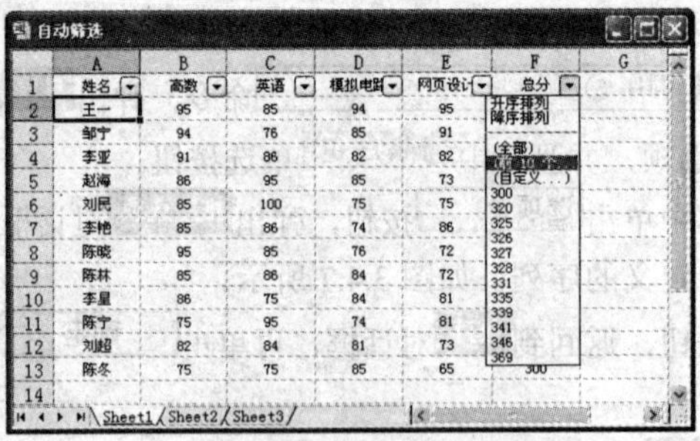

图 3.4.10　自动筛选示例

（2）如果要在数据清单中取消对所有列的筛选，选择 数据(D) → 筛选(F) → 全部显示(S) 命令即可。

（3）如果要撤消数据清单中的筛选，选择 数据(D) → 筛选(F) → 自动筛选(F) 命令即可。

2．自定义自动筛选

在如图 3.4.10 所示的数据清单中筛选出“总分”在“370”到“340”之间的学生信息，这时就要用到自定义自动筛选功能，其具体操作步骤如下：

（1）在自动筛选状态下，选择“总分”下拉列表框中的“自定义”选项，弹出 自定义自动筛选方式 对话框，如图 3.4.11 所示。

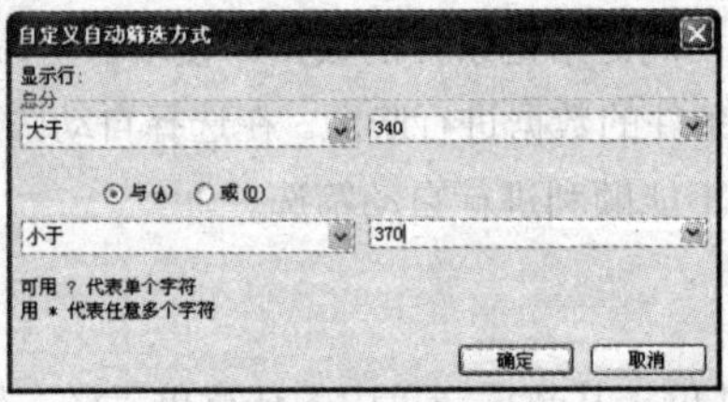

图 3.4.11　“自定义自动筛选方式”对话框

（2）在“显示行”选区中输入第一个筛选的条件，即“大于 340”；输入第二个筛选的条件，即“小于 370”。

（3）选中 与(A) 单选按钮，然后单击 确定 按钮，符合以上条件的记录将被显示在表格中，如图 3.4.12 所示。

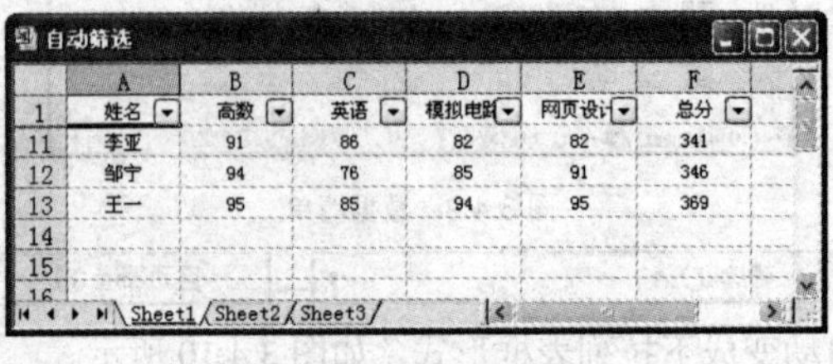

图 3.4.12　自定义筛选结果

注意：选中◎与(A)单选按钮，表示两个条件都要满足，才能被筛选出来；若选中◎或(O)单选按钮，表示这两个条件满足其一，即可筛选出结果。

提示：再次选择 数据(D) → 筛选(F) → 自动筛选(F) 命令可退出筛选状态，恢复显示所有的数据记录。

3．高级筛选

高级筛选用于完成对复杂条件进行筛选。使用高级筛选功能之前，首先要建立筛选条件，条件区域的第一行是所有作为筛选条件的字段名，这些字段名与数据清单中的字段名必须完全相同，条件区域的其他行则输入筛选条件。需要注意的是，条件区域和数据清单不能连接，必须用一空行将其隔开。

使用高级筛选，其具体操作步骤如下：

（1）单击数据清单中的任意单元格，如图 3.4.13 所示。

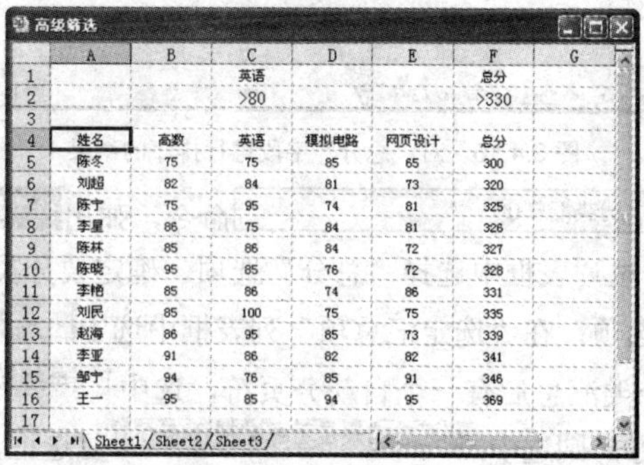

图 3.4.13　选中单元格

（2）选择 数据(D) → 筛选(F) → 高级筛选(A)... 命令，弹出 高级筛选 对话框，如图 3.4.14 所示。

（3）在 高级筛选 对话框的“列表区域”文本框中输入要进行高级筛选的列表区域，在“条件区域”文本框中输入条件区域，也可以通过单击其右边的“折叠”按钮，在工作表中选定区域，再单击右边的“伸展”按钮选定列表区域和条件区域。

（4）单击 确定 按钮，结果如图 3.4.15 所示。

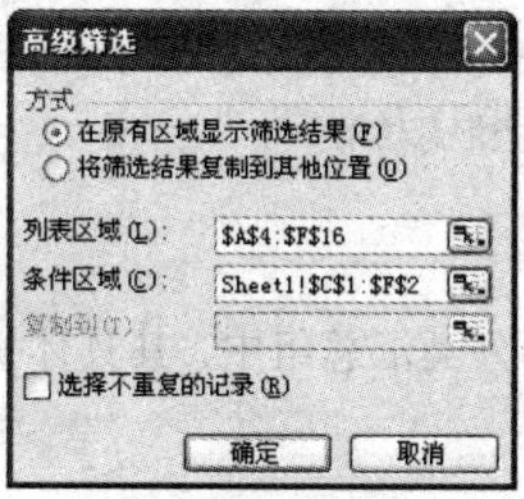

图 3.4.14　“高级筛选”对话框

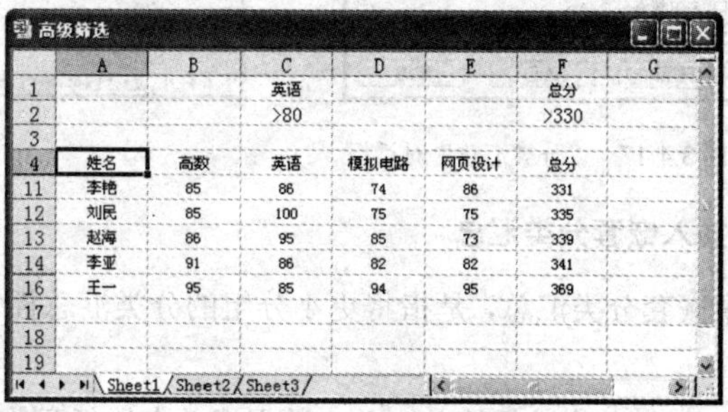

图 3.4.15　“高级筛选”结果

3.4.4　数据的汇总

汇总是指对数据库中的某列数据做求和、求平均值等计算。它是对数据清单进行数据分析的一种方法，它对数据库中指定的字段进行分类，最后统计同一记录的相关信息。Excel 2003 可自动进行数据清单中的分类汇总计算。

注意： 数据清单的第一行必须有列标题。

1．插入单个分类汇总

（1）打开一个数据清单，并单击其任意单元格。

（2）选择 数据(D) → 排序(S)... 命令，对该数据清单的“总分”字段进行由高到低的排序，结果如图 3.4.16 所示。

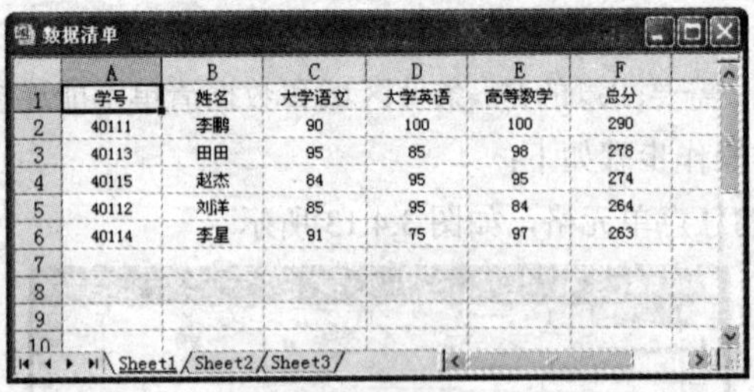

图 3.4.16　对“总分”字段进行排序的结果

（3）选择 数据(D) → 分类汇总(B)... 命令，弹出 分类汇总 对话框（见图 3.4.17）。

（4）在“分类字段”下拉列表框中选择“总分”选项，确定要分类汇总的列；在“汇总方式”下拉列表框中选择“求和”选项；在“选定汇总项”列表框中选中 ☑总分 复选框。

（5）如果需要在每个分类汇总后有一个自动分页符，选中 ☑每组数据分页(P) 复选框；如果需要分类汇总结果显示在数据下方，则选中 ☑汇总结果显示在数据下方(S) 复选框，如图 3.4.17 所示。

（6）设置完成后单击 确定 按钮，分类汇总后的结果如图 3.4.18 所示。

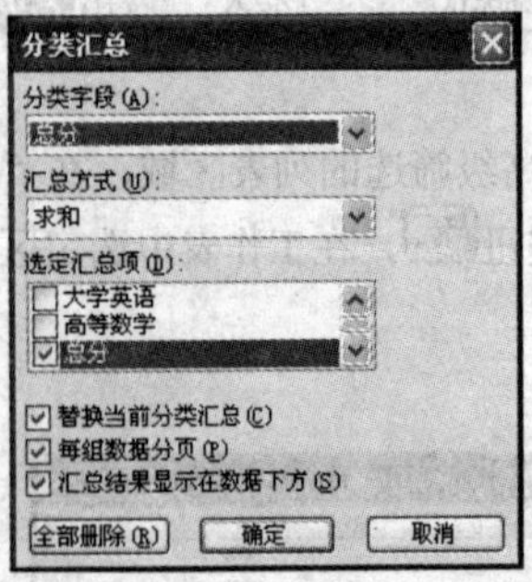

图 3.4.17　“分类汇总”对话框

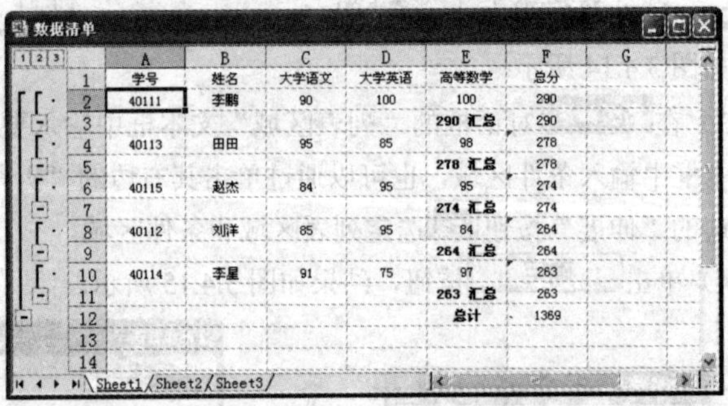

图 3.4.18　分类汇总结果

2．插入嵌套分类汇总

所谓嵌套分类汇总，是指将更小分组的分类汇总插入到现有的分类汇总组中，其具体操作步骤如下：

（1）打开一个数据清单，单击数据清单中的任意单元格。

（2）对数据清单中的“总分”和“高等数学”两个字段进行排序，结果如图 3.4.19 所示。

（3）单击图 3.4.19 中的任意单元格，选择 数据(D) → 分类汇总(B)... 命令，弹出 分类汇总 对话框，在“分类字段”下拉列表框中选择“总分”选项；在“汇总方式”下拉列表框中选择“求和”选项；在“选定汇总项”列表框中选中 ☑总分 复选框。

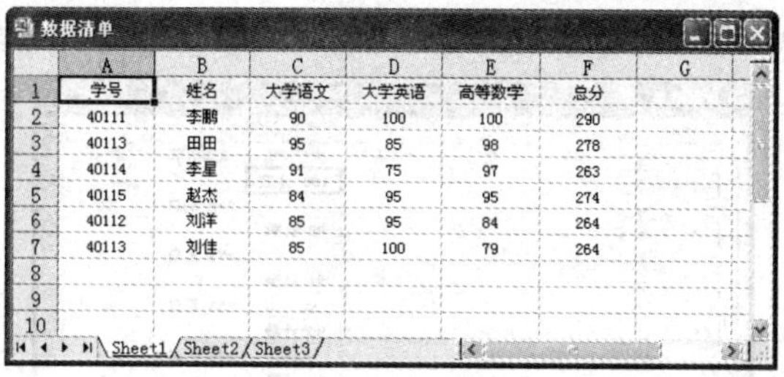

图 3.4.19 对数据清单排序后的结果

（4）单击 确定 按钮，效果如图 3.4.20 所示。

（5）单击图 3.4.20 中的任意单元格，选择 数据(D) → 分类汇总(B)... 命令，弹出 分类汇总 对话框，在“分类字段”下拉列表框中选择“高等数学”选项，在“汇总方式”下拉列表框中选择“计数”选项，在“选定汇总项”列表框中选中 ☑高等数学 复选框，并取消选中 □替换当前分类汇总(C) 复选框，如图 3.4.21 所示。

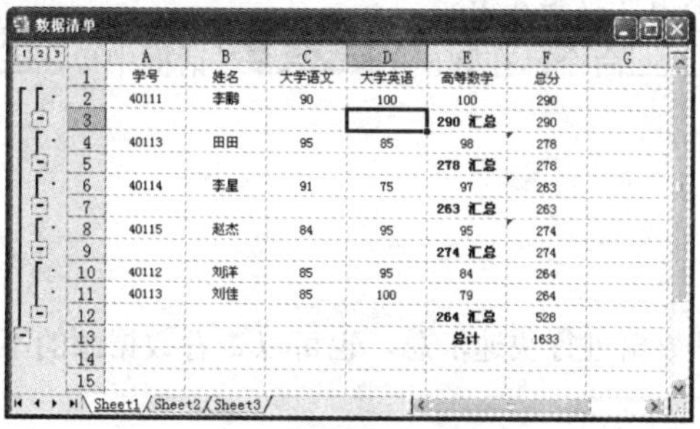

图 3.4.20 分类汇总

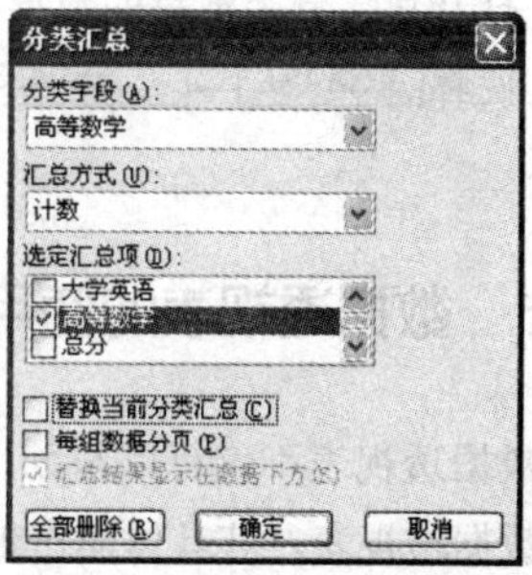

图 3.4.21 “分类汇总”对话框

（6）设置完成后单击 确定 按钮，结果如图 3.4.22 所示。

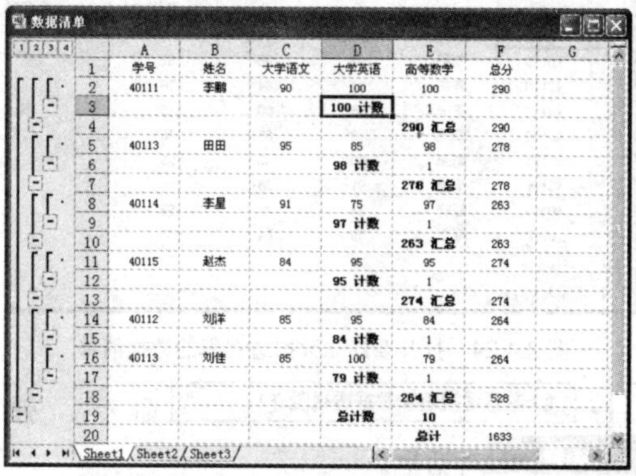

图 3.4.22 嵌套分类汇总结果

注意：在进行嵌套式分类汇总时，必须在 分类汇总 对话框中取消选中 □替换当前分类汇总(C) 复选框，如果不取消，则新建的分类汇总将覆盖原有的分类汇总。

3. 分级显示数据

在图 3.4.22 中可以看到，分类汇总的左上角有一排数字按钮，其中 1 按钮为第一层，代表总的汇总结果范围； 2 按钮为第二层，可以显示第一、二层的记录。依此类推， 3 按钮为第三层，可以显示前三层的记录； 4 按钮为第四层，可以显示前四层的记录。其下面的 + 按钮，用于显示明细数据，而[-]按钮则是用于隐藏明细数据。例如在图中单击[3]按钮，显示结果如图 3.4.23 所示。

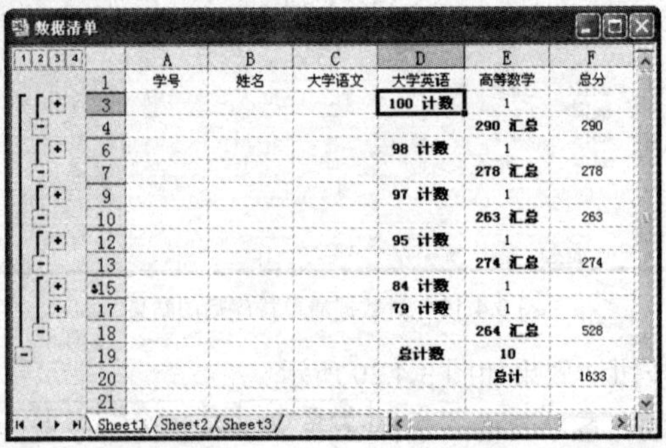

	A	B	C	D	E	F
1	学号	姓名	大学语文	大学英语	高等数学	总分
3				100 计数	1	
4					290 汇总	290
6				98 计数	1	
7					278 汇总	278
9				97 计数	1	
10					263 汇总	263
12				95 计数	1	
13					274 汇总	274
15				84 计数	1	
17				79 计数	1	
18					264 汇总	528
19				总计数	10	
20					总计	1633
21						

图 3.4.23 显示第一、二、三层的记录

4. 删除分类汇总

（1）打开包含分类汇总的数据清单，并单击任意单元格。

（2）选择 数据(D) → 分类汇总(B)... 命令，在弹出的 分类汇总 对话框中单击 全部删除(R) 按钮即可。

3.4.5 数据透视表的使用

使用数据透视表不仅可以帮助用户对大量数据进行快速汇总，也可以查看数据源的不同汇总结果。创建数据透视表，其具体操作步骤如下：

（1）打开要建立数据透视表的数据清单，单击任意单元格，如图 3.4.24 所示。

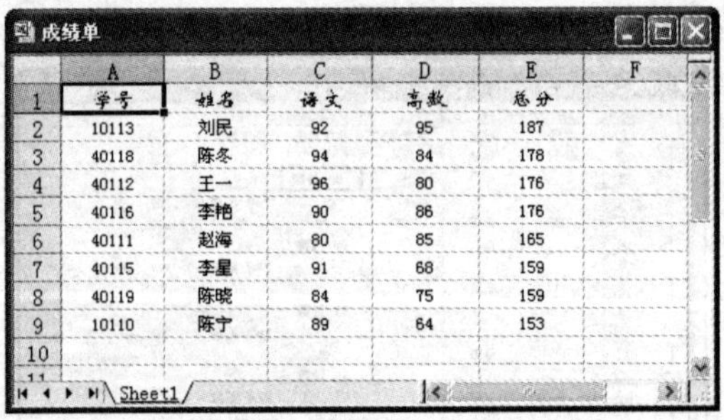

	A	B	C	D	E	F
1	学号	姓名	语文	高数	总分	
2	10113	刘民	92	95	187	
3	40118	陈冬	94	84	178	
4	40112	王一	96	80	176	
5	40116	李艳	90	86	176	
6	40111	赵海	80	85	165	
7	40115	李星	91	68	159	
8	40119	陈晓	84	75	159	
9	10110	陈宁	89	64	153	
10						

图 3.4.24 打开要建立数据透视表的数据清单

（2）选择 数据(D) → 数据透视表和数据透视图(P)... 命令，弹出如图 3.4.25 所示的 数据透视表和数据透视图向导 -- 3 步骤之 1 对话框。

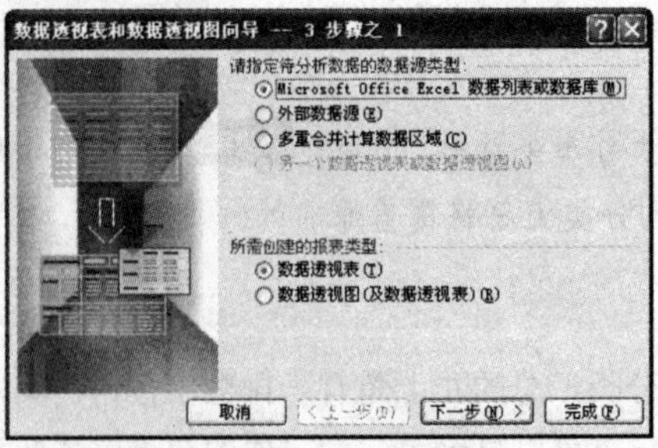

图 3.4.25 “数据透视表和数据透视图向导--3 步骤之 1”对话框

（3）单击下一步(N) >按钮，弹出数据透视表和数据透视图向导 -- 3 步骤之 2对话框，如图 3.4.26 所示。

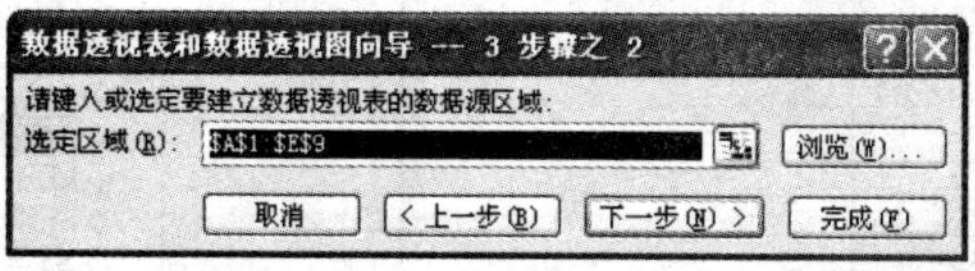

图 3.4.26　“数据透视表和数据透视图向导--3 步骤之 2”对话框

（4）单击该对话框中的“选定区域”右边的“折叠”按钮，弹出如图 3.4.27 所示的压缩对话框。

图 3.4.27　压缩对话框

（5）在工作表中选择单元格区域，然后单击该对话框中的“伸展”按钮，返回到如图 3.4.26 所示的对话框中。

（6）单击下一步(N) >按钮，弹出数据透视表和数据透视图向导 -- 3 步骤之 3对话框，如图 3.4.28 所示。

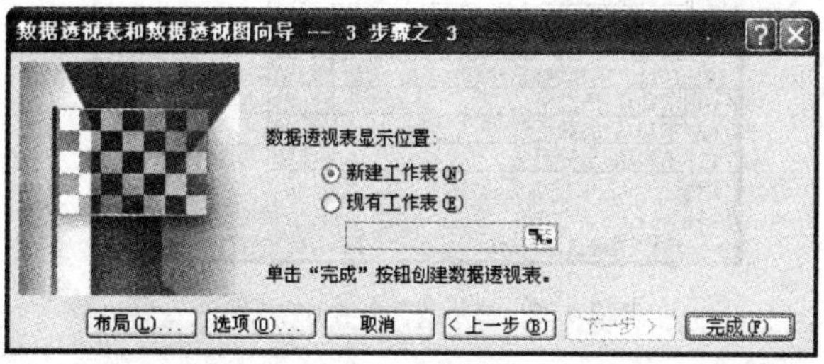

图 3.4.28　“数据透视表和数据透视图向导--3 步骤之 3”对话框

（7）单击布局(L)...按钮，弹出数据透视表和数据透视图向导 -- 布局对话框，如图 3.4.29 所示。

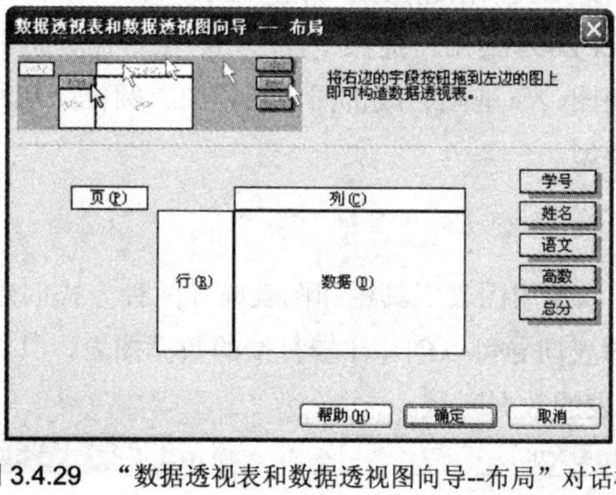

图 3.4.29　“数据透视表和数据透视图向导--布局”对话框

（8）按照对话框上的提示将右边的“字段”按钮拖到左边的草图上来构造数据透视表，然后单击确定按钮。

（9）此时将返回到图 3.4.28 中，单击完成(F)按钮，数据透视表将自动生成，如图 3.4.30 所示。

（10）如果在查看数据时，只想显示某一个学生的学习成绩，则可以单击“姓名”旁边的下三角按钮，则可以显示出所有学生的姓名，如图 3.4.31 所示。

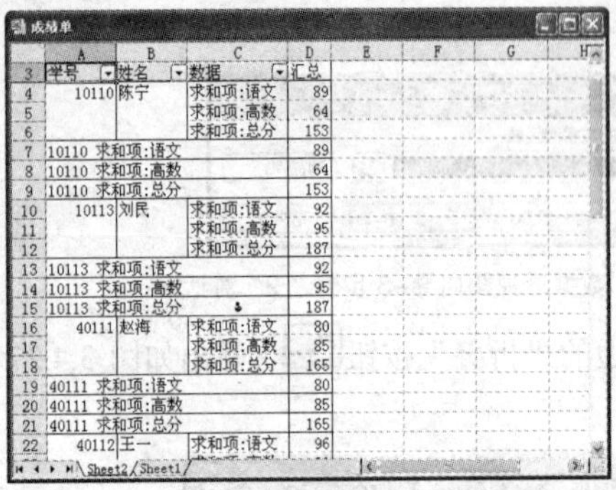

图 3.4.30 创建的数据透视表

图 3.4.31 显示所有学生姓名

（11）在“姓名”下拉列表框中选择要显示的学生的姓名，单击 确定 按钮，假如要显示“陈宁”的学习成绩，则选中 陈宁 复选框，并取消对其他姓名的选择，效果如图 3.4.32 所示。

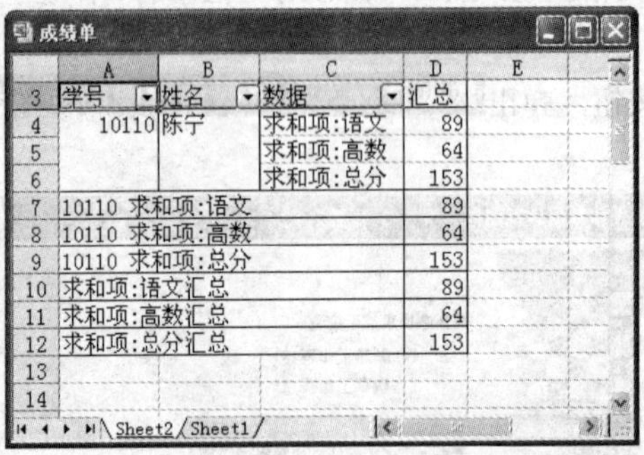

图 3.4.32 显示某一个学生的成绩单

3.4.6 图表的创建

在 Excel 中，用户可以在工作表中创建数据图表，图表具有较好的视觉效果，可以方便用户查看数据的差异和预测趋势。Excel 2003 为用户提供了柱形图、条形图、折线图、饼图、XY 散点图、面积图、圆环图、雷达图、曲面图、气泡图、股价图、圆柱图、圆锥图和棱锥图共 14 种类型的图表，而且每种图表还有若干个子类型。

1. 建立数据图表

在 Excel 2003 中，用户可以使用图表工具栏和图表向导两种方式创建数据图表。使用图表工具栏创建的图表类型有限，使用图表向导可以创建比较复杂的数据图表，其具体操作如下：

（1）选中要创建数据图表的数据区域。

（2）选择 插入(I) → 图表(H)... 命令，弹出 图表向导 - 4 步骤之 1 - 图表类型 对话框，如图 3.4.33 所示。

（3）在“图表类型”列表框中选择一种图表类型，如柱形图，在“子图表类型”选项区中选择图表的子类型，单击 下一步(N) > 按钮，弹出 图表向导 - 4 步骤之 2 - 图表源数据 对话框，如图 3.4.34 所示。

（4）打开 系列 选项卡，在“系列”列表框中选择一个系列名，在“名称”文本框中输入系列的名称，在“值”文本框中选择系列对应的值区域。

图 3.4.33　“图表向导 - 4 步骤之 1 - 图表类型”对话框

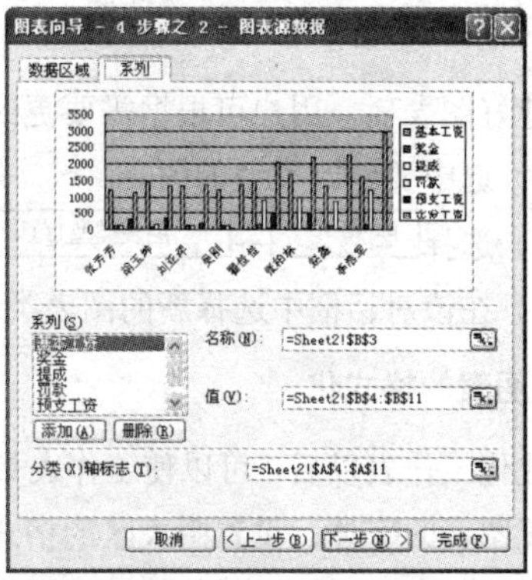

图 3.4.34　“图表向导 - 4 步骤之 2 - 图表源数据”对话框

（5）单击下一步(N) >按钮，弹出图表向导 - 4 步骤之 3 - 图表选项对话框，在该对话框中输入图表的标题，如员工工资统计表，如图 3.4.35 所示。

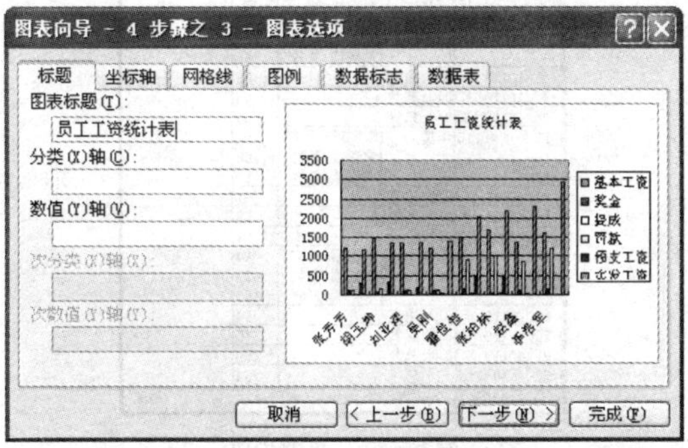

图 3.4.35　输入系列的名称及值

（6）单击下一步(N) >按钮，弹出图表向导 - 4 步骤之 4 - 图表位置对话框，如图 3.4.36 所示。

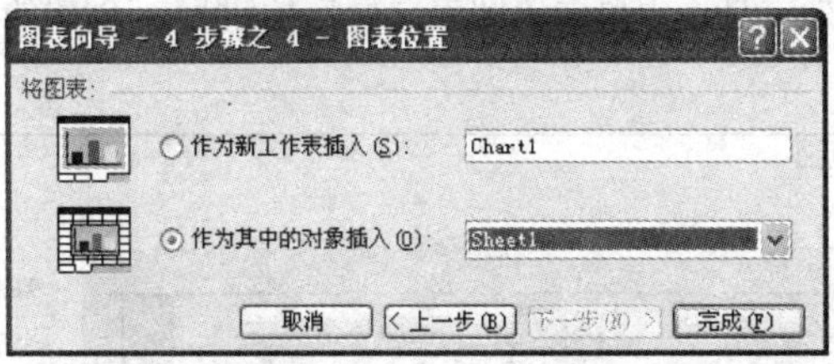

图 3.4.36　“图表向导 - 4 步骤之 4 - 图表位置”对话框

（7）在该对话框中选中作为其中的对象插入(O):单选按钮，单击完成(F)按钮，即可创建好图表，如图 3.4.37 所示。

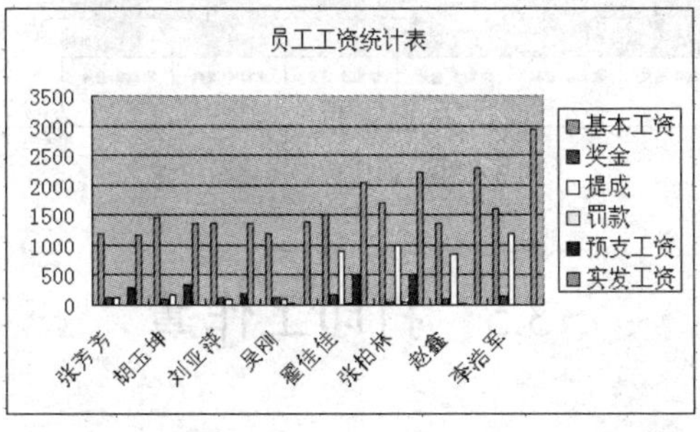

图 3.4.37　创建的柱形图表

2. 更改图表的类型

创建好图表后，用户可根据需要更改图表的类型。其具体操作如下：

（1）选中要修改类型的图表。

（2）选择 图表(C) → 图表类型(Y)... 命令，弹出 图表类型 对话框。

（3）在该对话框中选择新的图表类型，单击 确定 按钮。

3. 图表的格式化

格式化工作表以后，可以使工作表具有统一、漂亮的外观。图表的格式化，主要是给图表添加背景、设置图表的字体、设置图表区的格式等操作。

此外，用户还可以使用数据透视表创建数据透视图，其具体操作步骤如下：

（1）打开要创建数据透视图报表的数据透视表，然后隐藏不需要的字段，如图 3.4.38 所示。

	A	B	C	D	E
3	学号	姓名	数据	汇总	
4	10110	陈宁	求和项:语文	89	
5			求和项:高数	64	
6			求和项:总分	153	
7	10110 求和项:语文			89	
8	10110 求和项:高数			64	
9	10110 求和项:总分			153	
10	40115	李星	求和项:语文	91	
11			求和项:高数	68	
12			求和项:总分	159	
13	40115 求和项:语文			91	
14	40115 求和项:高数			68	
15	40115 求和项:总分			159	
16	40119	陈晓	求和项:语文	84	
17			求和项:高数	75	
18			求和项:总分	159	
19	40119 求和项:语文			84	
20	40119 求和项:高数			75	
21	40119 求和项:总分			159	
22	求和项:语文汇总			264	

图 3.4.38　隐藏字段

（2）单击数据透视表中的任意单元格。

（3）在“数据透视表”工具栏中单击“图表向导”按钮，创建的数据透视图报表如图 3.4.39 所示。

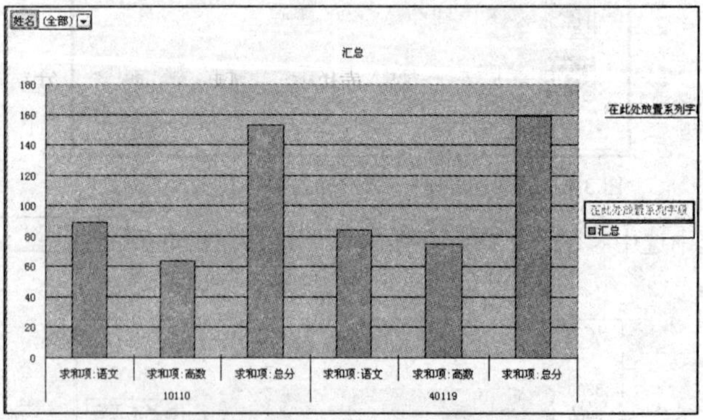

图 3.4.39　创建数据透视图报表

3.5　打印工作簿

本节主要介绍打印工作簿，包括页面设置、打印预览和打印。

3.5.1　页面设置

页面设置主要设置其页面、页边距、页眉页脚和图表，设置后的工作表会更加合理美观。选择 文件(F) → 页面设置(U)... 命令，弹出 页面设置 对话框，如图 3.5.1 所示。

1. 设置页面

在 页面设置 对话框中打开 页面 选项卡。

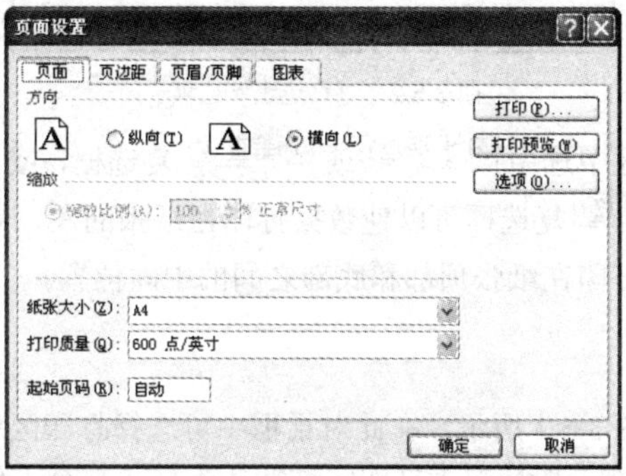

图 3.5.1　“页面设置”对话框

（1）在“方向”选区中可以设置打印纸的方向。纵向(T) 单选按钮是指打印纸垂直放置，即纸张高度大于宽度。横向(L) 单选按钮是指打印纸水平放置，即纸张宽度大于高度。一般来说当需要打印的工作薄有多列时，使用横向打印是很好的。

（2）在“缩放”选区中必须先选中所需的文本，然后才可以进行缩放。缩放是用来对工作簿进行放大或缩小的一种方法，这样能够使工作簿更好地适应纸张。用户可以根据实际需要按正常尺寸的百分数进行设置，或者选择 Excel 2003 自动缩放输出内容以便容纳在指定数目的纸张中。

（3）在“纸张大小”下拉列表框中选择打印所用的纸张的大小。纸张大小的选择取决于实际工作和所用打印机的打印能力，一般选择是“A4”或者“Envelope B5”。

（4）在“打印质量”下拉列表框中选择所需的打印质量，这实际上是改变了打印机的分辨率。打印的分辨率越高，打印出来的效果越好，打印所需的时间就越长。打印的分辨率与打印机的性能有关，当用户所配置的打印机不同时，此下拉列表框中的内容是不同的。打印质量以 dpi 为单位，表示每英寸打印的点数。

（5）“起始页码”文本框中一般使用默认状态。当工作簿中设置了包含页码的页眉或页脚时，可以使用这个选项。在该文本框内输入需要打印工作表的起始页码。

2. 设置页边距

在 页面设置 对话框中打开 页边距 选项卡，如图 3.5.2 所示。可以使用 页边距 选项卡进行整个纸张边距的调整。在实际工作中当遇到最后一页只包含少数数据时，可以通过调整上、下边距使最后一页的数据包含在前面的页中，以节省纸张。

（1）在“上”“下”“左”“右”微调框中分别设置到页边的距离，并可在预览框中查看其结果。

（2）在“页眉”和“页脚”微调框中输入数值以调整它们与上下边之间的距离，这个距离应小于数据的页边距，以免页眉和页脚被数据覆盖。

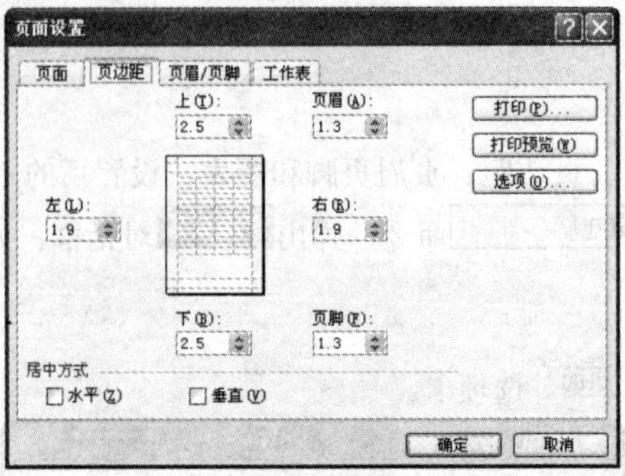

图 3.5.2 “页边距”选项卡

（3）在“居中方式”选区中选中☑水平(Z)或☑垂直(V)复选框，或二者都选中，可使数据在页边距之内居中显示。选中☑水平(Z)复选框可以使数据打印在纸张的左、右边缘之间的中间位置。选中☑垂直(V)复选框可以使数据打印在纸张顶部和底部之间的中间位置。

3．工作表的设置

打开 工作表 选项卡，如图 3.5.3 所示。在此对话框中可选择打印区域，以及是否打印网格线等。

（1）打印区域的设置：在一般情况下打印区域默认为打印整个工作表，此时“打印区域”文本框内为空。用户可以通过引用单元格来设置打印范围。如果要打印工作表的局部内容，可以在其中输入表格区域，或单击“打印区域”后的“伸展”按钮，在工作表中选择所需区域，按“Enter”键或用鼠标选中要打印的工作表区域。

另外，可以在 文件(F) 菜单下选择 打印区域(T) 命令，在弹出的子菜单中选择 设置打印区域(S) 命令来设置打印区域。

提示：如果要清除打印区域，选择 文件(F) → 打印区域(T) 命令，在弹出的下拉菜单中选择 取消打印区域(C) 命令即可完成。

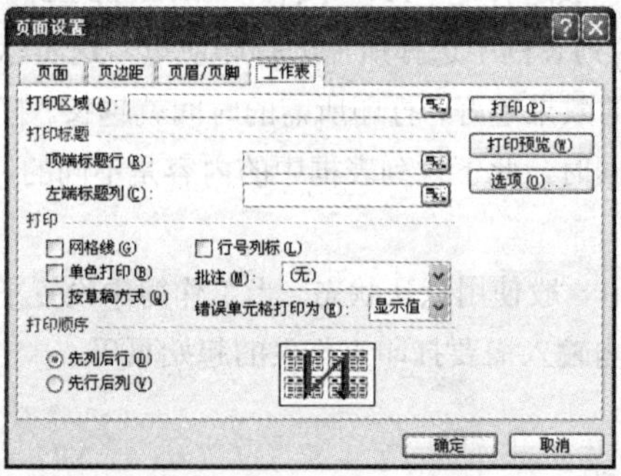

图 3.5.3 “工作表”选项卡

（2）打印标题的设置：当打印的页数超过一页时，如果要在每一页中都打印相同的行或列作为标题，请在“打印标题”选区中选择所需的选项。可以直接在相应的文本框内输入标题名称，也可输入单元格地址，或用鼠标选择工作表中的单元格。

4．手工插入、移动分页符

如果需要打印的工作表中的内容多于一页，Excel 2003 会自动在其中插入分页符，将工作表分成多页，这些分页符的位置取决于纸张的大小、页边距设置和设定的打印比例；还可以通过手工插入水平分页符来改变页面上数据的行数；也可以通过插入垂直分页符来改变页面上数据的列数。在分页预览中，可用鼠标拖动分页符来改变其在工作表上的位置。

插入分页符另起一页：首先选择需要另起一页的左上角的单元格，然后选择插入(I)菜单中的分页符(B)命令。

插入水平（垂直）分页符：首先选择另起页的第一行（列），然后选择插入(I)菜单中的分页符(B)命令。

移动分页符：先选择视图(V)菜单中的分页预览(P)命令，根据需要将分页符拖至新的位置。

3.5.2　打印预览

在一个文档打印输出之前，需要通过多次调整才能达到满意的打印效果，这时用户可以通过“打印预览”在屏幕上观察打印效果，而不必打印输出后再去修改，如图 3.5.4 所示。

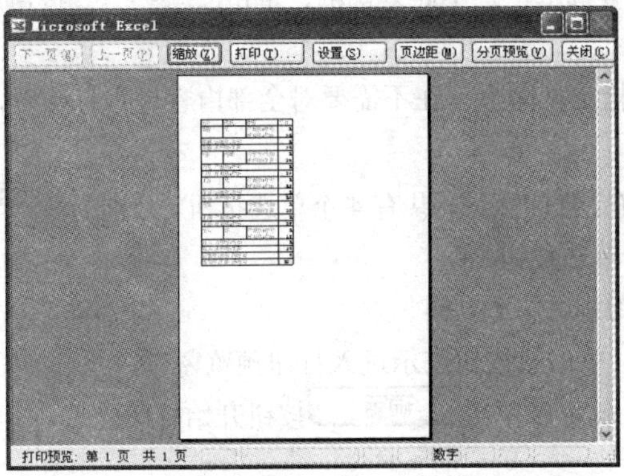

图 3.5.4　打印预览窗口

用户可以通过多种方式进入打印预览窗口：

（1）选择文件(F)→打印预览(V)命令。

（2）单击“常用”工具栏中的“打印预览”按钮。

在屏幕窗口底部的状态栏中显示了当前打印页的页码和总页码，在窗口的上方有一排按钮，可对工作表进行设置和查看。

3.5.3　打印

当设置好页面后，就可以准备打印了。用户还必须进行打印选项设置才可打印。进行打印的方法有以下几种：

（1）单击“常用”工具栏中的“打印”按钮。这种方法快捷，但缺乏控制。

（2）选择文件(F)→打印(P)... Ctrl+P命令。

（3）在页面设置对话框中单击打印(P)...按钮。

（4）在打印预览窗口中单击打印(T)...按钮。

用以上方法之一，即可弹出打印内容对话框，如图 3.5.5 所示。选择所需设置，单击确定按钮即可打印。

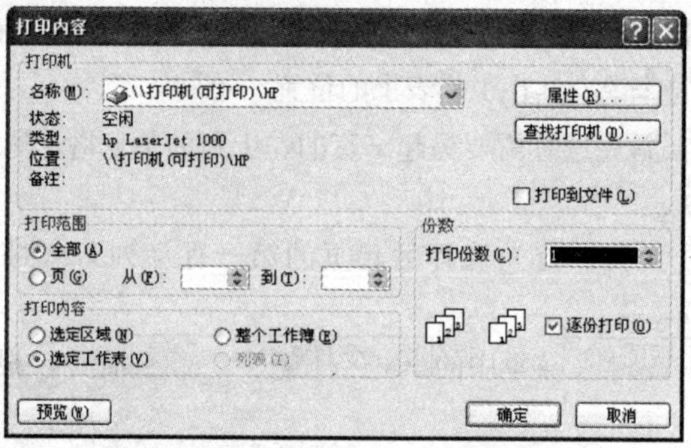

图 3.5.5 “打印内容”对话框

下面分别介绍打印内容对话框中各选项的作用。

（1）打印机：“打印机”中显示当前打印机的信息。可以从中选择需要的打印机型号。单击属性(R)...按钮，可以在弹出的白纸打印机 上 的 HP 属性对话框中设置打印机的属性。

（2）☑打印到文件(L)复选框：选中此复选框，单击确定按钮后，将当前文档打印到文件而不是打印机。

（3）打印范围：可以指定打印页。在不需要对全部内容进行打印时，就可以通过此项来选择所需打印的页。

（4）打印内容：用于确定打印区域，共有 4 个单选按钮，分别为⊙选定区域(N)、⊙选定工作表(V)、⊙整个工作簿(E)和⊙列表(I)单选按钮。

（5）份数：输入打印份数。

（6）预览(W)按钮：单击该按钮表示进入打印预览窗口。

在所有的设置完成后，就可以单击确定按钮开始打印。

3.6 应用实例——制作贷款还款金额速查表

本例用 Excel 2003 制作一个“住房贷款还款金额速查表”，效果如图 3.6.1 所示。

	A	B	C	D
1	住房	公积金	贷款还款速查表	
2	贷款金额		150000	
3	年限	利息	月还款	累计还款
4	1	3.60%	￥-12,295.09	￥-147,541.06
5	2	3.60%	￥-6,037.07	￥-144,889.59
6	3	3.60%	￥-3,951.96	￥-142,270.44
7	4	3.60%	￥-2,910.08	￥-139,683.61
8	5	3.60%	￥-2,285.48	￥-137,129.06
9	6	4.05%	￥-1,843.95	￥-132,764.13
10	7	4.05%	￥-1,547.53	￥-129,992.11
11	8	4.05%	￥-1,325.63	￥-127,260.69
12	9	4.05%	￥-1,153.42	￥-124,569.79
13	10	4.05%	￥-1,015.99	￥-121,919.29
14	11	4.05%	￥-903.86	￥-119,309.06
15	12	4.05%	￥-810.69	￥-116,738.96
16	13	4.05%	￥-732.11	￥-114,208.85
17	14	4.05%	￥-664.99	￥-111,718.57
18	15	4.05%	￥-607.04	￥-109,267.93

图 3.6.1 效果图

操作步骤

（1）单击“常用”工具栏中的“新建”按钮，新建一个工作簿。

（2）在表格中输入相关的固定数据，如贷款年限、利息、月还款、累计还款等信息，如图 3.6.2 所示。

（3）选中 B1 单元格，选择 数据(D) → 有效性(L)... 命令，弹出 数据有效性 对话框。单击“允许”右侧的下拉按钮，选中“序列”选项，在“来源”下面的方框中输入“商业 公积金”字符，如图 3.6.3 所示。

图 3.6.2　输入数据

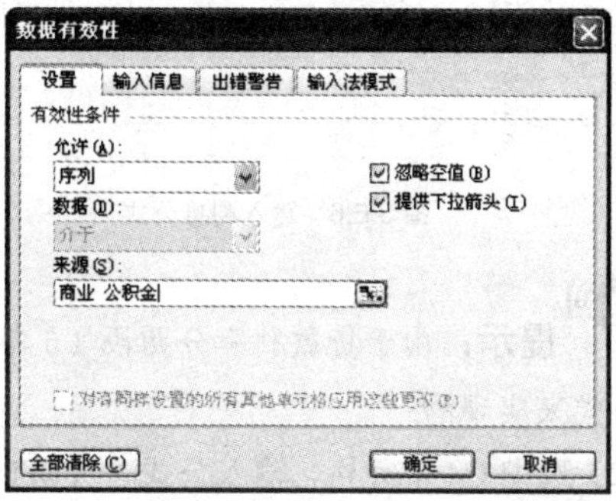

图 3.6.3　“数据有效性”对话框

（4）设置完成后，单击 确定 按钮返回到工作表中。

（5）选中 E4，E5 单元格，分别输入 10 000，20 000，然后选中这两个单元格，并将鼠标指针移至该单元格区域右下角的填充柄上，待鼠标指针变为“十”形状时，按住左键向下拖拉至 E18 单元格，完成金额输入，如图 3.6.4 所示。

（6）选中 A2 和 B2 单元格，单击常用工具栏中的“合并及居中”按钮，并输入“贷款金额”。

（7）选中 C2 单元格，选择 数据(D) → 有效性(L)... 命令，弹出 数据有效性 对话框。单击“允许”右侧的下拉按钮，选中“序列”选项，在“来源”下面的方框中输入“=$E$4:$E$18”。

（8）单击 确定 按钮返回到工作表中，单击 C2 单元格右侧的按钮，可以选择需要贷款的金额，如 150 000 元，如图 3.6.5 所示。

图 3.6.4　添加数据

图 3.6.5　选择数据

（9）选中 B4 单元格，输入公式“=IF($B$1="公积金",3.6%,4.77%)”，按回车键，如图 3.6.6 所示。

（10）选定 B4 单元格，使用“填充柄”将公式复制到 B5 至 B8 单元格。

（11）选中 B9 单元格，输入公式“=IF($B$1="公积金",4.05%,5.04%)”，同样，用“填充柄”将公式复制到 B10 至 B18 单元格，效果如图 3.6.7 所示。

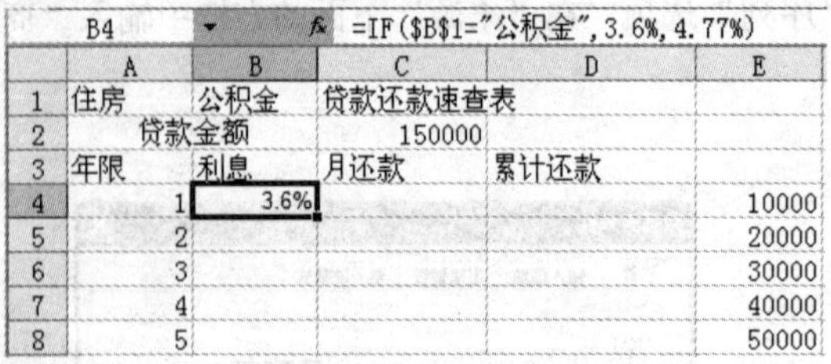

B4 =IF($B$1="公积金",3.6%,4.77%)

	A	B	C	D	E
1	住房	公积金	贷款还款速查表		
2	贷款金额		150000		
3	年限	利息	月还款	累计还款	
4	1	3.6%			10000
5	2				20000
6	3				30000
7	4				40000
8	5				50000

图 3.6.6 输入利息公式

B9 =IF($B$1="公积金",4.05%,5.04%)

	A	B	C	D	E
1	住房	公积金	贷款还款速查表		
2	贷款金额		150000		
3	年限	利息	月还款	累计还款	
4	1	3.60%			10000
5	2	3.60%			20000
6	3	3.60%			30000
7	4	3.60%			40000
8	5	3.60%			50000
9	6	4.05%			60000
10	7	4.05%			70000
11	8	4.05%			80000
12	9	4.05%			90000
13	10	4.05%			100000
14	11	4.05%			110000
15	12	4.05%			120000
16	13	4.05%			130000
17	14	4.05%			140000
18	15	4.05%			150000
19					

图 3.6.7 复制公式

提示：由于贷款利率分两段（5 年及以下，5 年以上），为了公式的简便，我们这里也是用两个公式来实现的。

（12）选中 C4 单元格，输入公式"=PMT(B4/12,A4*12,,$C$2)"，按回车键，计算出第一年的月还款额，如图 3.6.8 所示。

（13）选定 C4 单元格，使用"填充柄"将公式复制到 C18 单元格，如图 3.6.9 所示。

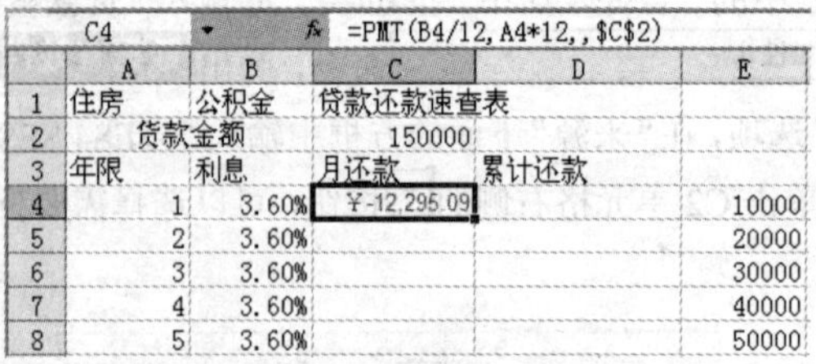

C4 =PMT(B4/12,A4*12,,$C$2)

	A	B	C	D	E
1	住房	公积金	贷款还款速查表		
2	贷款金额		150000		
3	年限	利息	月还款	累计还款	
4	1	3.60%	￥-12,295.09		10000
5	2	3.60%			20000
6	3	3.60%			30000
7	4	3.60%			40000
8	5	3.60%			50000

图 3.6.8 计算出第一年的月还款额

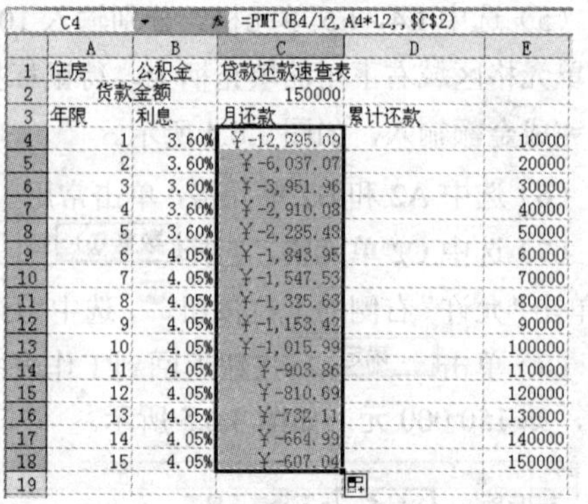

C4 =PMT(B4/12,A4*12,,$C$2)

	A	B	C	D	E
1	住房	公积金	贷款还款速查表		
2	贷款金额		150000		
3	年限	利息	月还款	累计还款	
4	1	3.60%	￥-12,295.09		10000
5	2	3.60%	￥-6,037.07		20000
6	3	3.60%	￥-3,951.96		30000
7	4	3.60%	￥-2,910.08		40000
8	5	3.60%	￥-2,285.48		50000
9	6	4.05%	￥-1,843.95		60000
10	7	4.05%	￥-1,547.53		70000
11	8	4.05%	￥-1,325.63		80000
12	9	4.05%	￥-1,153.42		90000
13	10	4.05%	￥-1,015.99		100000
14	11	4.05%	￥-903.86		110000
15	12	4.05%	￥-810.69		120000
16	13	4.05%	￥-732.11		130000
17	14	4.05%	￥-664.99		140000
18	15	4.05%	￥-607.04		150000
19					

图 3.6.9 计算出其他年份的月还款额

（14）选中 D4 单元格，输入公式"=A4*12*C4"，按回车键，计算出第一年的累计还款额，如图 3.6.10 所示。

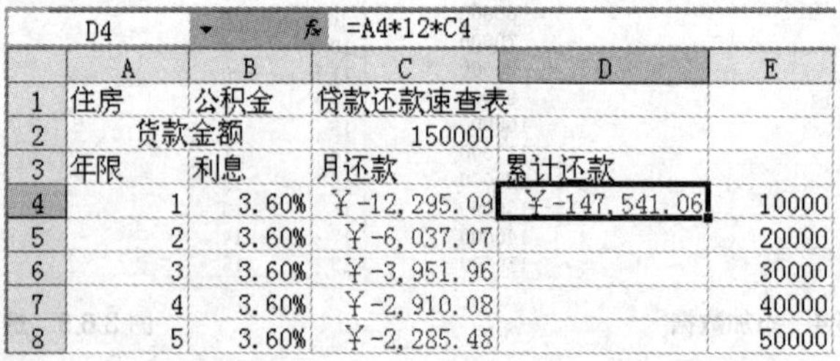

D4 =A4*12*C4

	A	B	C	D	E
1	住房	公积金	贷款还款速查表		
2	贷款金额		150000		
3	年限	利息	月还款	累计还款	
4	1	3.60%	￥-12,295.09	￥-147,541.06	10000
5	2	3.60%	￥-6,037.07		20000
6	3	3.60%	￥-3,951.96		30000
7	4	3.60%	￥-2,910.08		40000
8	5	3.60%	￥-2,285.48		50000

图 3.6.10 计算出第一年的累计还款额

（15）选定 D4 单元格，使用"填充柄"将公式复制到 D18 单元格，如图 3.6.11 所示。

（16）选中 E 列，右击鼠标右键，在弹出的快捷菜单中选择 隐藏(H) 选项，将该列隐藏起来。至此，"住房贷款还款金额速查表"制作完成，效果如图 3.6.1 所示。

提示：（1）由于是住户偿还银行的贷款，所以计算出来的结果，系统以红色显示出来。（2）如果国家调整贷款利率，只要修改一下B4至B列最后单元格中的公式即可。

	A	B	C	D	E
1	住房	公积金	贷款还款速查表		
2	贷款金额		150000		
3	年限	利息	月还款	累计还款	
4	1	3.60%	￥-12,295.09	￥-147,541.06	10000
5	2	3.60%	￥-6,037.07	￥-144,889.59	20000
6	3	3.60%	￥-3,951.96	￥-142,270.44	30000
7	4	3.60%	￥-2,910.08	￥-139,683.61	40000
8	5	3.60%	￥-2,285.48	￥-137,129.06	50000
9	6	4.05%	￥-1,843.95	￥-132,764.13	60000
10	7	4.05%	￥-1,547.53	￥-129,992.11	70000
11	8	4.05%	￥-1,325.63	￥-127,260.69	80000
12	9	4.05%	￥-1,153.42	￥-124,569.79	90000
13	10	4.05%	￥-1,015.99	￥-121,919.29	100000
14	11	4.05%	￥-903.86	￥-119,309.06	110000
15	12	4.05%	￥-810.69	￥-116,738.96	120000
16	13	4.05%	￥-732.11	￥-114,208.85	130000
17	14	4.05%	￥-664.99	￥-111,718.57	140000
18	15	4.05%	￥-607.04	￥-109,267.93	150000

图3.6.11 计算出其他年份的年累计还款额

本章小结

本章主要讲述了Excel 2003概述、工作簿和工作表的基本操作、数据的管理与分析、打印工作簿等知识。通过本章的学习，可以让读者快速熟悉表格的基本操作，并在编辑的过程中更加得心应手，轻松地对数据进行管理。

实训练习

一、填空题

1．工作表的基本操作包括选定单元格、________、________、________、格式设置和显示设置以及工作表中的计算。

2．Excel 2003文档中的工作表是________维表格。

3．在Excel 2003单元格中，数值型数据的默认对齐方式是________。

4．双击要重命名的工作表标签，输入新的工作表名称后按________键可以重命名工作表。

5．自动填充数据功能可以自动填充________数据或者________数据。

6．数据清单中的行相当于数据库中的________，行标题相当于记录名；数据清单中的列相当于数据库中的________，列标题相当于数据库中的字段名。

二、选择题

1．在Excel 2003中，关于选定单元格区域的说法，错误的是（ ）。

A．将鼠标指针指向要选定区域的左上角单元格，拖动鼠标到该区域的右下角单元格

B．在名称框中输入单元格区域的名称或地址并按回车键

C．单击要选定区域的左上角单元格，按住Shift键，再单击该区域的右下角单元格

D．单击要选定区域的左上角单元格，再单击该区域的右下角单元格

2．当输入的字符串长度超过单元格的长度范围时，且其右侧相邻单元格为空，在默认状态下字符串将（　）。

A．超出部分被截断删除　　　　B．超出部分作为另一个字符串存入 B1 中

C．字符串显示为#####　　　　D．继续超格显示

3．在 Excel 2003 中，单元格地址的引用方式有（　）。

A．绝对引用　　　　B．相对引用

C．混合引用　　　　D．间接引用

4．在用 Excel 2003 处理表格时，如果选中某个单元格并输入了字符或数字后，现需要取消刚输入的内容而保持原来的值，则在编辑栏输入（　）。

A．√　　　　B．×

C．=　　　　D．%

5．Excel 2003 中的数据库管理功能是（　）。

A．筛选数据　　　　B．排序数据

C．汇总数据　　　　D．以上都是

6．在 Excel 2003 中，为了加快输入速度，在相邻单元格中输入“星期一”到“星期五”的连续字符时，可使用（　）功能。

A．复制　　　　B．移动

C．自动填充　　　　D．自动计算

7．在 Excel 2003 工作表中输入数据时，如要在同一单元格内换行，应按组合键（　）。

A．Alt+Enter　　　　B．Ctrl+Ente　r

C．Shift+Enter　　　　D．Ctrl+Shift+Enter

8．如果单元格中的输入信息以“=”开头，则说明该信息是（　）。

A．常数　　　　B．公式

C．提示信息　　　　D．无效数据

9．在 Excel 2003 中，“自动套用格式”的功能是（　）。

A．输入固定格式的数据　　　　B．选择固定区域的数据

C．对工作表按固定格式进行修饰　　　　D．对工作表按固定格式进行计算

10．在 Excel 2003 中，数据排序可以按（　）来排序。

A．时间顺序　　　　B．字母顺序

C．数值大小　　　　D．以上均可

11．在 Excel 2003 中，数据清单的排序最多可选用（　）个关键字。

A．1 个　　　　B．2 个

C．3 个　　　　D．多个

12．在 Excel 2003 中，可以直接利用自动填充功能快速输入的序列有（　）。

A．星期一、星期二、星期三……

B．一班、二班、三班……

C．第一季、第二季、第三季……

D．甲、乙、丙……

三、简答题

1．工作簿、工作表和单元格的基本概念是什么？

2．怎样在表格中输入序列数据？

3．怎样设置单元格对齐方式？

4．怎样进行数据排序和筛选？

5．怎样设置表格页边距？

四、上机操作题

1．创建一张工作表，此工作表为某个班级的成绩单，对其进行如下操作：

（1）保存工作表。

（2）对该工作表重命名。

（3）对工作表进行排序。

（4）对工作表创建数据透视表。

（5）对创建的数据透视表建立数据透视图表。

（6）对工作表进行页面设置。

（7）打印该工作表。

2．使用 Excel 2003 为某公司创建一张员工信息资料表，对该工作表进行格式化操作，然后预览工作表并进行打印输出。

3．打开"学生成绩表"，进行页面设置，要求如下：

设置纸张大小为 A4，打印方向为纵向，将打印质量设为 300 dpi，打印机设为省墨模式，上、下页边框设为 2.2，左、右页边框为 2.0，设置打印区域为标题当前 20 条记录。

第 4 章　中文 PowerPoint 2003 的基本操作

随着社会的进步和人们的要求越来越高，办公软件也在不断地革新发展。PowerPoint 已成为网络会议、产品展示、学术交流、个人求职等方面不可缺少的工具。PowerPoint 2003 是微软公司推出的套装办公软件 Office 2003 的组成部分之一，也是目前非常流行的幻灯片制作软件。PowerPoint 2003 不但继承了旧版本的特点，而且在此基础上还增加了一些新功能，使演示文稿的制作更加容易、直观，其用途也更加广泛。

知识要点

- PowerPoint 2003 基础知识
- 新建演示文稿
- 幻灯片的制作
- 编辑演示文稿外观
- 演示文稿的放映

4.1　PowerPoint 2003 基础知识

PowerPoint 引入了“演示文稿”的概念，它是把一些零散杂乱的幻灯片经过编辑、整理形成一个幻灯片集，并作为一个整体进行演示。PowerPoint 是一套操作简便的多媒体演示文稿软件，它可制作包含文字、图片、表格、组织结构图在内的不同版式的幻灯片，并将这些幻灯片编辑成演示文稿，进而印成幻灯片或制作成 35 mm 的幻灯片，也可以直接在计算机上播放。

4.1.1　PowerPoint 2003 的启动和退出

启动和退出 PowerPoint 2003，是运用 PowerPoint 2003 进行制作和编辑演示文稿的基础。

1. 启动 PowerPoint 2003

启动和退出 PowerPoint 2003 的方法有很多种，用户可根据自己的操作习惯，选择一种简单方便的方法。一般情况下，PowerPoint 2003 最基本的启动方法有以下两种，用户可以任选其一。

（1）利用桌面快捷图标启动。双击桌面上的快捷图标即可启动。

如果桌面上没有快捷图标，可用下面的方法创建快捷图标，具体操作步骤是选择 开始 → 所有程序(P) → Microsoft Office → Microsoft Office PowerPoint 2003 命令，该命令变为蓝色，然后单击鼠标右键，在弹出的快捷菜单中选择 发送到(N) → 桌面快捷方式 命令，在桌面上即可出现快捷图标。

（2）利用“开始”菜单启动。具体操作步骤是选择 开始 → 所有程序(P) → Microsoft Office → Microsoft Office PowerPoint 2003 命令，即可启动。

2．退出 PowerPoint 2003

退出 PowerPoint 2003，有以下几种方法，用户可以用任意一种自己认为方便的方法。

（1）单击 PowerPoint 2003 窗口右上角的“关闭”按钮，即可退出 PowerPoint 2003。

（2）按“Alt+F4”组合键，即可退出 PowerPoint 2003。

（3）双击标题栏的图标，即可退出。

（4）选择 文件(F) → 退出(X) 命令，可退出 PowerPoint 2003。

如在退出时，正在编辑的文件没有被保存，则会出现一个警告对话框，如图 4.1.1 所示。

图 4.1.1　警告对话框

单击 是(Y) 按钮，保存文件后退出 PowerPoint 2003。

单击 否(N) 按钮，不保存文件直接退出 PowerPoint 2003，文件修改的数据将丢失。

单击 取消 按钮，取消退出 PowerPoint 2003 并返回编辑状态。

4.1.2　PowerPoint 2003 新增功能

作为目前最流行的演示文稿制作软件，PowerPoint 2003 具有强大的多媒体管理功能和丰富的设计模板以及强有力的网络工具，用户只要通过短期的操作就可制作出完美的演示文稿。而且 PowerPoint 2003 是在 PowerPoint 2000 和 PowerPoint 2002 基础上又向前迈了一大步，与它们相比，又增加了许多新的功能，主要包括以下几点：

1．更新的播放器

改进的 Microsoft Office PowerPoint Viewer 可以进行高保真输出，可支持 PowerPoint 2003 图形、动画和多媒体，而且更新的播放器无须安装。默认情况下，新的“打包成 CD”功能将演示文稿文件与播放器打包在一起，用户也可从网站下载新的播放器。另外，播放器支持查看和打印。经过更新的播放器可在 Microsoft Windows 98 或更高版本上运行。

2．打包成 CD

“打包成 CD”可以有效发挥演示文稿的 PowerPoint 2003 的新增功能。它可以用于制作演示文稿 CD，以便在运行 Windows 操作系统的计算机上查看。而直接从 PowerPoint 2003 中刻录 CD 就需要 Windows XP 或更高版本，在 Windows 2000 中，可以将一个或多个演示文稿打包到文件夹中，然后使用第三方 CD 刻录软件将演示文稿复制到 CD 上。

“打包成 CD”可打包演示文稿和所有支持文件，具体包括链接文件，还可以从 CD 自动运行演示文稿。在打包演示文稿的时候，经过更新的 Microsoft Office PowerPoint Viewer 也包含在 CD 上。因此，没有安装 PowerPoint 2003 的计算机不需要安装播放器。

3．新幻灯片放映导航工具

新的精巧而典雅的“幻灯片放映”工具栏令用户可在播放演示文稿时方便地进行幻灯片放映导航。

此外，常用幻灯片放映任务也被简化。在播放演示文稿期间，“幻灯片放映”工具栏令用户可方便地使用墨迹注释工具、笔和荧光笔选项以及“幻灯片放映”菜单。

4．改进的幻灯片放映墨迹注释

在播放演示文稿时可以使用墨迹在幻灯片上进行标记，或者使用 Microsoft PowerPoint 2003 中的墨迹功能审阅幻灯片。这样不仅可在播放演示文稿时保存所使用的墨迹，还可以在将墨迹标记保存在演示文稿中后打开或关闭幻灯片放映标记。墨迹功能的某些方面需要在 Tablet PC 上运行 PowerPoint 2003。

5．改进的媒体播放

使用 PowerPoint 2003 在全屏演示文稿中查看和播放影片。用鼠标右键单击影片，从快捷菜单中选择 编辑影片对象(O) 命令，然后选中 ☑ 缩放至全屏(Z) 复选框。当安装了 Microsoft Windows Media Player 8.0 或更高版本时，PowerPoint 2003 中对媒体播放的改进可支持其他媒体格式，包括 ASX，WMX，M3U，WVX，WAX 和 WMA。如果未显示所需的媒体编解码器，PowerPoint 2003 将通过使用 Windows Media Player 技术尝试下载它。

6．信息检索任务窗格

如果用户要访问 Internet，新的“信息检索”任务窗格可提供各种参考信息和扩展资源。可使用百科全书、Web 搜索或通过访问第三方对主题内容进行信息检索。“信息检索”任务窗格还支持同义词搜索，这是 PowerPoint 2003 的新增功能。此功能对于查找同义词以便提高演示文稿的质量来说是最佳工具。

提示： 如果用户对 PowerPoint 2003 的新增功能比较感兴趣，还可以通过选择 帮助(H) → Microsoft Office PowerPoint 帮助(H) F1 命令，在帮助任务窗格中找到更多新增功能。

4.1.3 PowerPoint 2003 窗口简介

PowerPoint 2003 作为 PowerPoint 2002 的升级版本，其界面具有更强的可操作性和更吸引人的风格。要熟练地使用 PowerPoint 2003 制作演示文稿，首先需要熟悉 PowerPoint 2003 的工作窗口，为熟练地创建演示文稿打下基础。

选择 开始 → 所有程序(P) → Microsoft Office → Microsoft Office PowerPoint 2003 命令，即可打开新版的 PowerPoint 2003 工作窗口，如图 4.1.2 所示。

PowerPoint 2003 工作窗口和其他 Office 2003 组件的窗口基本上相同，不同之处在于其有两个窗口，一个是主窗口，一个是演示文稿窗口。主窗口主要包括了一些基本操作工具，如标题栏、菜单栏、任务窗格、“常用”工具栏、“格式”工具栏和“绘图”工具栏等。演示文稿窗口包括了创建幻灯片的幻灯片编辑窗格、大纲视图窗格、备注窗格、任务窗格和视图转换按钮等一些具有特色的工具。这里只对 PowerPoint 2003 的一些特色窗口进行介绍，其他的基本工具可参考 Office 2003 其他组件。

1．幻灯片编辑窗格

“幻灯片编辑窗格”位于工作窗口最中间，其最主要的任务是进行幻灯片的制作、编辑和添加其他各种效果，而且还可以查看每张幻灯片的整体效果。它所显示的文本内容和“大纲视图”中的文本内容是相同的。

图 4.1.2　PowerPoint 2003 工作窗口

2．大纲视图窗格

“大纲视图窗格”位于“幻灯片编辑窗格”的左侧。它的主要任务是显示幻灯片的文本并负责插入、复制、删除、移动整张幻灯片，可以很方便地对幻灯片的标题和段落文本进行编辑。

3．备注窗格

“备注窗格”位于“幻灯片编辑窗格”的下方。它的主要任务是给每张幻灯片添加备注，为演讲者在演讲时提供信息。

4．任务窗格

“任务窗格”位于“幻灯片编辑窗格”的右侧，该窗格提供了常用命令、常用快捷工具和参数设置，用户可以边使用命令，边对文件进行处理。对使用过的窗格还可通过任务窗格中的“向后”按钮和“向前”按钮进行切换。单击任务窗格右上角的下三角按钮，可以选择任务窗格列表中的选项，如图 4.1.3 所示。

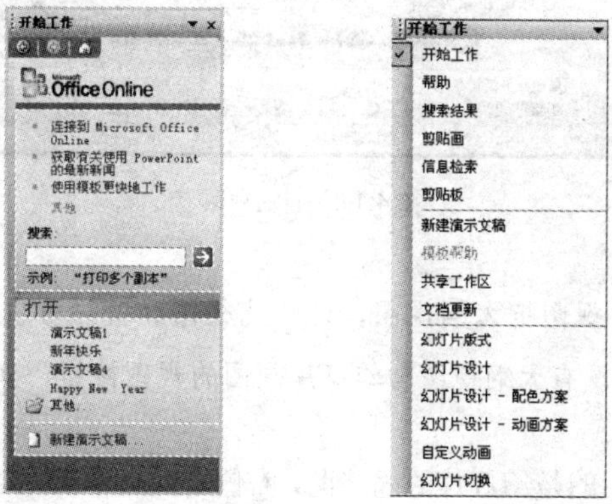

图 4.1.3　任务窗格

提示： 如果不需要使用任务窗格，可以选择 视图(V) → 任务窗格(K) Ctrl+F1 命令隐藏任务窗格，以节约程序窗口的可用空间。

5. 视图转换按钮

视图转换按钮是位于界面底部左侧的 3 个按钮，包括“普通视图”按钮、“幻灯片浏览视图”按钮和“从当前幻灯片开始幻灯片放映”按钮。通过单击这些按钮可在不同的视图模式中预览演示文稿。

4.1.4 视图方式

为了演示文稿便于浏览和编辑，PowerPoint 2003 根据不同的需要提供了多种的视图方式来显示演示文稿的内容。视图方式包括普通视图、幻灯片浏览视图、备注页视图和幻灯片放映视图，另外为了便于输出还可以切换至幻灯片的黑白视图。

各种视图有各自的特色和功能，各种视图中都可以对演示文稿进行特定的加工，并在一种视图中修改，在另一种视图中也会自动反映在演示文稿中。

1. 普通视图

普通视图是 PowerPoint 2003 创建演示文稿的默认视图，实际上是大纲视图、幻灯片视图和备注页视图 3 种模式的综合，是最基本的视图模式。

切换至普通视图可单击“普通视图”按钮或选择 视图(V) → 普通(N) 命令，即可打开如图 4.1.4 所示的普通视图窗口。

图 4.1.4 普通视图

提示： 因为普通视图把大纲视图、幻灯片视图和备注页视图同时显示在屏幕上，所以 PowerPoint 2003 默认情况下没有大纲视图和幻灯片视图的视图按钮，如要使用可通过 视图(V) 菜单栏中的菜单命令进行切换。

在普通视图窗口左侧显示的是幻灯片的缩略图，右侧上面显示的是当前幻灯片，下面显示的是备注部分。用户可根据需要调整窗口大小比例。

（1）切换至大纲视图模式：选择 视图(V) → 普通(N) 命令，或者单击“普通视图”按钮，然后打开 大纲 选项卡，即可进入幻灯片大纲编辑状态，如图 4.1.5 所示。

图 4.1.5　大纲视图

窗口左边的“大纲”选项卡中列出了所有幻灯片的文字内容。而幻灯片编辑窗口中则呈现出选中的一张幻灯片。在普通视图的大纲模式下，可以对大纲选项卡中的文字内容直接进行编辑，并且用鼠标上下拖动幻灯片的标题，可以很方便地改变演示文稿的顺序。

（2）切换至幻灯片视图：选择 视图(V) → 普通(N) 命令。幻灯片模式将演示文稿中的所有幻灯片都以缩略图的形式整齐地排列在幻灯片编辑窗口的左侧，单击视图窗格右边的“关闭”按钮，即可全屏显示幻灯片视图。如果幻灯片中含有图形、表格或其他对象，使用这一种视图模式会比较方便，如图 4.1.6 所示。

图 4.1.6　普通视图的幻灯片模式

提示：在 PowerPoint 2003 中，幻灯片视图只可以显示单张幻灯片，没有大纲窗格。要切换到别的幻灯片只能使用滚动条，不能直接切换。

在幻灯片视图中可以对每一张幻灯片插入图片、图表、组织结构图和表格，还可以使用各种的图形详细设计和修饰单张的幻灯片。

2．幻灯片浏览视图

幻灯片浏览视图是以缩略图的形式来显示演示文稿，选择 视图(V) → 幻灯片浏览(D) 命令或单击“幻灯片浏览视图”按钮，即可切换至该视图，如图 4.1.7 所示。

在幻灯片浏览视图中，演示文稿中的幻灯片是整齐排列的，可以从整体上对演示文稿进行浏览，并可以对幻灯片的背景和配色方案进行调整，还可以删除多余幻灯片、复制和调整幻灯片的次序等操作。

图 4.1.7 幻灯片浏览视图

提示：在幻灯片浏览视图下不能对幻灯片的内容进行修改。

3．幻灯片放映视图

幻灯片放映视图显示的是演示文稿的放映效果，这是制作文稿的最终目的。单击窗口左下角的“幻灯片放映视图”按钮或者选择 视图(V) → 幻灯片放映(W) F5 命令，即可切换到该视图下，如图 4.1.8 所示。

幻灯片放映视图占据整个计算机屏幕，就像是演示文稿在进行真正的幻灯片放映。在这种全屏幕视图中，所看到的演示文稿就是将来演示时所看到的。可以看到图形、时间、影片、动画元素以及将在实际放映中看到的切换效果。

如果要从一张幻灯片切换到下一张幻灯片，有多种方式，可单击鼠标或者按回车键，还可以使用幻灯片放映视图左下角的“幻灯片放映”工具栏，如图 4.1.9 所示。

图 4.1.8 幻灯片放映视图

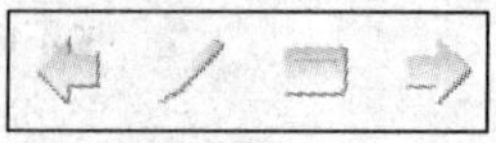

图 4.1.9 “幻灯片放映”工具栏

提示：如果要退出幻灯片放映视图可按“Esc”键或者单击鼠标右键，在弹出的快捷菜单中选择 结束放映(E) 命令即可。

4．备注页视图

在 PowerPoint 2003 中没有“备注页视图”按钮，只有选择 视图(V) → 备注页(P) 命令来切换至备注页视图，如图 4.1.10 所示。

在备注页视图中可以看到画面被分成了两部分，上半部分是幻灯片，下半部分是一个文本框。文本框中显示的是备注内容，并且可以输入或编辑备注文本及内容。

图 4.1.10　备注页视图

注意： 除文字外，插入到备注页中的对象只能在备注页中显示，可通过打印备注页打印出来，但是不能在普通视图模式下显示。

5. 切换黑白视图

在创建好幻灯片后，有时还需要将幻灯片打印出来作为讲义。大部分演示文稿都是彩色，但有时打印在纸上的效果不便于阅读，这时就可利用 PowerPoint 2003 的黑白预览功能，以灰色底纹（灰度）或纯黑白方式打印讲义。此过程不会更改原始彩色演示文稿的颜色或设计。

要将演示文稿中的灰度和纯黑白对象出现在屏幕上并打印出来的具体操作步骤如下：

（1）选择 视图(V) → 颜色/灰度(C) → 灰度(G) 或 纯黑白(U) 命令即可切换至该状态。如选择 纯黑白(U) 命令，效果如图 4.1.11 所示。

图 4.1.11　黑白视图

（2）如果要调整一个对象的外观，用鼠标右键单击该对象，在弹出的快捷菜单中选择 黑白设置(E) 命令或者 灰度设置(E) 命令，在弹出的级联菜单中，再选择所需的选项。

（3）要选取多个对象，按住“Shift”键的同时选定每一个要选定的对象，再单击鼠标右键，在弹出的快捷菜单中选择 黑白设置(E) 或 灰度设置(E) 命令，在弹出的级联菜单中再选择所需的选项。

注意： 即使以纯黑白方式打印，位图、剪贴画和图表仍以灰度方式显示。

4.2 新建演示文稿

演示文稿保存的是编辑制作的所有幻灯片及其备注、格式等信息。本节主要介绍一些新建演示文稿的基本工作，如新建演示文稿和对演示文稿进行一些简单的编辑等。通过本节的学习，可以对 PowerPoint 2003 有初步的认识，并能独立地制作演示文稿。

制作演示文稿的第一步就是新建演示文稿。PowerPoint 2003 中的“新建演示文稿”任务窗格提供了一系列创建演示文稿的方法，包括创建空白演示文稿、根据设计模板新建、根据内容提示向导新建和根据现有演示文稿新建等。

4.2.1 新建空白演示文稿

空白演示文稿就是没有任何内容的演示文稿，即具备最少的设计且未应用颜色的幻灯片。新建空白演示文稿的方法有两种：利用“新建”菜单新建和利用“新建”按钮新建。默认情况下打开 PowerPoint 2003 窗口就会出现一个空白的幻灯片，用户只须输入内容即可。

（1）利用“新建”菜单新建，具体操作步骤如下：

1）打开 PowerPoint 2003 窗口，选择 文件(F) → 新建(N)... Ctrl+N 命令，在窗口右侧出现 新建演示文稿 任务窗格，如图 4.2.1 所示。

2）在 新建演示文稿 任务窗格中单击“空演示文稿”超链接，即可新建一个空白的演示文稿，原来的 新建演示文稿 任务窗格变为 幻灯片版式 任务窗格，如图 4.2.2 所示。

图 4.2.1 “新建演示文稿”任务窗格

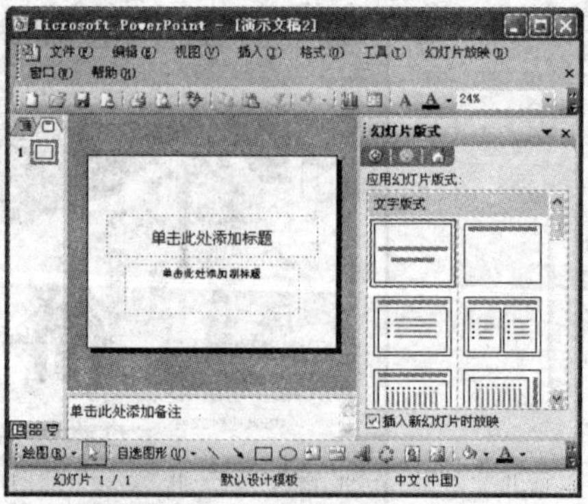

图 4.2.2 新建一个空白演示文稿

（2）利用“新建”按钮新建，具体方法：单击“常用”工具栏中的“新建”按钮，即可快速新建一个空白演示文稿。

提示： 空白演示文稿中的两行提示内容不会被打印出来也不会在放映时显示出来。

4.2.2 根据设计模板新建

设计模板就是带有各种幻灯片版式以及配色方案的幻灯片模板，可见新建演示文稿是应用这些设计模板创建的。打开一个模板后只需根据自己的需要输入内容，这样就省去了设计文稿格式的时间，提高了工作效率。

PowerPoint 2003 提供了多种设计模板的样式供用户选择，用户可在具备设计概念、字体和颜色方案的 PowerPoint 2003 模板的基础上创建演示文稿。除了使用 PowerPoint 2003 提供的模板外，还可以使用自己创建的模板。

利用模板新建演示文稿，具体操作步骤如下：

（1）选择 文件(F) → 新建(N)... Ctrl+N 命令，在 PowerPoint 2003 窗口右侧打开 新建演示文稿 任务窗格，单击“根据设计模板”超链接，打开 幻灯片设计 任务窗格。

（2）在 幻灯片设计 任务窗格中单击要应用的设计模板即可应用到演示文稿中，如图 4.2.3 所示。

图 4.2.3　“幻灯片设计”任务窗格

（3）选择了设计模板后，在该演示文稿中插入的幻灯片都将使用该模板。

若要对选定幻灯片应用其他的设计模板，选择幻灯片缩略图（“幻灯片”选项卡），然后在 幻灯片设计 任务窗格中选定所需的设计模板，并单击模板旁的下三角箭头，在弹出的菜单中选择 应用于选定幻灯片(S) 命令即可。

用户还可以在 新建演示文稿 任务窗格中单击“本机上的模板”超链接，弹出如图 4.2.4 所示的 新建演示文稿 对话框。在此对话框中有 3 个选项卡，分别为 常用、设计模板 和 演示文稿。打开 设计模板 选项卡，在其中选中一种模板，单击 确定 按钮，同样可以得到类似于如图 4.2.3 所示的状态。

图 4.2.4　“新建演示文稿”对话框

注意： 幻灯片模板不提供内容，只提供外观风格。

提示：默认情况下，新建幻灯片应用的版式是“标题幻灯片”，如果对此不满意，可以打开幻灯片版式任务窗格，在此任务窗格中选择其他的版式。

4.2.3 根据内容提示向导新建

“内容提示向导”设计模板就是为用户提供有关设计模板、幻灯片版式以及文本内容框架，用户只需根据提示在不同的部分填入所需的内容即可完成新建演示文稿。对于初学者来说，使用“内容提示向导”可以创建一个简单的演示文稿。

使用“内容提示向导”新建演示文稿的具体操作步骤如下：

（1）单击新建演示文稿任务窗格中的“根据内容提示向导”超链接，弹出如图 4.2.5 所示的内容提示向导对话框（一）。

（2）单击下一步(N) >按钮，弹出如图 4.2.6 所示的内容提示向导对话框（二）。在该对话框中“内容提示向导”提供了 7 种类型供用户选择，单击任何一个按钮，右侧会列出相应的类型供选择。如本例中单击项目(P)按钮，右侧会出现 4 种演示文稿类型供选择。

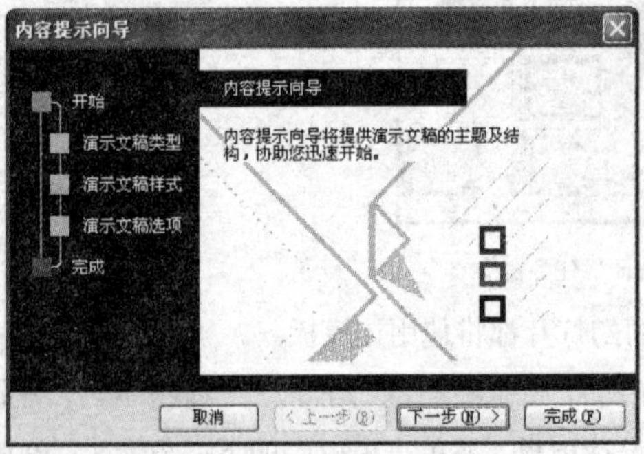

图 4.2.5 “内容提示向导”对话框（一）

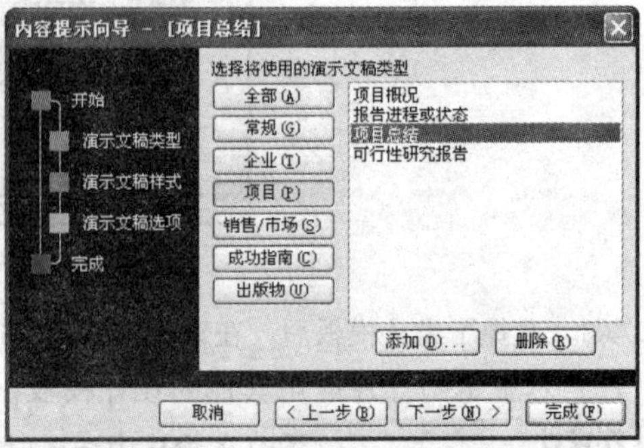

图 4.2.6 “内容提示向导”对话框（二）

（3）选定类型后，单击下一步(N) >按钮，弹出如图 4.2.7 所示的内容提示向导对话框（三）。在该对话框中提供了屏幕演示文稿(S)、Web 演示文稿(E)、黑白投影机(W)、彩色投影机(C)和35 毫米幻灯片(3)5 种输出类型，用户可根据自己的需要选择一种输出类型，向导将为演示文稿选择最佳的配色方案，本例中选中屏幕演示文稿(S)单选按钮。

（4）单击下一步(N) >按钮，弹出如图 4.2.8 所示的内容提示向导对话框（四）。在该对话框中可以输入演示文稿的标题和页脚。

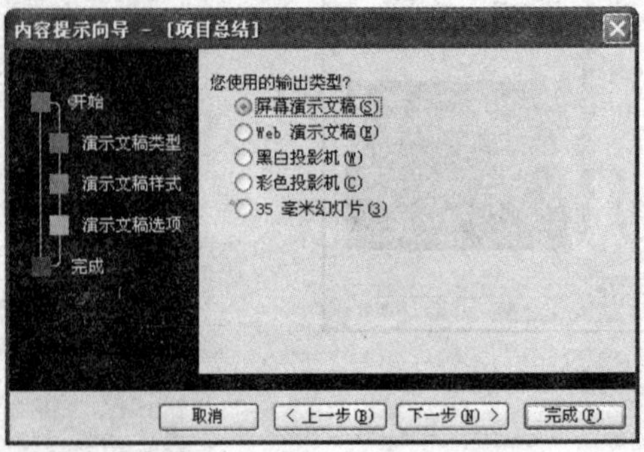

图 4.2.7 “内容提示向导”对话框（三）

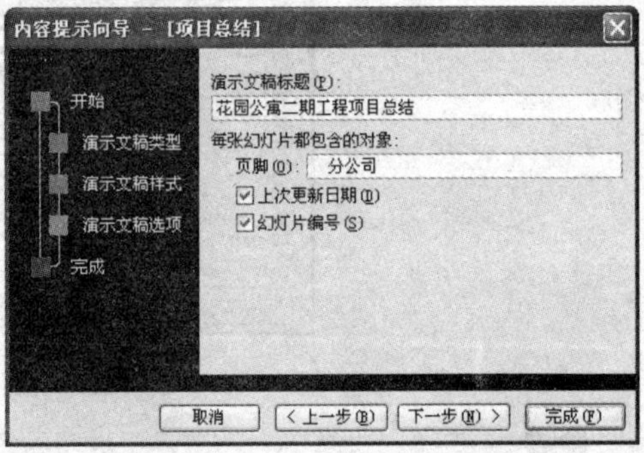

图 4.2.8 “内容提示向导”对话框（四）

（5）输入内容后，单击 下一步(N) > 按钮，弹出如图 4.2.9 所示的 内容提示向导 对话框（五）。

（6）单击 完成(F) 按钮，将根据选择内容创建成一组基本幻灯片，并且显示在普通视图中，如图 4.2.10 所示。

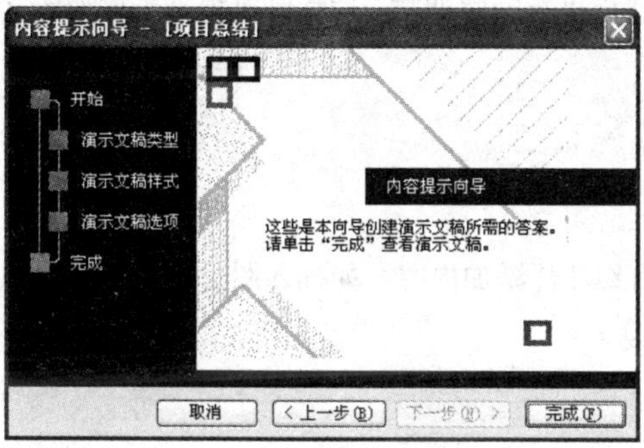

图 4.2.9　“内容提示向导”对话框（五）

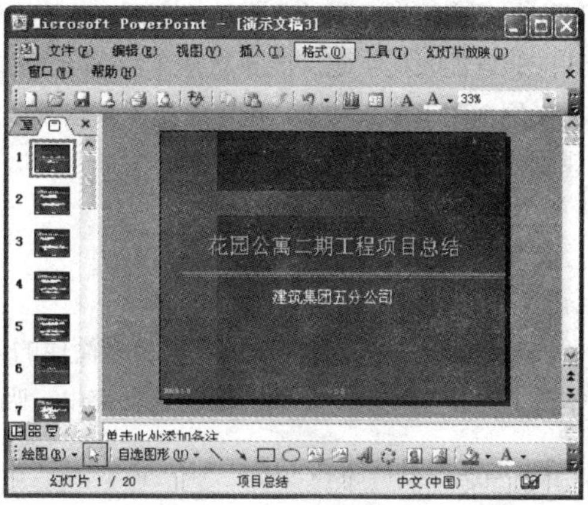

图 4.2.10　演示文稿

提示：如果要改变前面的设置，先不要单击 完成(F) 按钮，单击 < 上一步(B) 按钮，回到上一个对话框，再单击 取消 按钮，即可取消一切操作。

4.2.4　根据现有演示文稿新建

根据现有的演示文稿新建演示文稿，即在已经书写和设计过的演示文稿的基础上创建演示文稿。使用此方法新建演示文稿的副本，以对新演示文稿进行设计或内容更改。

根据现有演示文稿新建演示文稿的具体操作步骤如下：

（1）单击 新建演示文稿 任务窗格中的“根据现有演示文稿”超链接，弹出如图 4.2.11 所示的 根据现有演示文稿新建 对话框。

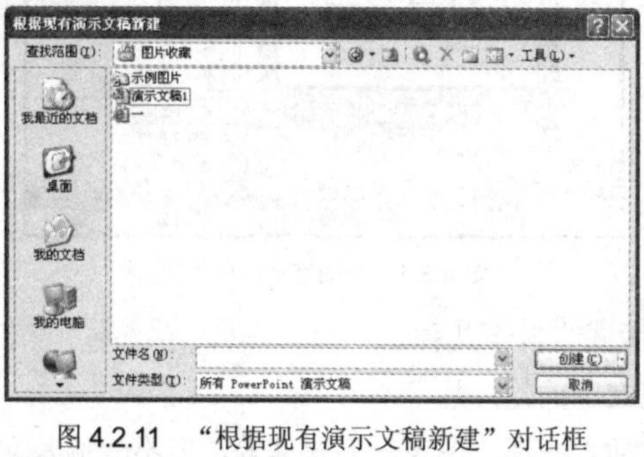

图 4.2.11　“根据现有演示文稿新建”对话框

（2）在 根据现有演示文稿新建 对话框中选择合适的演示文稿，单击 创建(C) 按钮，即可打开所选文稿。

（3）对打开的演示文稿进行修改，就可在此基础上新建另一个演示文稿了。

提示：利用已有的演示文稿新建的演示文稿不会改变原有的内容，所以用户不必担心原演示文稿被覆盖。

4.3 幻灯片的制作

在创建完演示文稿的基本结构之后，就该为每一张幻灯片加上丰富多彩的内容，而且一个好的幻灯片应该既能表达主题又能独立存在，并符合演示文稿整体所要表达的信息。在制作演示文稿时用户可在大纲视图下输入文本，在普通视图下查看效果，然后进行一些调整，这样既可提高工作效率又可快速制作出令人满意的幻灯片。

4.3.1 制作幻灯片

PowerPoint 2003 为用户提供了多种简便的方法为幻灯片添加内容，如插入图片、艺术字、输入文本等，这样会使演示文稿的主题更加突出，吸引观众。

1. 选择幻灯片版式

用户可以自由地在新建的演示文稿中进行创作，展现个人的思想和风格。但对于初学者来说，设计版式并不容易，所以 PowerPoint 2003 为用户提供了多种版式模板，供用户选择。

改变 PowerPoint 2003 版式的具体操作步骤如下：

（1）选定要改变版式的幻灯片。

（2）在任务窗格中选择 幻灯片版式 选项，在任务窗格中显示了所有的版式，用户可选择满意的一种，将鼠标放在该版式上，该版式图标上将出现一个下三角按钮，单击该按钮，在弹出的下拉列表框中选择 应用于选定幻灯片(S) 选项，当前幻灯片将应用该版式，如图 4.3.1 所示。

图 4.3.1 对幻灯片应用版式

PowerPoint 2003 提供的版式有以下几种：

（1）文字版式即适合纯文字的幻灯片。

（2）内容版式就是可以插入图形、图表、多媒体等，但不能输入文本。

（3）文字和内容版式是两种版式的综合。

（4）其他版式。

2. 修改标题

在选择好演示文稿的版式之后，就可以对其添加内容。首先应该对其输入标题，但是在大纲视图中编辑标题是最方便的一种方法，可以看到整个演示文稿的顺序和不同的标题。

切换到大纲视图，双击标题中的文字使其处于选中状态，如图 4.3.2 所示。

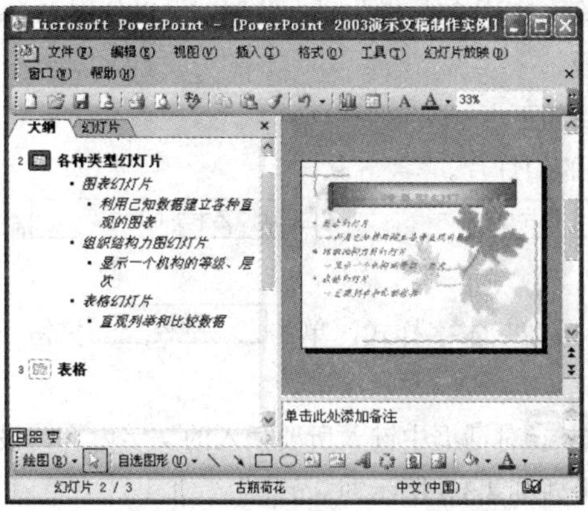

图 4.3.2　大纲视图下编辑标题

在大纲视图下可以对一些自动生成的演示文稿的幻灯片数目和标题进行精简，只留下认为有用的或者是必须的，并且可以输入和编辑文本，调整幻灯片的顺序或者转移等操作。

提示：在“大纲视图”中输入文本有一个特殊的地方，就是在输入后按回车键产生的不是下一行而是建立了一张新幻灯片。因此，在同一张幻灯片中输入文本时，如果要输入内容为上一个的下一级，按“Tab”键，如果要对文本做升级处理，按“Shift+Tab”快捷键。

在大纲视图下可以看到在正文的前面系统自动添加了项目符号，如果用户对此感到不满意，可以选择 格式(O) → 项目符号和编号(B)... 命令，在弹出的 项目符号和编号 对话框中选择一种项目符号。

3．文本处理

PowerPoint 2003 的向导功能十分强大，用户可以很方便地在幻灯片中添加文本内容。单击幻灯片中的“单击此处添加文本”即可添加文本，如图 4.3.3 所示。

图 4.3.3　添加文本

添加完文本之后，可将文字选中，选择 格式(O) → 字体(F)... 命令，弹出 字体 对话框，在对话框中对文字的大小、字体、颜色进行设置，以达到用户需要生成的幻灯片的效果。

4．插入图形

当用户在创建、编辑一个演示文稿时，仅仅只有文本内容是不够的，为了增强演示文稿的视觉效果，可在演示文稿中插入一些图形，创建一个图文并茂的演示文稿。PowerPoint 2003 提供了大量的剪贴画、强大的图形处理功能，让用户可以充分发挥自己的创造力，做出满意的演示文稿。

（1）插入艺术字。为了使幻灯片的标题生动、鲜明，可以使用 PowerPoint 2003 提供的插入艺术字功能，生成特殊效果的标题。

插入艺术字具体操作步骤如下：

1）打开要插入艺术字的幻灯片。

2）选择 插入(I) → 图片(P) → 艺术字(W)... 命令，弹出如图 4.3.4 所示的 艺术字库 对话框。

3）在该对话框中选择所需艺术字样式，单击 确定 按钮，弹出 编辑“艺术字”文字 对话框。

4）在 编辑“艺术字”文字 对话框中键入所要插入的文字内容，设置艺术字的字体和大小，然后单击 确定 按钮，效果如图 4.3.5 所示。

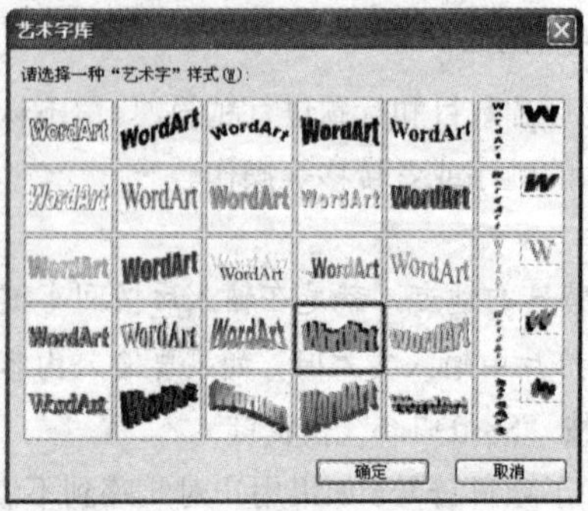

图 4.3.4 “艺术字库”对话框

图 4.3.5 插入艺术字效果

提示：如果要更改艺术字，可单击“艺术字”工具栏上的“编辑文字”按钮，弹出 编辑“艺术字”文字 对话框，在对话框中对其进行编辑，单击 确定 按钮。或者双击插入的文字，直接修改。

（2）插入图片。在 PowerPoint 2003 中可以插入的图片分为剪贴画、来自文件和其他图形程序生成的图片等。

插入图片具体操作步骤如下：

1）打开要插入图片的幻灯片。

2）选择 插入(I) → 图片(P) → 来自文件(F)... 命令，弹出 插入图片 对话框，如图 4.3.6 所示。

图 4.3.6 “插入图片”对话框

3）在“查找范围”下拉列表框中选择图片所在的文件夹并打开，在对话框中就显示出所有的图片。

4）选择所需的图片，然后单击 插入(S) 按钮。

提示：插入来自文件的图片，还可单击“绘图”工具栏中的“插入图片”按钮，在弹出的 插入图片 对话框中进行选择。

5. 保存与打开演示文稿

在创建完演示文稿后，还需要将其保存起来以便下一次的使用或者由于突然事件而造成的数据丢失，所以用户一定养成随时保存的习惯。

（1）保存演示文稿的具体操作步骤如下：

1）选择 文件(F) → 保存(S) Ctrl+S 命令或者单击“常用”工具栏中的“保存”按钮，都可以弹出如图 4.3.7 所示的 另存为 对话框。

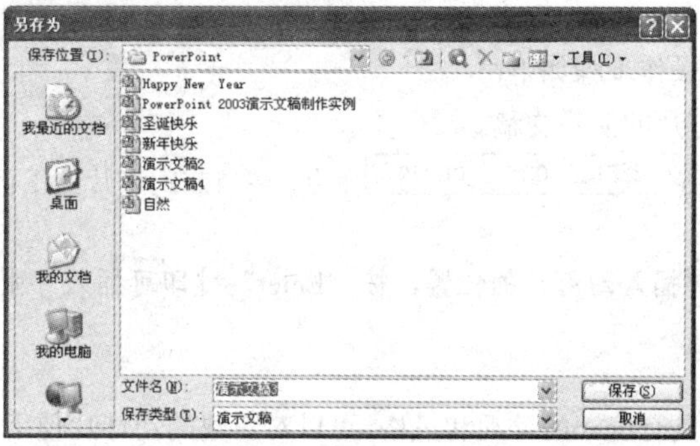

图 4.3.7　“另存为”对话框

2）在“文件名”文本框中输入演示文稿的名称，在“保存类型”下拉列表框中选择“演示文稿”选项。

3）单击 保存(S) 按钮。

提示：如果是第一次保存，单击“常用”工具栏中的“保存”按钮，会弹出 另存为 对话框，如果文件已保存过，单击按钮后将不会再弹出 另存为 对话框。

（2）打开演示文稿，具体操作步骤如下：

1）单击“常用”工具栏上的“打开”按钮，弹出如图 4.3.8 所示的 打开 对话框。

图 4.3.8　“打开”对话框

2）在“查找范围”下拉列表框中选择演示文稿所在的文件夹。

3）在“名称”列表框中选择演示文稿，单击 打开(O) 按钮。

提示： 如果要同时打开多个文件，可在按住“Ctrl”键的同时单击其他需要打开的文件，就可打开多个演示文稿。

4.3.2 管理幻灯片

制作好演示文稿后，可以根据需要对其布局进行整体的管理，如插入新的幻灯片、移动和复制幻灯片或者删除幻灯片等。

1．插入新的幻灯片

演示文稿是由许多张零散的幻灯片构成的，因此演示文稿不能只有一张幻灯片而需要插入更多的幻灯片增强表达效果。

插入新幻灯片的具体操作步骤如下：

（1）打开要插入幻灯片的演示文稿。

（2）选择 插入(I) → 新幻灯片(N) Ctrl+M 命令，在当前幻灯片的下面将插入一张新的幻灯片。

提示： 选定要插入幻灯片的位置，按“Enter”键即可插入一张新幻灯片。

2．移动和复制幻灯片

为了使整个演示文稿具有统一的外观和风格，可以对新建的幻灯片使用复制功能使其与演示文稿中的所有幻灯片保持一致，而且还可以通过移动幻灯片调整其播放顺序。

（1）移动幻灯片的具体操作步骤如下：

1）选定要移动的幻灯片。

2）选择 编辑(E) → 剪切(T) Ctrl+X 命令，移动鼠标至目标位置，选择 编辑(E) → 粘贴(P) Ctrl+V 命令。

技巧： 在要移动的幻灯片上单击右键，在弹出的快捷菜单中选择 剪切(T) 命令，然后移动鼠标至目标位置，单击右键，在弹出的快捷菜单中选择 粘贴(P) 命令。

（2）复制幻灯片的具体操作步骤如下：

1）选定要复制的幻灯片。

2）选择 编辑(E) → 复制(C) Ctrl+C 命令，移动鼠标至目标位置，选择 编辑(E) → 粘贴(P) Ctrl+V 命令。

技巧： 在要移动的幻灯片上单击右键，在弹出的快捷菜单中选择 复制(C) 命令，然后移动鼠标至目标位置，单击右键，在弹出的快捷菜单中选择 粘贴(P) 即可。

3．删除幻灯片

当演示文稿中的幻灯片不需要时，可将其删除，删除的具体操作步骤如下：

（1）选定要删除的幻灯片。

（2）选择 编辑(E) → 删除幻灯片(D) 命令。

技巧：选定要删除的幻灯片，按“Delete”键即可删除。

4.4　编辑演示文稿外观

要制作一套精美的演示文稿，首先就要有统一的外观，因此需要对幻灯片的外观进行设置。在 PowerPoint 2003 中用户可通过设置幻灯片的模板、应用配色方案、母版设置、背景来改变演示文稿的外观，并且除了已有的 PowerPoint 2003 中提供的方案外用户还可以进行自定义，并保存起来以备将来使用。

4.4.1　应用模板

PowerPoint 2003 提供了两种模板：设计模板和内容模板。设计模板包含预定义的格式和配色方案，可以应用到任意演示文稿中，创建自定义的演示文稿外观。内容模板包含设计模板中的所有元素和演示文稿的建议大纲。如果以“内容提示向导”开始创建演示文稿，就可应用内容模板。

1．选择已有的模板

在新建一个演示文稿时，PowerPoint 2003 会自动选择一种模板应用至该演示文稿。但在制作过程中往往会发现该模板不符合要求，这时就需要改变演示文稿的模板。

选择设计模板的具体操作步骤如下：

（1）打开 开始工作 任务窗格，单击其右边的下三角按钮▼，在弹出的下拉菜单中选择 幻灯片设计 命令，打开如图 4.4.1 所示的 幻灯片设计 任务窗格。

（2）单击 幻灯片设计 任务窗格下方的“浏览”超链接，弹出如图 4.4.2 所示的 应用设计模板 对话框，并打开 Presentation Designs 文件夹。

图 4.4.1　“幻灯片设计”任务窗格

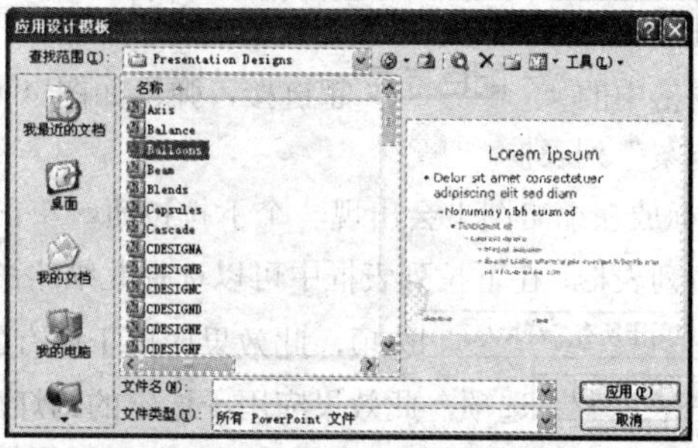

图 4.4.2　“应用设计模板”对话框

（3）在该对话框中选择一种设计模板，在对话框的右边可以预览该模板。选定一种模板，单击 应用(P) 按钮，新模板即可应用于演示文稿中的所有幻灯片。

提示：可以将创建的任何演示文稿保存为新的设计模板，并且以后就可以在“幻灯片设计”任务窗格中使用该模板。

2．创建自定义模板

在 PowerPoint 2003 中除了已存在的模板外，用户还可根据自己的需要自定义模板。创建自定义模板的具体操作步骤如下：

（1）打开已有的演示文稿。

（2）删除演示文稿中所有的文本和图形对象，保留模板的样式，直到符合设计模板的要求。

（3）选择 文件(F) → 另存为(A)... 命令，弹出 另存为 对话框。

（4）在“保存类型”下拉列表框中选择“演示文稿设计模板”选项。在“文件名”文本框中输入保存的名称，并且可以保存在自己的文件夹中或者保存在系统默认的保存设计模板的 Templates 文件夹中，单击 保存(S) 按钮，即可完成。

注意： 创建内容模板与创建设计模板的步骤基本相同，但要注意以下两点：一是创建内容模板除了要有一定的样式外，还要有一些文本、图形或图表；二是“保存类型”为“演示文稿”。

4.4.2 应用配色方案

在 PowerPoint 2003 中配色方案由幻灯片设计中使用的 8 种颜色（用于背景、文本和线条、阴影、标题文本、填充、强调和超链接）组成。设计模板包含默认配色方案以及可选的其他配色方案，这些方案都是为该模板设计的。Microsoft PowerPoint 中默认的或“空白”演示文稿也包含配色方案。

1．使用标准配色方案

改变演示文稿配色方案最简捷、快速的方法就是使用标准配色方案。如果用户是利用“根据内容提示向导”或“根据设计模板”命令新建的演示文稿，那新建的演示文稿除了在使用的配色方案外还有其他几种可供选择的标准配色方案。

使用标准配色方案的具体操作步骤如下：

（1）打开要改变配色方案的演示文稿，如果只改变某一张幻灯片的配色方案，还需要使该幻灯片为当前幻灯片。

（2）选择 格式(O) → 幻灯片设计(D)... 命令，打开 幻灯片设计 任务窗格，单击任务窗格中的 配色方案 超链接，弹出如图 4.4.3 所示的“应用配色方案”列表框。

（3）将鼠标放在缩略图上会出现一个下拉按钮，单击该按钮可弹出一个下拉列表框，在下拉列表框中可以选择此缩略图应用的范围，选择 应用于所有幻灯片(A) 选项，此效果应用于所有幻灯片。选择 应用于所选幻灯片(S) 选项，此效果应用于选定的幻灯片。

（4）如果模板不能满足用户的编辑需要，还可以根据需要对配色方案进行编辑。单击 幻灯片设计 任务窗格中的“编辑配色方案”超链接，弹出 编辑配色方案 对话框，如图 4.4.4 所示。

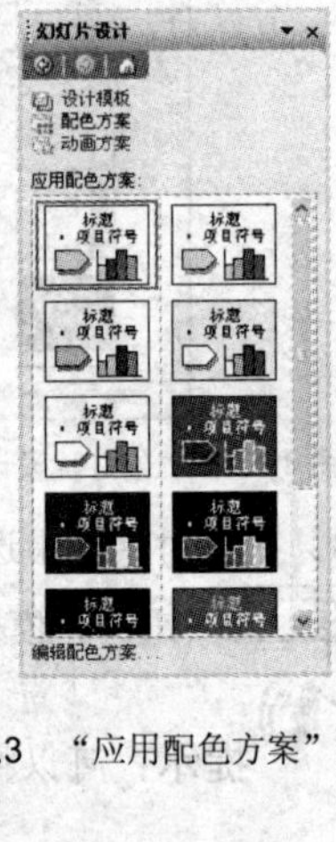

图 4.4.3 “应用配色方案”列表框

（5）在 编辑配色方案 对话框中有 标准 和 自定义 两个选项卡。

标准选项卡中包括了任务窗格中的几种配色方案，可选择应用或者删除其中不需要的配色方案。自定义选项卡可以编辑配色方案中的颜色。一般默认为标准选项卡。

（6）在标准选项卡中选择符合要求的配色方案，然后单击应用(A)按钮，即可应用到当前幻灯片中，如图 4.4.5 所示。

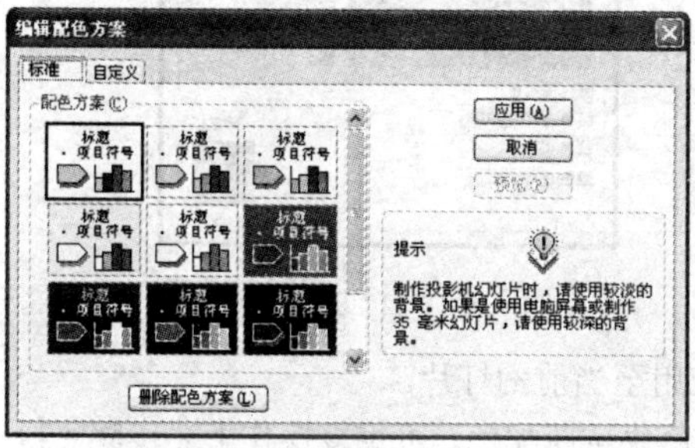

图 4.4.4　“编辑配色方案”对话框

图 4.4.5　使用新配色方案后的幻灯片

2．自定义配色方案

如果用户在标准的配色方案中找不到符合要求的模板，或者要使经常使用的同一个设计模板并且要通过更改强调色或背景色以使其略有不同，或者使演示文稿的颜色与事件的主题颜色相匹配，都可以在演示文稿中建立自定义的配色方案。

建立自定义配色方案的具体操作步骤如下：

（1）打开一个演示文稿，选择格式(O)→幻灯片设计(D)...命令，窗口右侧出现幻灯片设计任务窗格，单击任务窗格中的“配色方案”超链接，弹出编辑配色方案对话框。

（2）在编辑配色方案对话框中打开标准选项卡，选择一种比较接近要求的配色方案。

（3）打开自定义选项卡，在“配色方案颜色”选区中选中需要更改颜色的色块，如图 4.4.6 所示。

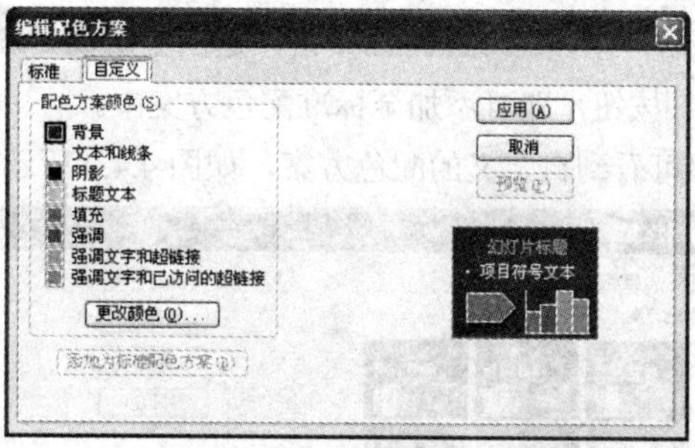

图 4.4.6　“自定义”选项卡

（4）单击背景色的色块，再单击更改颜色(Q)...按钮，弹出如图 4.4.7 所示的背景色对话框。在背景色对话框中有标准和自定义两个选项卡。在标准选项卡中可以直接选中一种标准颜色并能在对话框的右下角预览到。在自定义选项卡中需要用户拖动鼠标选择颜色。一般情况下默认打开的是标准选项卡。

（5）打开自定义选项卡，如图 4.4.8 所示，除用鼠标拖动选择颜色外，还可以在“颜色模式”下拉列表框中选择所需的颜色，或者直接在“红色”“绿色”和“蓝色”3 个微调框中输入数值，单

击 确定 按钮，返回至 编辑配色方案 对话框。

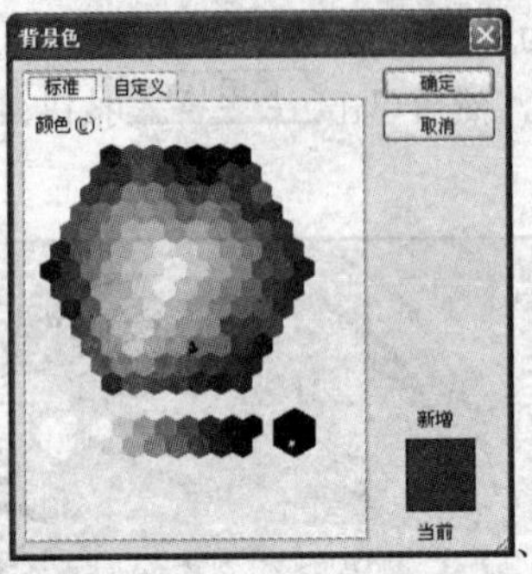

图 4.4.7 “背景色”对话框

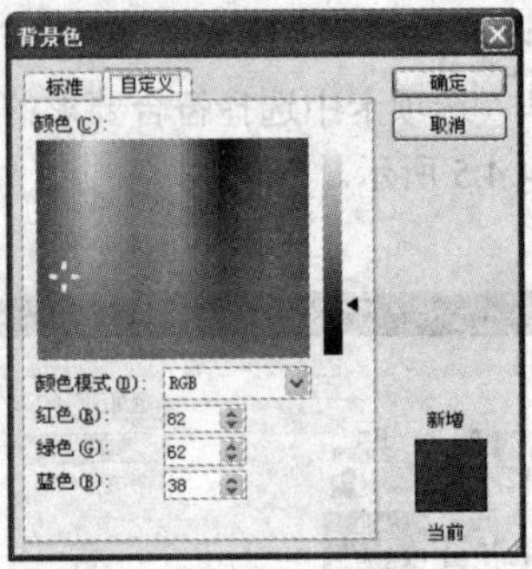

图 4.4.8 “自定义”选项卡

（6）单击 应用(A) 按钮，新的配色方案将应用至当前幻灯片。

（7）如果要对“配色方案颜色”选区中的其他色块重新配色，可重复操作上述步骤（3）～（6）。

注意： 自定义配色方案后，结果将作为新的配色方案被添加到“幻灯片设计配色方案”任务窗格的方案库中。

3．添加和删除配色方案

用户在创建了一种自定义配色方案后，为了使用方便可将其保存在“编辑配色方案”对话框的 标准 选项卡中。

（1）将自定义配色方案添加到标准配色方案中的具体操作步骤如下：

1）选择 格式(O) → 幻灯片设计(D)... 命令，打开 幻灯片设计 任务窗格，单击任务窗格下部的“配色方案”超链接，弹出 编辑配色方案 对话框。

2）打开 标准 选项卡，选择一种最接近自定义配色方案的标准配色方案。

3）打开 自定义 选项卡，在“配色方案颜色”选区中双击 □ 背景 色块，弹出 背景色 对话框。

4）选择颜色的方法与“自定义配色方案”的方法相同。

5）定义完所有的色块之后，单击 确定 按钮，返回至 编辑配色方案 对话框的 自定义 选项卡中，单击 添加为标准配色方案(D) 按钮，即可添加至标准配色方案中。

6）打开 标准 选项卡即可看到自定义的配色方案，如图 4.4.9 所示。

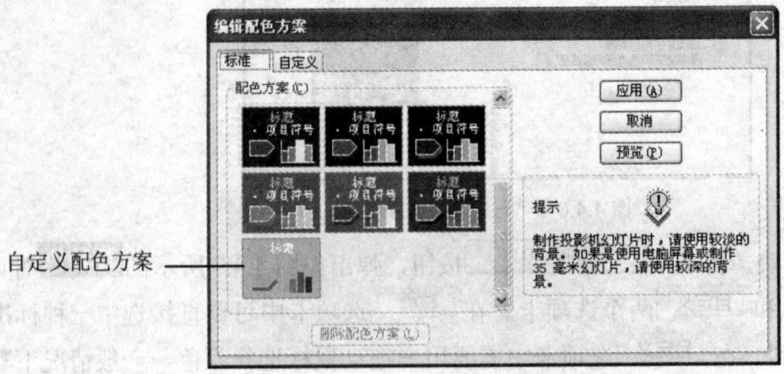

图 4.4.9 添加自定义配色方案后的“标准”选项卡

提示： 演示文稿中的每个设计模板可以拥有共 16 种配色方案。

（2）删除配色方案的具体操作步骤如下：

1）打开**编辑配色方案**对话框中的 标准 选项卡。

2）选中要删除的配色方案。

3）单击 删除配色方案(L) 按钮，即可删除该配色方案。

提示： 标准 选项卡中的配色方案一旦删除将不能再恢复。

4.4.3　母版设置

母版是一张特殊的幻灯片，可以定义整个演示文稿的格式，控制演示文稿的整体外观。PowerPoint 2003 有 3 种主要母版，即幻灯片母版、讲义母版和备注母版。

每一张演示文稿至少有两个母版，即幻灯片母版和标题母版。幻灯片母版可控制标题外的大部分幻灯片的格式，标题母版控制标题的属性。如果改变母版的版式，每张幻灯片版式都会随之改变。

1．幻灯片母版

幻灯片母版是存储关于模板信息的设计模板的一个元素，这些模板信息包括字形、占位符大小和位置、背景设计和配色方案。幻灯片母版的目的是使用户可以对演示文稿进行全局更改（如替换字形），并使该更改应用到演示文稿中的所有幻灯片。

要编辑幻灯片母版，首先应该显示幻灯片母版，显示方法有两种：

（1）选择 视图(V) → 母版(M) → 幻灯片母版(S) 命令。

（2）切换至除幻灯片视图外的任意视图方式，选定除标题幻灯片外的任意一张幻灯片，然后按住“Shift”键的同时单击“普通视图”按钮，打开如图 4.4.10 所示的幻灯片母版。

图 4.4.10　幻灯片母版

幻灯片母版是最常用的母版，其默认情况下包括 5 个占位符，分别为标题区、对象区、日期区、页脚区和数字区。其主要的功能就是对所有幻灯片的各个区设置统一的文字格式、位置和大小。在打开幻灯片母版的同时，还会打开“幻灯片母版视图”工具栏。

（1）设置字体。如果用户想在整篇演示文稿中应用统一的字体，可对母版中的标题、副标题和主体文本的字体进行设置。

设置字体的具体操作步骤如下：

1）选择 视图(V) → 母版(M) → 幻灯片母版(S) 命令，打开幻灯片母版。

2）选中标题区或副标题区或者对象区（即主体文本）。

3）选择 格式(O) → A 字体(F)... 命令，弹出如图 4.4.11 所示的**字体**对话框。

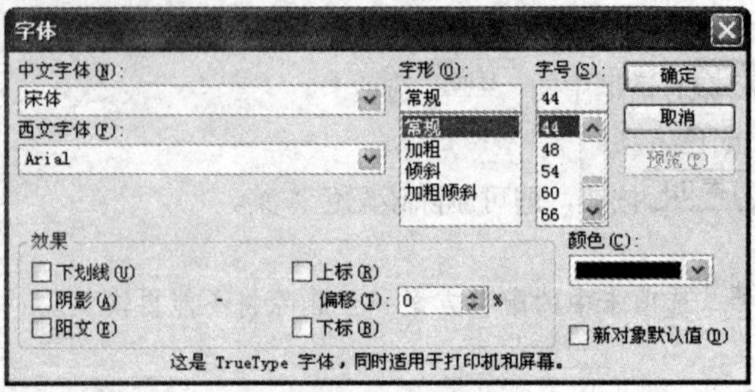

图 4.4.11 “字体”对话框

4）在字体对话框中对“字体”“字形”“字号”“颜色”和“效果”进行相应的设置。

5）单击确定按钮，即可完成设置。

注意：在母版上只能更改字体而不能更改文本。

（2）调整对象的大小和位置。幻灯片母版中的一个占位符就是一个对象，对其进行大小和位置的调整是非常重要的操作。用户可通过调整文本框和图形的大小和位置来改变演示文稿的布局。

调整对象的大小和位置，具体操作步骤如下：

1）打开幻灯片母版，选中所需对象，被虚线框包围的即是选中对象。

2）将鼠标指针指向选中对象的边框上，当指针变为“十”符号时表示可以移动。变为“↔”符号时表示可以改变选中对象的大小。

3）通过拖动或缩放鼠标来进行调整。

4）调整好选中对象的大小和位置后，释放鼠标即可。

（3）插入图片和图形。在对单独的幻灯片插入图片或图形作为背景时，PowerPoint 2003 会自动将图片缩放至和幻灯片同样的大小，这样就会使一些图片或图形严重变形，影响效果。而在母版中插入图片或图形，可以调整其大小和位置，不会引起图片和图形的变形。

插入图片和图形的具体操作步骤如下：

1）打开幻灯片母版。

2）选择插入(I)→图片(P)→来自文件(F)...命令，弹出如图 4.4.12 所示的插入图片对话框。

3）在插入图片对话框中的“查找范围”下拉列表框中选择图片所在的文件夹，然后选中图片文件，单击插入(S)按钮，即可在幻灯片母版中看到该图片，并可以调整其大小和位置。

图 4.4.12 “插入图片”对话框

提示：在设置幻灯片母版时，对单张幻灯片进行的设置将被保留。

2．讲义母版

讲义母版用于格式化讲义，如果用户要更改讲义中页眉和页脚内文本、日期或页码的外观、位置和大小，就要更改讲义母版。若要使讲义的每页中都显示名称或徽标，就要把它添加到母版中。对讲义母版所做的更改在打印大纲时也会显示出来。打开讲义母版有以下两种方法：

（1）选择 视图(V) → 母版(M) → 讲义母版(H) 命令，即可打开讲义母版。

（2）按住“Shift”键的同时，单击“幻灯片浏览视图”按钮，即可打开讲义母版。

执行上面的操作之后，都会打开如图 4.4.13 所示的讲义母版，同时打开“讲义母版视图”工具栏。

注意：讲义母版上用于显示幻灯片的占位符是不能移动或改变大小的。

提示：打印预览允许选择讲义的版式类型和查看打印版本的实际外观。用户还可以应用预览和编辑页眉、页脚和页码。在每张幻灯片的版式中，如果不希望页眉和页脚的文本、日期或幻灯片编号在幻灯片中显示，则只能将页眉和页脚应用于讲义而不是幻灯片中。

3．备注母版

备注母版的主要功能是格式化备注页，除此之外还可以调整幻灯片的大小和位置。

打开备注母版的方法：选择 视图(V) → 母版(M) → 备注母版(N) 命令，就会打开“备注母版”和“幻灯片缩略图”，同时打开“备注母版视图”工具栏，如图 4.4.14 所示。

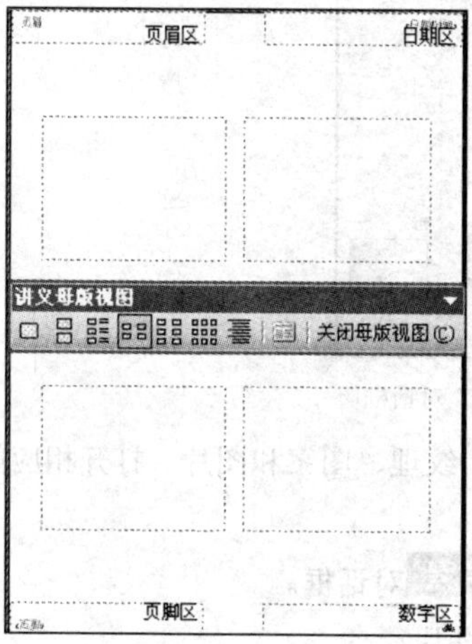

图 4.4.13　讲义母版图

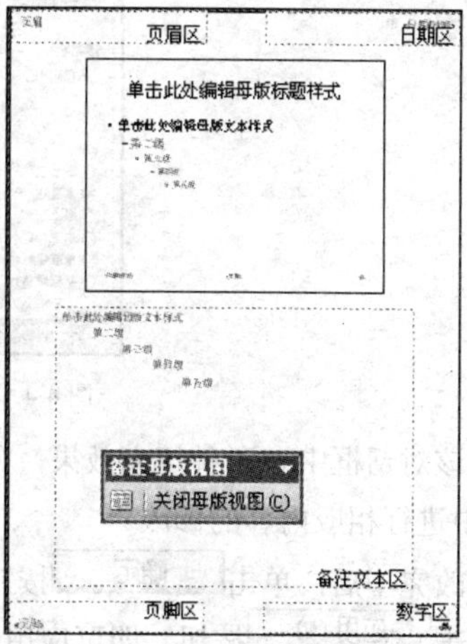

图 4.4.14　备注母版

提示：单击“备注母版视图”工具栏中的 关闭母版视图(C) 按钮，即可切换至原来的视图。

4.4.4　设置演示文稿背景

演示文稿的背景对于整个演示文稿的放映来说是非常重要的，用户可以更改幻灯片、备注及讲义的背景色或背景设计。如果用户只希望更改背景以强调演示文稿的某些部分，除可更改颜色外，还可添加底纹、图案、纹理或图片。

PowerPoint 2003 提供了多种幻灯片背景方案供用户选择，用户也可以根据自己的需要自定义背景颜色。设置背景颜色的具体操作步骤如下：

（1）打开演示文稿，选定要更改背景颜色的幻灯片。

（2）切换至普通视图，选择 格式(O) → 背景(K)... 命令，弹出如图 4.4.15 所示的 **背景** 对话框。

（3）单击“背景填充”列表框右侧下三角按钮，弹出如图 4.4.16 所示的“背景填充”下拉列表。

（4）如果要改变背景颜色，选择“自动”列表下 8 种颜色中的一种，或者单击 其他颜色(M)... 按钮，在弹出的 **颜色** 对话框中打开 自定义 或 标准 选项卡，选择需要的颜色即可。

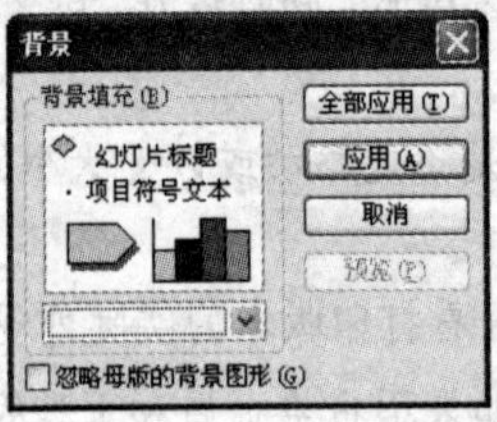

图 4.4.15　“背景”对话框

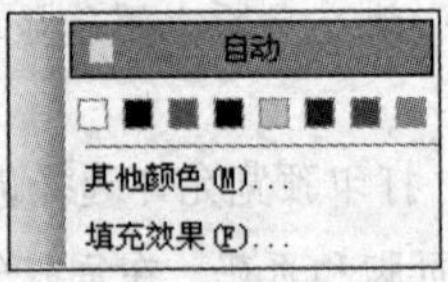

图 4.4.16　“背景填充”下拉列表

（5）如果要改变背景填充效果，可单击 填充效果(F)... 按钮，弹出如图 4.4.17 所示的 **填充效果** 对话框。

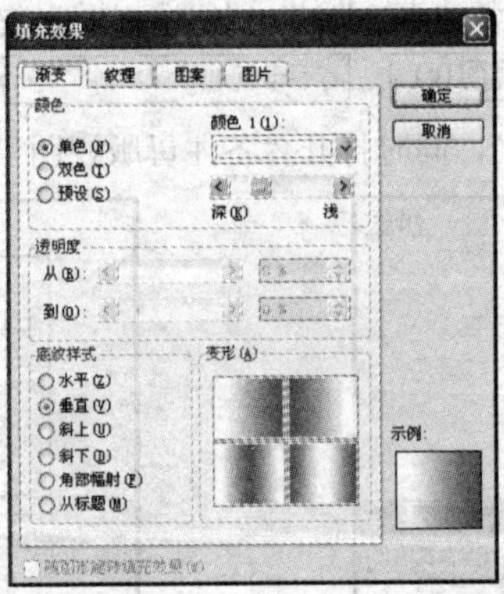

图 4.4.17　“填充效果”对话框

（6）在该对话框中有 4 种填充效果，分别是渐变、纹理、图案和图片。打开相应的选项卡，即可在对话框中进行相应内容的修改。

（7）修改完毕后，单击 确定 按钮，返回至 **背景** 对话框。

（8）单击 应用(A) 按钮，即可应用至选定的幻灯片。

提示： 如果要将背景色改为默认的颜色，可以单击 **背景** 对话框中的 取消 按钮，或者按“Ctrl+Z”快捷键。

4.5　演示文稿的放映

随着计算机应用水平的日益发展，电子幻灯片已经逐渐取代了传统的 35 mm 幻灯片。电子幻灯片放映最大的特点在于为幻灯片设置了各种各样的切换方式，根据演示文稿的性质不同，设置的放映方式也是不同的。并且在演示文稿中加入了视频、声音等效果使演示文稿更加美妙动人，能吸引观众的注意力。

4.5.1　设置放映方式

演示文稿制作好了之后，就可以进行放映。在放映之前应该先设置演示文稿的放映方式，PowerPoint 2003 提供了 3 种放映方式，用户可从中选取最能满足需要的方式。

设置放映方式的具体操作步骤如下：

（1）选择 幻灯片放映(D) → 设置放映方式(S)... 命令，弹出如图 4.5.1 所示的 **设置放映方式** 对话框。

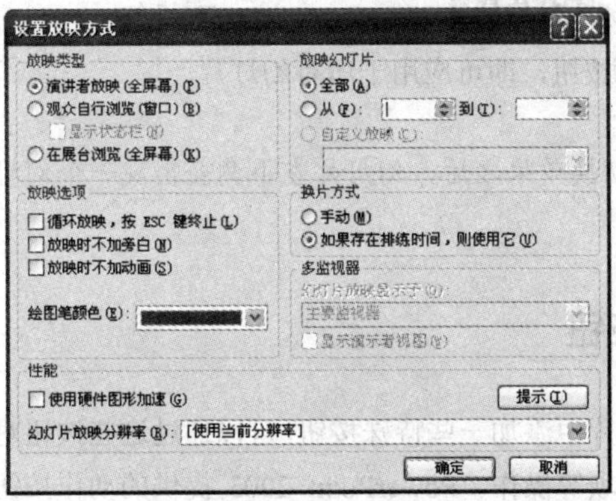

图 4.5.1　“设置放映方式”对话框

（2）在“放映类型”选区中有 演讲者放映(全屏幕)(P)、观众自行浏览(窗口)(B) 和 在展台浏览(全屏幕)(K) 3 种放映方式，用户可根据需要选择一种方式。

3 种放映方式的具体功能如下：

1）演讲者放映（全屏幕）：这种演示方式是最标准和最常用的演示文稿放映方式，可以全屏幕地观看演示文稿并可以控制放映速度和换片时间。

2）观众自行浏览（窗口）：这种方式是在一个带有打印、复制和编辑放映的菜单选项的窗口中进行放映，用户可以自己动手设置，一般用于会议和产品展览。

3）在展台浏览（全屏幕）：这种方式不需要专人控制，演示文稿以自动放映方式保存。一般适用于展台循环浏览。

（3）单击 确定 按钮即可。

注意：在“在展台浏览”方式下播放幻灯片鼠标几乎失灵，退出时只能按“Esc”键。

4.5.2　设置幻灯片的切换效果

切换即从一个幻灯片切换到另一个幻灯片时采用各种方式出现在屏幕上，这是一种加在幻灯片之间的特殊效果。要设置幻灯片切换效果，最好是在幻灯片浏览视图中进行设置。

设置幻灯片切换效果的具体操作步骤如下：

（1）单击演示文稿窗口的“幻灯片浏览视图”按钮，切换至幻灯片浏览视图。

（2）选择要添加效果的一张或一组幻灯片。

（3）选择 幻灯片放映(D) → 幻灯片切换(T)... 命令，打开 幻灯片切换 任务窗格，如图 4.5.2 所示。

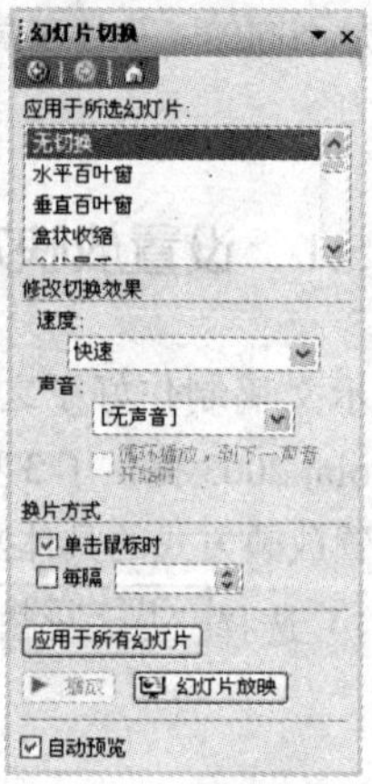

图 4.5.2 “幻灯片切换”任务窗格

（4）在“应用于所选幻灯片”列表框中选择一种切换效果，即可预览到切换效果。

（5）在“修改切换效果”选区中的“速度”下拉列表框中选择切换速度。

（6）如果计算机有声卡和音箱，可在“声音”下拉列表框中选择一种声音效果。

（7）在“换片方式”选区中选择一种换片方式。

（8）设置完成后，关闭 幻灯片切换 任务窗格，单击 应用于所有幻灯片 按钮，即可应用于所有幻灯片。

提示：设置了切换效果之后，幻灯片左下角会出现一个幻灯片切换小图标，表示已经成功地设置了切换效果。

4.5.3 添加动作按钮

利用动作按钮可为幻灯片中添加一些特殊按钮，可以通过这些按钮对正在播放的幻灯片进行前进一项、后退一项或跳到第一项等操作。PowerPoint 2003 提供的动作按钮还可以连接到计算机上的其他演示文稿或者发布到 Internet 上。

添加动作按钮具体操作步骤如下：

（1）选定需要添加按钮的幻灯片。

（2）在“绘图”工具栏中选择 自选图形(U) → 动作按钮(I) 命令，打开“动作按钮”类型列表，在列表中选择一种按钮，如图 4.5.3 所示。

（3）在幻灯片上拖动鼠标绘制按钮，并弹出如图 4.5.4 所示的 动作设置 对话框。

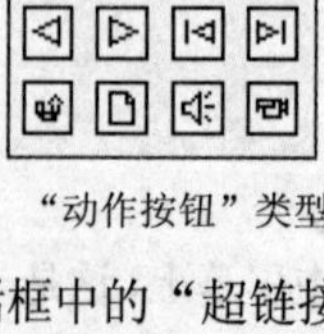

图 4.5.3 “动作按钮”类型列表

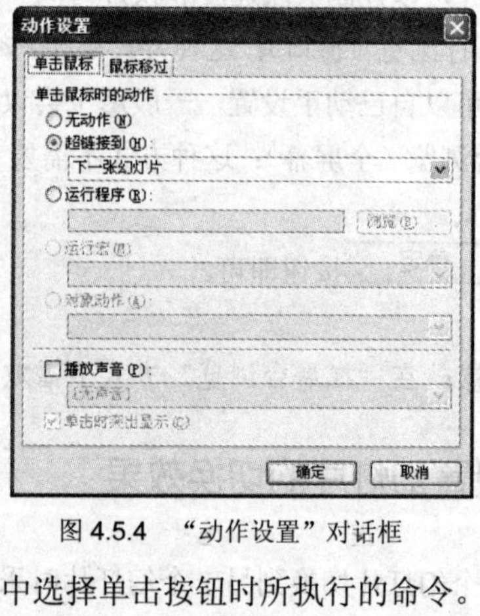

图 4.5.4 “动作设置”对话框

（4）在对话框中的“超链接到”下拉列表框中选择单击按钮时所执行的命令。

（5）单击 确定 按钮。

提示：用上述方法可以设置多种动作按钮，在幻灯片放映时，单击该按钮即自动执行选择的超链接。

4.5.4　设置动画效果

在 PowerPoint 2003 中除了可以为幻灯片添加切换效果之外，还可以给幻灯片的各个对象设置动画效果。设置动画效果时，可以使用 PowerPoint 2003 自带的预设动画，还可以创建自定义动画。为幻灯片设置动画效果可以增强幻灯片的视觉效果。

1. 设置预设动画

PowerPoint 2003 有很多种预设动画，但只能用于特定的对象，例如“图表”动画效果就只能用于图表对象。

设置预设动画的具体操作步骤如下：

（1）选择要设置预设动画的幻灯片。

（2）选择 幻灯片放映(D) → 动画方案(C)... 命令，打开 幻灯片设计 任务窗格。

（3）在 幻灯片设计 任务窗格中的“动画方案”列表框中选择需要的动画方案选项，如图 4.5.5 所示，即可直接应用于幻灯片中。

提示：在“动画方案”列表框中有些动画方案是带有声音效果的。

2. 自定义动画

在使用了一些特定动画效果之后，用户如果想对整个幻灯片的动画效果进行控制，就需要设置自定义动画。设置自定义动画的具体操作步骤如下：

（1）选择要设置自定义动画的幻灯片。

（2）选择 幻灯片放映(D) → 自定义动画(M)... 命令，打开 自定义动画 任务窗格，如图 4.5.6 所示。

图 4.5.5　“动画方案”列表框

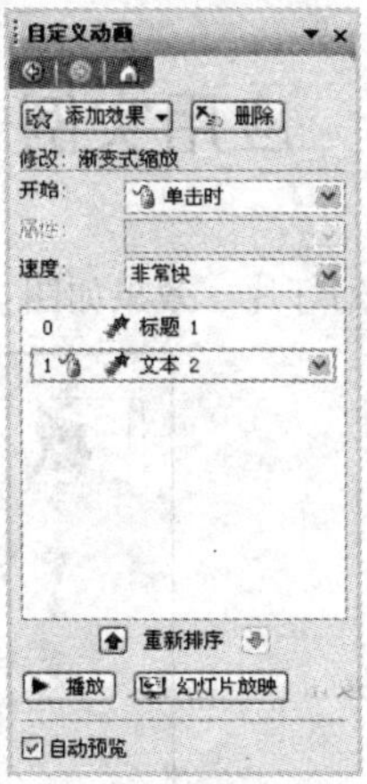

图 4.5.6　“自定义动画”任务窗格

（3）单击 添加效果 按钮，在弹出的下拉菜单中选择相应的命令，并在其子菜单中选择各种动画类型，如图 4.5.7 所示。

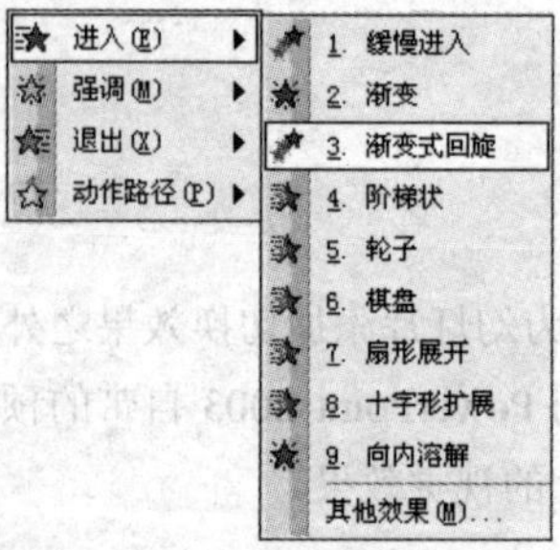

图 4.5.7　动画效果下拉菜单

（4）设置完成之后，单击 播放 按钮，即可直接在幻灯片上预览其效果。

4.5.5　放映演示文稿

制作演示文稿的最终目的就是要在计算机屏幕或者投影仪上播放。下面介绍如何在 PowerPoint 2003 中播放幻灯片。

对幻灯片放映进行一系列的设置之后，就可以放映幻灯片了，具体操作方法有以下几种：

（1）选择 幻灯片放映(D) → 观看放映(V)　F5 命令。

（2）选择 视图(V) → 幻灯片放映(W)　F5 命令。

（3）按“F5”功能键。

（4）单击“幻灯片放映”按钮。

执行前 3 种命令以后，都会从第一张幻灯片放映至最后一张，但是在一张播放完之后要通过单击鼠标才能进入到下一张。执行第 4 种命令，会从当前幻灯片开始放映直到播放完最后一张幻灯片。

提示： 如果不想从头到尾整体观看演示文稿，选择 幻灯片放映(D) → 设置放映方式(S)... 命令进行设置，使在放映幻灯片时系统会自动按照所设置的方式进行放映，也可在幻灯片放映时按“F1”功能键查看控制列表。

4.6　应用实例——制作“感悟”幻灯片

本例制作“感悟”幻灯片，效果如图 4.6.1 所示。

图 4.6.1　效果图

操作步骤

(1)启动 PowerPoint 2003 窗口。单击“常用”工具栏中的“新建”按钮，打开幻灯片设计任务窗格，在“幻灯片设计模板”列表框中选择“诗情画意”模板，效果如图 4.6.2 所示。

图 4.6.2　“诗情画意”模板

(2) 选择插入(I)→图片(P)→来自文件(F)...命令，弹出如图 4.6.3 所示的插入图片对话框。

(3) 选定所需的图片，单击插入(S)按钮，即可插入至幻灯片。

(4) 选定图片，并调整其大小，如图 4.6.4 所示。

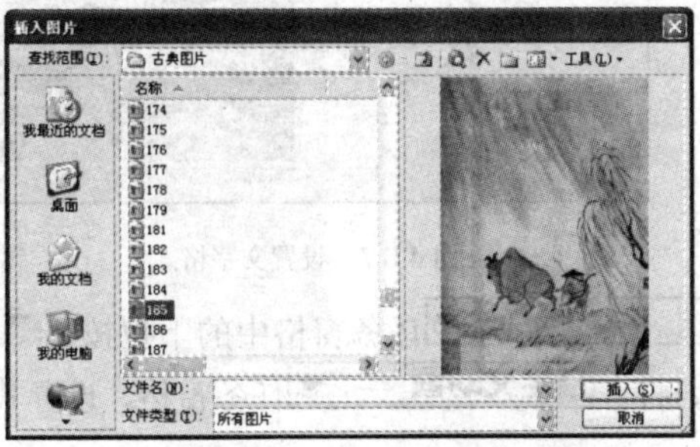

图 4.6.3　“插入图片”对话框

图 4.6.4　插入图片

(5)单击“绘图”工具栏中的自选图形(U)按钮，在弹出的下拉菜单中选择星与旗帜(S)命令，在其子菜单中单击第四行第二个图标，用鼠标在幻灯片中拖动绘制，绘制完后松开鼠标。

(6) 选中图形，单击鼠标右键，在弹出的快捷菜单中选择设置自选图形格式(O)...命令，弹出设置自选图形格式对话框，如图 4.6.5 所示。

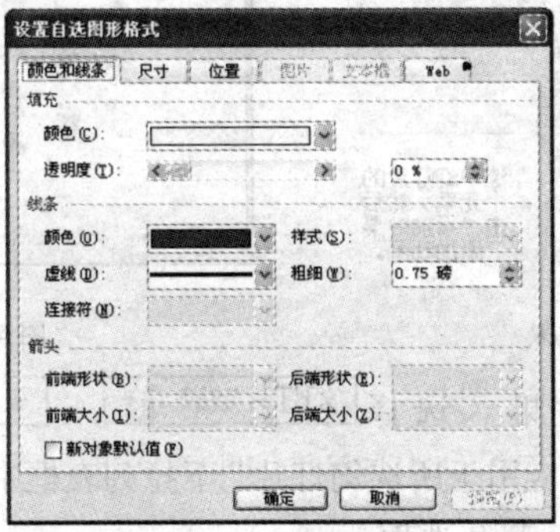

图 4.6.5　“设置自选图形格式”对话框

(7) 打开颜色和线条选项卡，在“颜色”下拉列表框中选择与背景色接近的颜色，单击填充效果(F)... 按钮，在弹出的 填充效果 对话框中打开 图案 选项卡，选择所需的图案，单击 确定 按钮，返回 设置自选图形格式 对话框，选择“线条”色为“绿色”，单击 确定 按钮，效果如图 4.6.6 所示。

（8）选中图形，单击鼠标右键，在弹出的快捷菜单中选择 添加文本(X) 命令，即可在图形中看到插入符，而后输入文字“感悟”。

（9）选中文字，选择 格式(O) → 字体(F)... 命令，在弹出的 字体 对话框中设置字体为“华文行楷”，字号为“96 磅”，字形为“加粗”，文字颜色为“黑色”，单击 确定 按钮。

（10）单击“绘图”工具栏中的“竖排文本框”按钮，用鼠标在幻灯片中拖动图形大小并输入文本内容。

（11）按照第（9）步设置字体格式，字体为“华文行楷”，字形为“加粗”，字体颜色为“绿色”，文字大小为“48 磅”，效果如图 4.6.7 所示。

图 4.6.6　设置自选图形格式

图 4.6.7　设置文字格式

（12）选中自选图形，单击 幻灯片设计 任务窗格中的下拉按钮，在弹出的下拉菜单中选择 自定义动画 命令，打开 自定义动画 任务窗格，设置其动画效果为“渐变式回旋”，如图 4.6.8 所示。

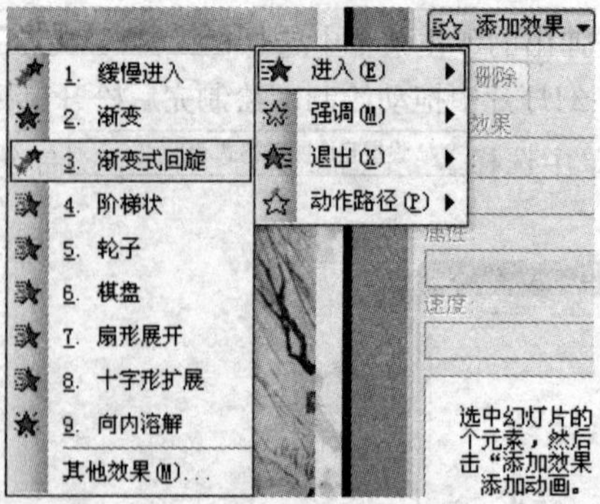

图 4.6.8　设置动画效果

图 4.6.9　动画效果

（13）设置幻灯片动态效果。选择 幻灯片放映(D) → 幻灯片切换(T)... 命令，打开 幻灯片切换 任务窗格，在“应用于所选幻灯片”下拉列表框中选择 水平百叶窗 命令。选中“换片方式”选区中的 每隔 00:00 复选框。

本例制作完成，最终效果如图 4.6.1 所示。

本章小结

本章主要介绍了 PowerPoint 2003 的基础知识、新建演示文稿、幻灯片的制作、编辑演示文稿的外观、演示文稿的放映等内容。通过本章的学习，用户可以用 PowerPoint 2003 制作出生动、活泼、美观、专业、富有感染力的演示文稿。

实训练习

一、填空题

1．在首次存盘时，会弹出________对话框。

2．PowerPoint 2003 演示文稿中主要的模板包括________、________和________。

3．新建演示文稿的方法有________、________、________和________。

4．控制幻灯片外观的方法有 4 种：__________、设计模板、__________和配色方案。

5．演示文稿的放映方式可以设置为__________（全屏幕）、观众自行浏览（窗口）、__________（全屏幕）。

6．在讲义母版中，包括 4 个可以输入文本的占位符，它们分别为页眉区、页脚区、__________和__________。

二、选择题

1．在 PowerPoint 2003 中，若想同时查看多张幻灯片，应选择（　）视图。

A．幻灯片视图　　B．大纲视图

C．备注页视图　　D．幻灯片浏览视图

2．当在交易会上进行广告片的放映时，应该选择（　）放映方式。

A．演讲者放映　　B．观众自行浏览

C．在展台浏览　　D．需要按下某键

3．如果要求幻灯片能够在无人操作的环境下自动播放，应事先对演讲稿（　）。

A．自动播放　　B．排练计时

C．存盘　　D．打包

4．当在幻灯片中插入了声音后，幻灯片中将出现（　）。

A．喇叭标记　　B．一段文字说明

C．链接说明　　D．链接按钮

5．在 PowerPoint 2003 编辑状态下，可以进行幻灯片间移动和复制操作的视图方式为（　）。

A．幻灯片浏览　　B．幻灯片

C．幻灯片放映　　D．备注页

6．在幻灯片的“动作设置”对话框中设置的超链接对象不允许是（　）。

A．下一张幻灯片　　B．幻灯片中的某一对象

C．上一张幻灯片　　D．其他演示文稿

7. 选择“应用设计模板”并单击“应用”后，该模板将（ ）生效。

A. 仅对当前幻灯片　　B. 对正在编辑的幻灯片对象

C. 对所有已打开的演示文稿　　D. 对所有幻灯片

8. 一个演示文稿，如果演讲者需要根据不同观众展示不同的内容，可以采用（ ）。

A. 排练计时　　B. 录制旁白

C. 自定义动画　　D. 自定义放映

三、简答题

1. PowerPoint 2003 包括哪些视图？
2. 可以给演示文稿中添加哪些对象？
3. 使演示文稿具有统一的外观有哪些方法？

四、上机操作题

1. 利用“根据内容提示向导”新建一个演示文稿。
2. 在演示文稿中插入图形。
3. 在模板中添加动画效果。

第 5 章　中文 FrontPage 2003 的基本操作

FrontPage 2003 是 Microsoft 公司推出的网页制作软件，它是在 FrontPage 2002 基础上改进与完善的最新版本。本章主要介绍 FrontPage 2003 的入门知识（包括主要新增功能、工作界面简介以及 FrontPage 2003 的启动与退出）、网页与站点的基本操作、编辑网页、网页的高级应用、组件的使用以及设计 Web 站点。

知识要点

- FrontPage 2003 入门知识
- FrontPage 2003 的视图方式
- 网页与站点的基本操作
- 编辑网页
- 网页的高级应用
- 使用 Web 组件

5.1　FrontPage 2003 入门知识

FrontPage 2003 与以前的版本相比，增加了许多新功能，具有个性化的工作环境、界面操作更加方便、功能更加强大等特点。本节主要介绍 FrontPage 2003 的主要新增功能、工作界面简介以及 FrontPage 2003 的启动与退出。

5.1.1　FrontPage 2003 主要新增功能

FrontPage 2003 的主要新增功能包括设计网站、开发网站、开发数据驱动网站、发布网站以及维护网站。

1．设计网站

Microsoft Office FrontPage 2003 具有经过改进的设计环境、新的布局和设计工具、模板以及经过改进的主题，可以帮助用户创建自己的网站，而不需要任何 HTML 知识。

（1）经过改进的工作环境和更大的设计区域。FrontPage 2003 集中了所有 Web 设计功能，并使用户可以全景查看整个网站，从而使得网站和网页设计比以前更容易。更大的设计区域还减少了滚动操作。

（2）布局表格和单元格。通过使用布局表格和单元格，可以创建具有专业外观的网页布局。布局表格是为网页创建的框架。布局单元格是该框架内的区域，其中包含网页中的内容（包括文本、图像、Web 部件和其他元素）。可以选择预定义的布局列表，也可以自己绘制。总之，在做出最后决定前可以尝试多种布局。

布局表格工具位于可以方便访问的任务窗格中。可以使用这些工具应用附加格式，如圆角、边框、自动伸缩和其他视觉效果。

（3）图像描摹。在使用图像描摹时，可以在图形程序中创建网页的外观模型图像，并将其作为直观参照，以便在 FrontPage 2003 中创建或描摹网页设计。可以显示或隐藏图像、将其设置为不透明以及更改其位置。

（4）动态 Web 模板。通过将动态 Web 模板附加到网页上，可以快速创建共享相同布局的 HTML 网页。可以指定模板内的某些区域可以编辑，而将其他区域保护起来。这意味着用户可以允许其他人添加和编辑内容，但保持网页的布局和模板不变。

（5）网页标尺和布局网格。只要有好用的定位参照（如网页标尺和背景布局网格），精确设计和布置就会变得十分容易。通过选择测量单位、线条样式和颜色以及间距选项，可以自定义标尺或网格。

（6）设计阶段层。在 FrontPage 2003 中，层可以包含 HTML 元素，如文本和图形。在"层"任务窗格中可以查看网页上所有层的详细列表。可以重叠、嵌套和显示或隐藏网页上的层。也可以通过使用"行为"任务窗格（可以将动态 HTML[DHML]脚本添加到网页中的任何元素中）使层具有动画效果。

（7）经过改进的主题。FrontPage 2003 使用级联样式表而不是 HTML 来应用主题，所以文件变得更小、更透明并且更容易控制和修改。此外，如果网页包含在早期版本中应用的 HTML 主题，则会在 FrontPage 2003 中保留这些设置。

2．开发网站

Microsoft Office FrontPage 2003 具有改进的创作环境、新的图形功能、强大的编码工具（帮助用户应用并增加各种编码语言知识）以及帮助用户创建交互式脚本的工具。此外，FrontPage 2003 可以生成有效的 HTML 网页，以便更好地控制代码。

3．开发数据驱动网站

Microsoft Office FrontPage 2003 扩展了网站的功能，使其能够以新的方式与人员和信息连接。通过将 Microsoft Windows Server 2003 与 Microsoft Windows SharePoint Services 一起使用，可以连接、编辑和展示来自各种数据源（包括 Microsoft Windows SharePoint Services 数据、XML、Web 服务或 OLE DB 数据源）的实时数据，以便在"所见即所得"编辑器中建立丰富的、交互式的数据驱动网站。

4．发布网站

（1）远程网站视图。Microsoft Office FrontPage 2003 中的远程网站视图可以帮助用户将整个网站和单独的文件和文件夹发布到以下任何位置：扩展的 Web 服务器、支持文件传输协议（FTP）或基于 Web 的分布式创作和版本控制（WebDAV）的 Web 服务器或文件系统中的某个位置。

远程网站视图同时显示本地网站和远程网站中的文件。图标和说明性文本会指示文件和文件夹的状态，同步功能有助于确保不会意外地覆盖任何文件或文件夹。

（2）连接到远程网站。通过新的远程网站对话框可以指定连接设置，并有助于用户管理连接类型和协议——包括安全套接字层（SSL）或被动 FTP。

（3）发布到 FTP 和 WebDAV 服务器。通过使用 FrontPage 2003 中建立的新的网站建立工具，可以与其他人一起工作。使用 WebDAV 文件锁定功能，可以在 WebDAV 服务器上进行文件锁定。在 FTP 服务器上，通过使用.lck 文件可以支持文件锁定。这些文件与 Macromedia Dreamweaver 所使用的文件完全兼容，因此用户可以在 FTP 服务器上与 Dreamweaver 用户一起工作，而不会意外地覆盖彼此的更改。

5．维护网站

Microsoft Office FrontPage 2003 提供了新的兼容性和 HTML 工具以帮助用户维护网站。

5.1.2　启动 FrontPage 2003

下面介绍 3 种启动 FrontPage 2003 的方法。

1．通过菜单启动

选择 开始 → 所有程序(P) → Microsoft Office → Microsoft Office FrontPage 2003 命令，如图 5.1.1 所示，即可启动应用程序。

图 5.1.1　启动 FrontPage 2003

2．通过快捷方式启动

如果用户经常使用 FrontPage 2003 应用软件，即可将其放置在桌面上，双击桌面的快捷图标 Microsoft Office FrontPage 2003，启动应用程序。如果桌面上没有快捷图标，需要创建时，选择 Microsoft Office FrontPage 2003 命令，单击鼠标右键，从弹出的快捷菜单中选择 发送到(N) → 桌面快捷方式 命令。

3．通过“运行”对话框启动

选择 开始 → 运行(R)... 命令，弹出 运行 对话框，在“打开”文本框中输入“Frontpg.exe”，如图 5.1.2 所示。按“Enter”键，即可启动 FrontPage 2003 应用程序。

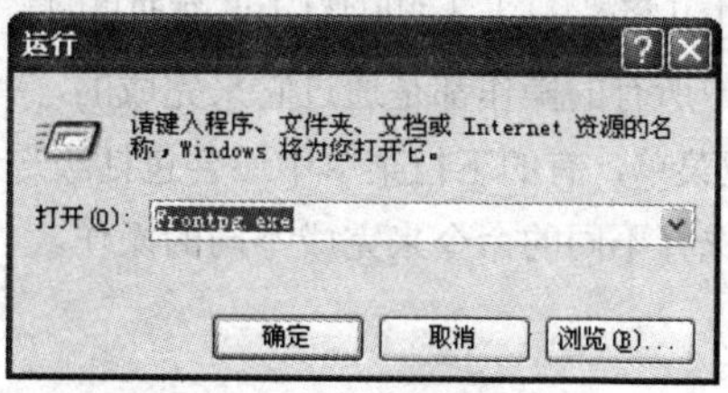

图 5.1.2　“运行”对话框

5.1.3　FrontPage 2003 窗口简介

启动 FrontPage 2003 应用程序后，即可看到其主窗口。它主要由标题栏、菜单栏、工具栏、编辑区、网页基本视图区、任务窗格和状态栏等组成，如图 5.1.3 所示。

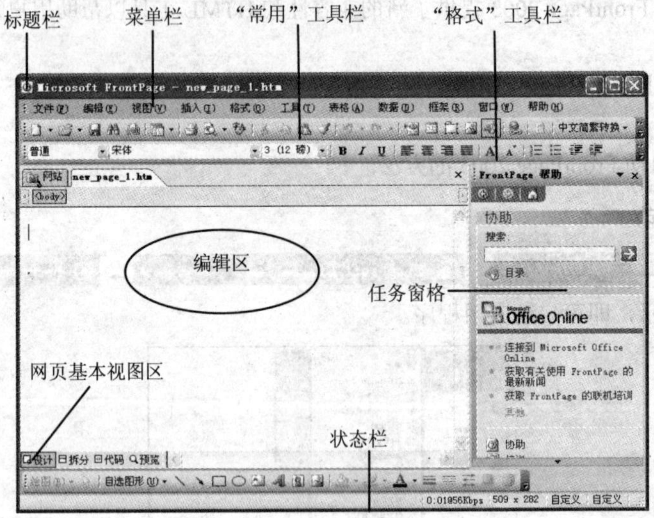

图 5.1.3　FrontPage 2003 窗口

1．标题栏

标题栏位于 FrontPage 2003 窗口的最上方，如图 5.1.4 所示。标题栏从左到右分别是应用软件图标、应用软件名称、当前文件名以及打开位置、最小化按钮、最大化按钮和关闭按钮。当用鼠标双击标题栏空白处时，可以放大或缩小窗口，当窗口处于缩小状态时，拖动鼠标可以移动窗口位置。

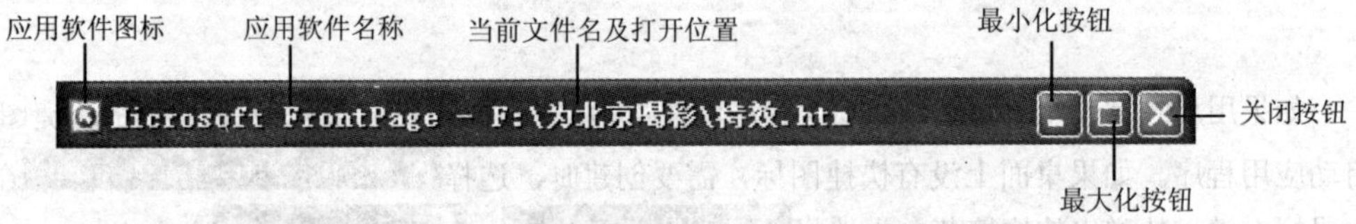

图 5.1.4　标题栏

2．菜单栏

菜单栏位于标题栏的下方，它包括 文件(F)、编辑(E)、视图(V)、插入(I)、格式(O)、工具(T)、表格(A)、数据(D)、框架(R)、窗口(W)和 帮助(H) 共 11 个菜单项。FrontPage 2003 中所有的操作都是通过它来完成的，单击每个菜单项，会弹出其下拉菜单，有的下拉菜单中还会包括级联菜单，如图 5.1.5 所示。通过选择不同的命令来完成不同的操作。

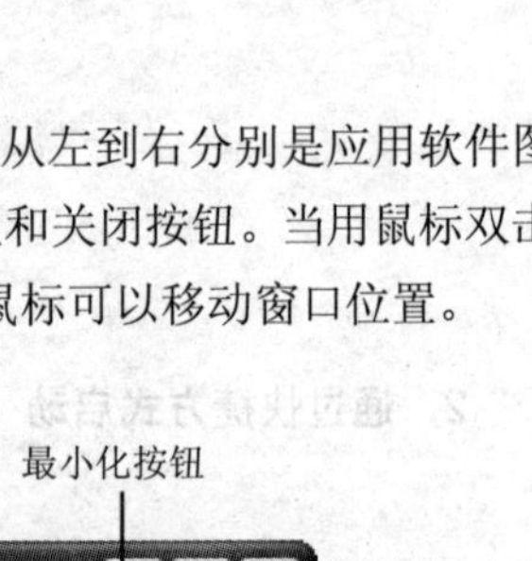

图 5.1.5　菜单栏中的级联菜单

3．工具栏

工具栏包括“常用”工具栏和“格式”工具栏，它位于菜单栏的下方，如图 5.1.6 和图 5.1.7 所示。工具栏是将一些常用的工具选项进行分类，以按钮的形式排列在一起，其每个按钮对应一个常用操作。工具栏的位置也是可以移动的，在工具栏的空白处单击鼠标，当光标变成“✥”形状时，拖动鼠标即可移动工具栏的位置。

图 5.1.6　“常用”工具栏

图 5.1.7　“格式”工具栏

提示：工具栏中的选项不是固定不变的，用户可以通过单击“常用”工具栏和“格式”工具栏最右端的“工具栏选项”按钮，从弹出的下拉菜单中选择添加或删除按钮(B)命令，在其级联菜单中选择自定义(C)...命令，弹出自定义对话框，在命令(C)选项卡的“类别”列表框中选择所需菜单项，在“命令”列表框中选择需要设置为按钮的命令，如图 5.1.8 所示。单击此命令用鼠标将其拖动至“常用”工具栏或“格式”工具栏即可。

4．任务窗格

任务窗格位于窗口的右侧，如图 5.1.9 所示。在这个窗格中集成了开发一个网站时最常用的功能，它是 FrontPage 2003 中新增加的功能。可以通过选择最上方的菜单命令来完成相应操作，可以通过在“搜索”文本框中输入关键词来搜索用户在操作过程中遇到的问题，相当于 Office 帮助系统。

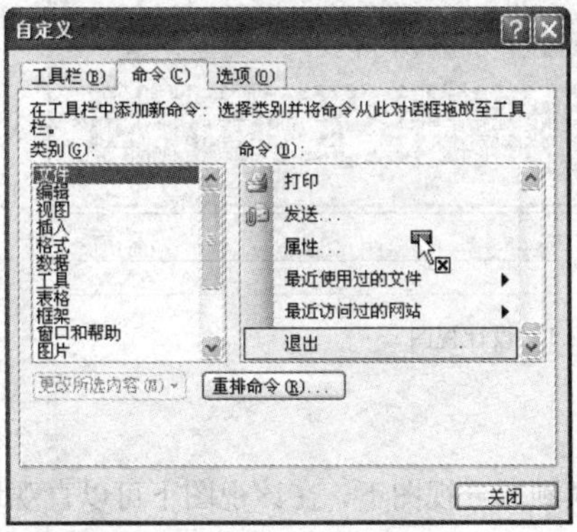

图 5.1.8　“自定义”对话框

图 5.1.9　任务窗格

5．编辑区

编辑区即是窗口中的空白区域，在窗口中占据的区域最大，用户可以在这个区域中充分发挥自己的想像力，进行各种编辑操作，最终制作出满意的网页。

5.1.4　退出 FrontPage 2003

在网页制作完成之后，需要退出 FrontPage 2003 应用程序，下面介绍两种退出 FrontPage 2003 应用程序最常用的方法。

（1）通过菜单。选择文件(F)→退出(X)命令，即可退出 FrontPage 2003 应用程序。

（2）通过按钮。单击 FrontPage 2003 标题栏最右端的“关闭”按钮即可完成退出应用程序的操作。

5.2 FrontPage 2003 的视图方式

本节主要介绍 FrontPage 2003 的 7 种视图方式：网页视图、文件夹视图、远程网站视图、报表视图、导航视图、超链接视图和任务视图。

5.2.1 网页视图

网页视图的编辑对象是 Web 页，用户对网页的大量编辑工作都是在网页视图中完成的。启动 FrontPage 2003 后，默认为网页视图方式，如果当前视图方式不是网页视图，用户可以通过选择 视图(V) → 网页(P) 命令，切换到网页视图中。网页视图的底部有 4 个按钮，分别为设计、拆分、代码和预览视图。下面分别对这 4 个视图方式进行介绍。

1．设计视图

打开网页视图后，默认为设计视图，用户可以在此设计和编辑网页，如图 5.2.1 所示，即在设计视图下编辑的网页。

图 5.2.1 设计视图

2．拆分视图

单击网页视图下方的 拆分 按钮，即可切换到拆分视图下，在该视图下可以直观地查看自己编写的代码，这种格式可以同时访问“代码”视图和“设计”视图，如图 5.2.2 所示。

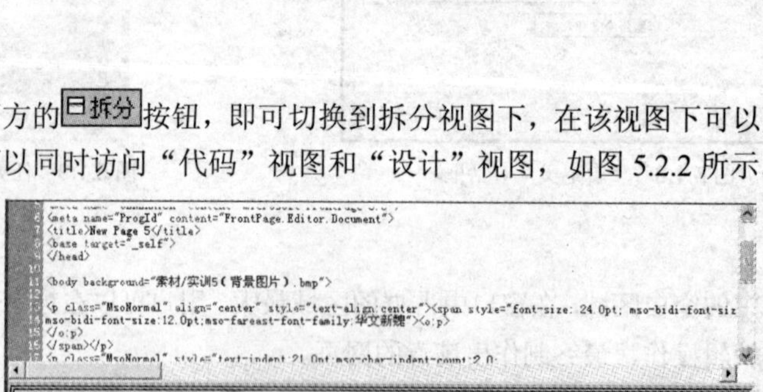

图 5.2.2 拆分视图

3．代码视图

网页文件其实都是用 HTML 语言编写的，如果用户要查看、编写、删除或编辑 HTML 标识，就需要切换到代码视图下。切换到代码视图的方法：单击网页视图下方的代码按钮。FrontPage 2003 应用软件的最大优点在于用户在设计视图下编辑好网页后，可以在代码视图下直接查看代码，而不需要懂很多 HTML 语言。

4．预览视图

单击网页视图下方的预览按钮，即可切换到预览视图。它可以浏览整个网页的动态效果，可以使用户看到该网页在细节上的不足，然后进行改动，最后可以将自己做的网页提交到服务器上，成为共享资源。

5.2.2　文件夹视图

文件夹视图的对象是 Web 站点，它可以对站点中的文件和文件夹进行组织、管理。当用户新创建一个网站时，“文件夹视图”将会被激活。在该视图中，用户可以新建、删除或重新命名文件或文件夹名称，也可以直接用鼠标拖动文件来改变其路径，其功能与资源管理器类似。选择视图(V)→文件夹(F)命令，即可切换到文件夹视图中，在该视图中可以查看一个网站的全部文件，如图 5.2.3 所示为一个文件夹视图。

5.2.3　远程网站视图

远程网站视图是 FrontPage 2003 新增的视图方式，它的主要功能是向互联网上发布文件，即将用户制作的网站发布到一个网络服务器提供商的商用服务器上，此时用户制作的网站即可供网络上的用户访问与欣赏。选择视图(V)→远程网站(W)命令，即可切换到远程网站视图下。在**本地网站**列表框中选择不希望发布的文件，单击鼠标右键，从弹出的快捷菜单中选择不发布(P)命令，如图 5.2.4 所示，在“发布所有更改的网页”选区中选中远程到本地单选按钮，再单击发布网站(P)按钮。

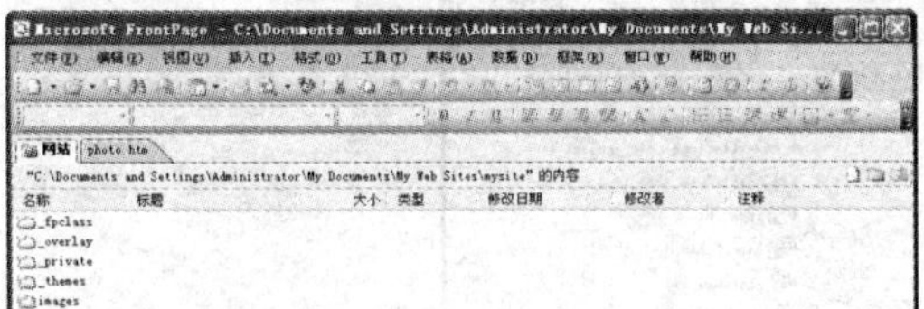

图 5.2.3　文件夹视图

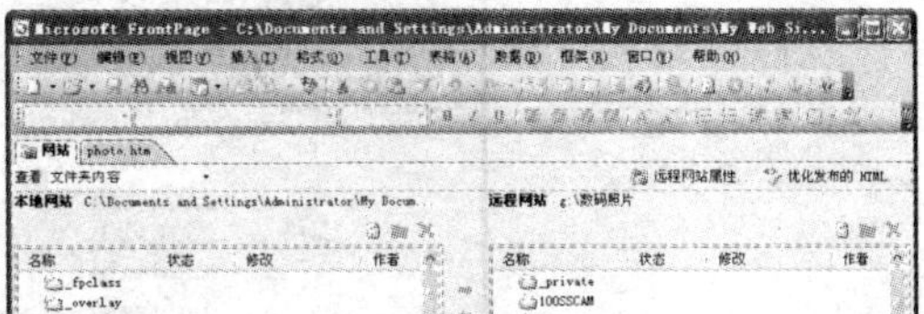

图 5.2.4　远程网站视图

5.2.4　报表视图

报表视图的对象是 Web 站点，它可以对站点进行分析并管理其内容。选择视图(V)→报表(R)命令，在其子菜单中可以选择网站摘要(M)、文件(F)、共享内容(C)、问题(P)、工作流(W)和使用率(U)命令，以此来显示网站的相关信息，报表视图可以自动计算网站中文件的总大小，提示用户哪些文件没有与其他文件建立链接，使用户了解站点的状态，并及时发现问题和解决问题，如图 5.2.5 所示为一个报表视图。

5.2.5 导航视图

导航视图的对象是 Web 站点，其功能是为链接栏设计站点结构。选择 视图(V) → 导航(N) 命令，即可切换到导航视图下，该视图提供了网页的分层视图，它可以非常直观地显示一个网站的组织结构和逻辑关系，如图 5.2.6 所示为导航视图。

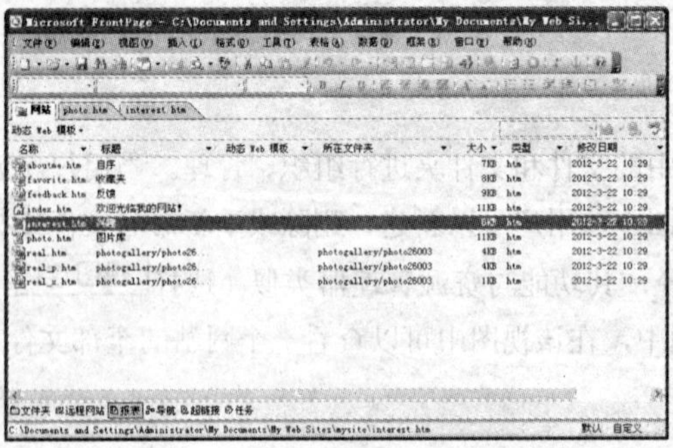

图 5.2.5 报表视图

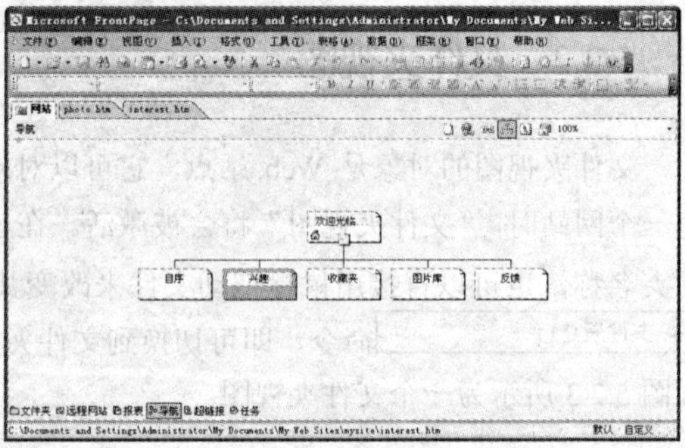

图 5.2.6 导航视图

5.2.6 超链接视图

超链接的对象是 Web 页，选择 视图(V) → 超链接(H) 命令，切换到超链接视图下，该视图可以将网站中超链接的状态显示在一个列表中，其中包括内部超链接和外部超链接，如图 5.2.7 所示为超链接视图。

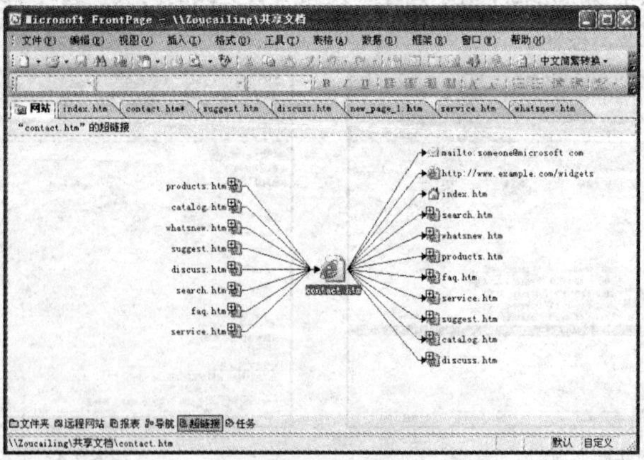

图 5.2.7 超链接视图

5.2.7 任务视图

选择 视图(V) → 任务(A) 命令，即可切换到任务视图下，它是以列表的形式显示网站中所有任务（包括已经完成和尚未完成的任务）。一个新建的网站中是没有任务的，如果要为该网站创建相关任务，在任务视图中单击鼠标右键，从弹出的快捷菜单中选择 添加任务(A)... 命令，弹出新建任务对话框，在“任务名称”文本框中输入要添加的任务名称，在“说明”文本框中输入相关的说明性文字，如图 5.2.8 所示。单击确定按钮即可添加任务。

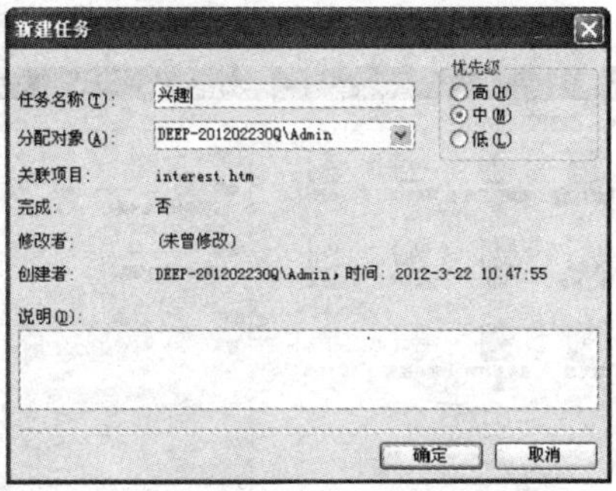

图 5.2.8 “新建任务”对话框

5.3 网页与站点的基本操作

网站就是一些文件集合，将一些相关文件通过一定的方式链接在一起构成一个信息单元。一个好的网站必须具备 4 个特点：简洁、实用、条理清晰和美观。为了制作一个好的网站，首先来了解网页与站点的基本操作。

5.3.1 网页的基本操作

在本小节中主要介绍新建网页、浏览网页和保存网页的内容。

1. 新建网页

（1）选择文件(F)→新建(N)...命令，打开新建任务窗格，如图 5.3.1 所示。

（2）在“新建网页”选区中，如果要创建空白网页，单击“空白网页”超链接，即可新建一个空白网页。

（3）如果要从用户自己创建的动态网页模板中创建网页，单击“根据现有网页”超链接，弹出根据现有网页新建对话框，如图 5.3.2 所示。选择要打开的网页模板，单击创建(C)按钮。

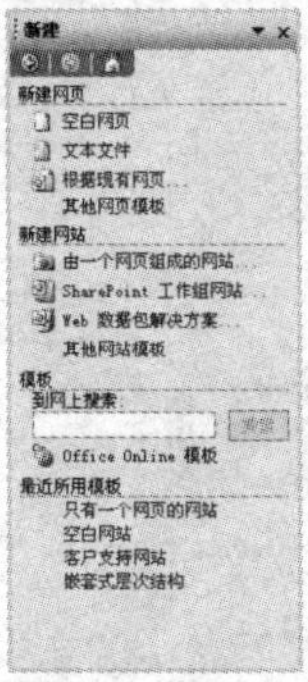

图 5.3.1 “新建”任务窗格

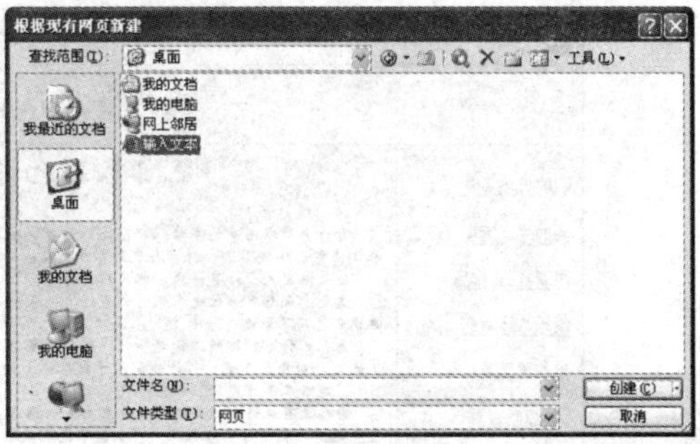

图 5.3.2 “根据现有网页新建”对话框

（4）如果要从 FrontPage 2003 提供的模板中创建网页，单击“其他网页模板”选项，弹出网页模板对话框，如图 5.3.3 所示。在该对话框中有 3 个选项卡，分别为常规、框架网页和样式表。FrontPage 2003 按照 3 个选项卡对模板进行了分类，单击不同的标签，打开相应的选项卡，选择需要的网页模板，单击确定按钮。

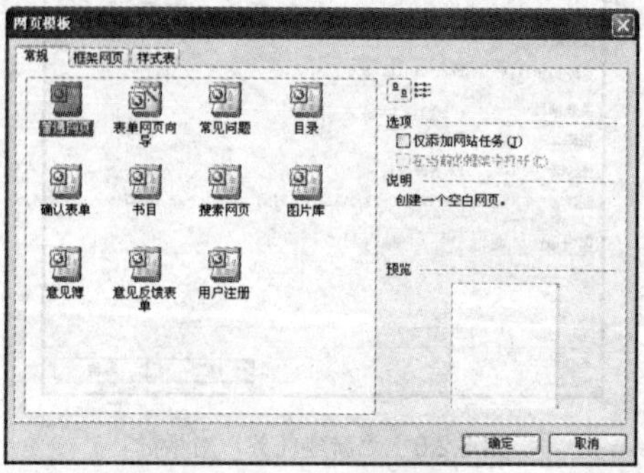

图 5.3.3 “网页模板”对话框

（5）在如图 5.3.3 所示的对话框中单击框架网页标签，打开框架网页选项卡，并在其列表框中单击

图标，再单击确定按钮，此时新建的一个框架网页如图 5.3.4 所示。

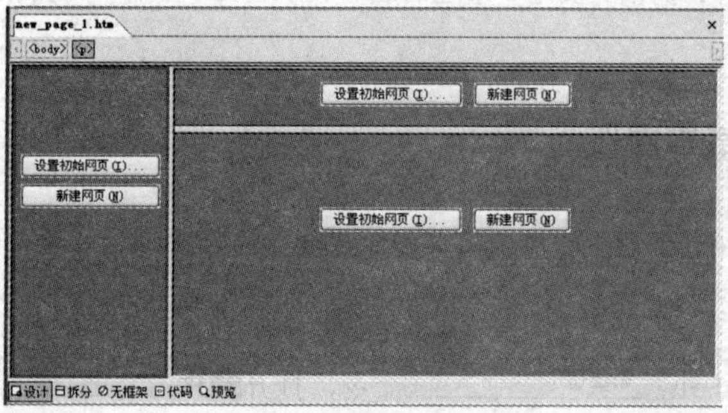

图 5.3.4 新建框架网页

2. 浏览网页

首先要打开需要浏览的网页，选择视图(V)→网页(P)命令，将网页切换到网页视图下，然后单击网页视图下方的预览按钮，即可预览网页，如图 5.3.5 所示的是一个简单网页的预览效果。

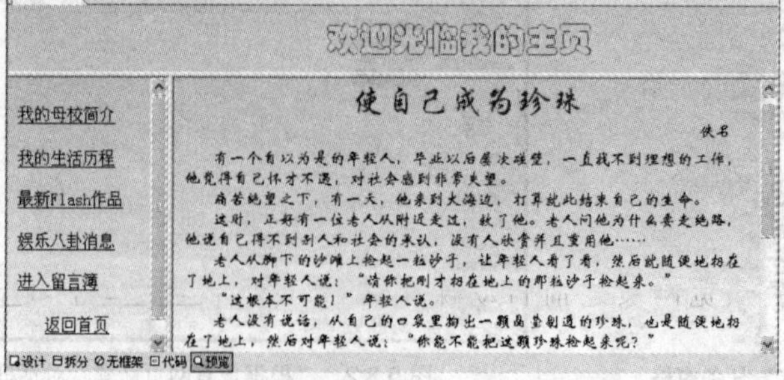

图 5.3.5 预览网页

3．保存网页

保存网页包括将网页保存到当前网站中、将网页保存到不同的网站中、将网页保存到文件系统中以及在浏览器中预览网页之前自动保存网页。

（1）将网页保存到当前网站中。其具体操作步骤如下：

1）如果用户第一次保存自己新建的网页，选择[文件(F)]→[保存(S)　Ctrl+S]命令，弹出[另存为]对话框，如图 5.3.6 所示。在“保存位置”下拉列表框中选择网页要保存的位置，在[文件名(N):]下拉列表框中输入网页名称，在“保存类型”下拉列表框中选择文件类型，然后单击[保存(S)]按钮。

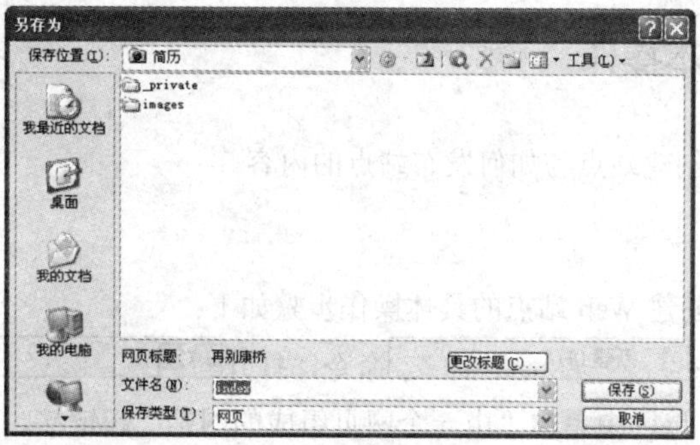

图 5.3.6　“另存为”对话框

2）如果用户保存的是一个框架网页，则弹出[另存为]对话框，如图 5.3.7 所示。如果要保存一个完整的网页，就必须先保存其框架网页的每个部分网页，然后再进行整体保存。也就是说，如果一个框架网页分 4 个部分，那么就要先保存上、下、左、右 4 个小的框架网页，然后再整体保存此网页。

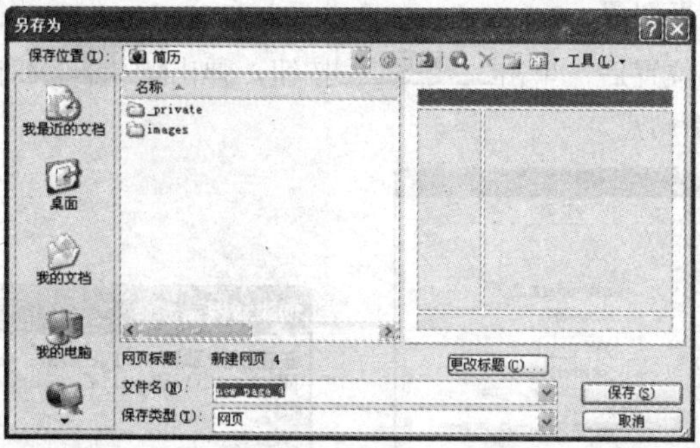

图 5.3.7　“另存为”对话框

（2）将网页保存到不同的网站中。选择[文件(F)]→[另存为(A)...]命令，弹出[另存为]对话框，在“保存位置”下拉列表框中选择网页要保存的网站名称，在“文件名”下拉列表框中输入网页名称，然后单击[保存(S)]按钮。

（3）将网页保存到文件系统中。选择[文件(F)]→[另存为(A)...]命令，弹出[另存为]对话框，在“保存位置”下拉列表框中选择文件系统中要保存网页的位置，在“文件名”下拉列表框中输入网页名称，然后单击[保存(S)]按钮。

（4）在浏览器中预览网页之前自动保存网页。选择[文件(F)]→[在浏览器中预览(B)]→[编辑浏览器列表(E)...]命令，在弹出的[编辑浏览器列表]对话框中选中[☑在预览前自动保存网页(S)]复选框，如图 5.3.8 所示。单击[确定]按钮，即可在预览网页之前自动保存网页。

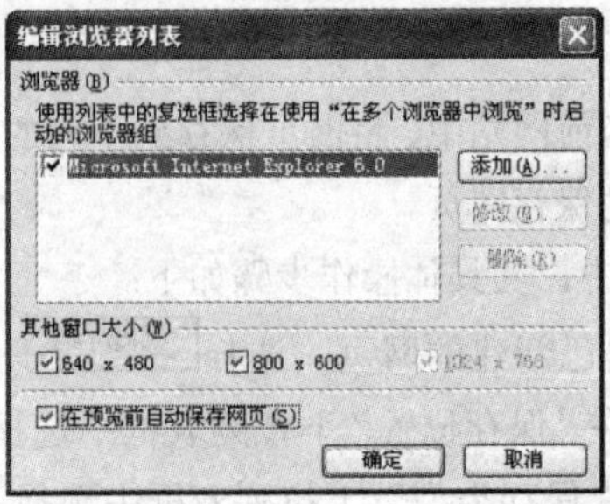

图 5.3.8 “编辑浏览器列表”对话框

5.3.2 站点的基本操作

本小节主要介绍如何创建站点与如何发布站点的内容。

1. 创建 Web 站点

在 FrontPage 2003 中创建 Web 站点的具体操作步骤如下：

（1）选择 文件(F) → 新建(N)... 命令，打开 新建 任务窗格。

（2）在“新建网站”选区中单击“由一个网页组成的网站”超链接，弹出 网站模板 对话框，如图 5.3.9 所示。在 常规 选项卡中选择需要的模板。

（3）在“网站模板”对话框右侧的“指定新网站的位置”下拉列表框中选择新站点的位置，新站点可以是本地硬盘，也可以是 Web 服务器，对于 Web 服务器可以用“http://”的格式为新站点命名，对于存放在本地硬盘上的新站点则可以用“D:\Documents and Settings\Administrator\My Documents\My Web Sites\mysite7”的格式来创建。

（4）选择好新站点的位置后，单击 确定 按钮，弹出 创建新网站 对话框，如图 5.3.10 所示。在几秒钟之后，即可创建新站点。

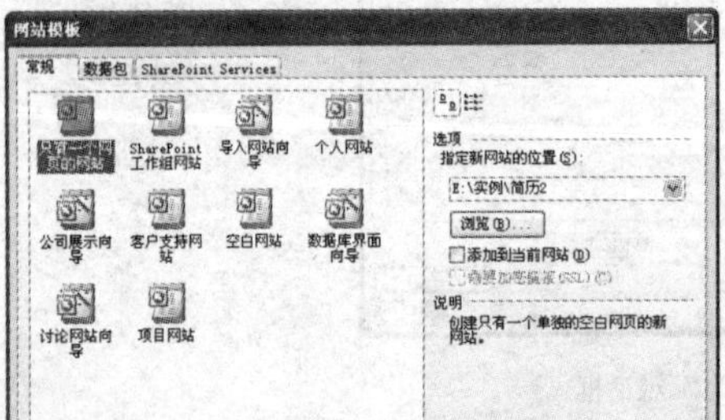

图 5.3.9 “网站模板”对话框

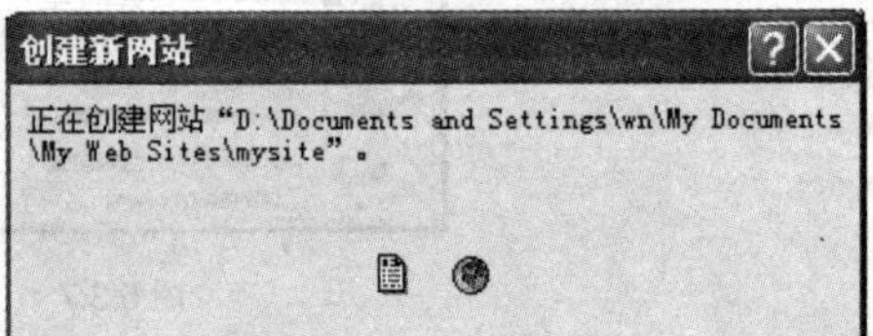

图 5.3.10 “创建新网站”对话框

2. 发布站点

发布站点即是将组成网站的所有文件和文件夹从一个源位置复制到特殊的目标位置。发布站点的具体操作步骤如下：

（1）打开已经制作完成的网站。

（2）选择 文件(F) → 发布网站(U)... 命令，弹出 远程网站属性 对话框，如图 5.3.11 所示。

（3）单击 远程网站 标签，打开 远程网站 选项卡，在“远程 Web 服务器类型”选项组中，如果选

中 ◎FrontPage 或 SharePoint Services(P) 单选按钮，此网站即可让互联网上的所有用户访问和欣赏；如果选中 ◎WebDAV(D) 单选按钮，表示远程服务器支持分布式创作和版本控制；如果要创建 FTP 站点则选中 ◎FTP(F) 单选按钮；如果要把个人计算机或者网络上的某一台主机当做该网站的服务器，用在小型局域网访问中则选中 ◎文件系统(S) 单选按钮。

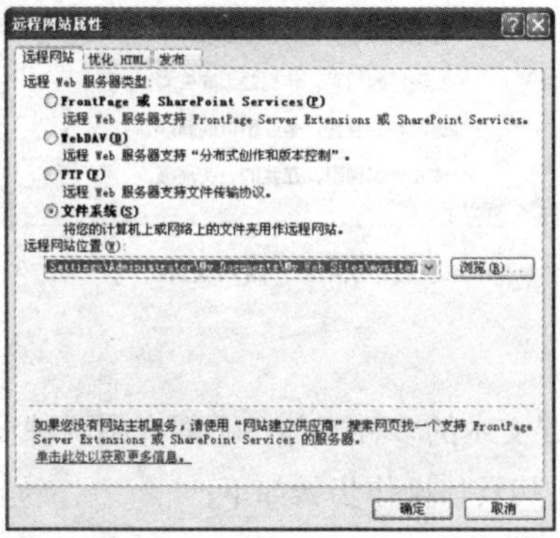

图 5.3.11　"远程网站属性"对话框

（4）单击 优化 HTML 标签，打开 优化 HTML 选项卡，此选项卡用于配置在发布时网站的 HTML 属性，在设计网页时，可能会出现很多冗余的信息或者用户设置的某些特殊效果在主机服务器上不支持，通过对 优化 HTML 选项卡的设置，可以在发布时通过对这些信息和一些相关内容的过滤来优化 HTML 页面，让页面在客户端更好地显示。

（5）单击 发布 标签，打开 发布 选项卡，在"发布"选区组中，为了对某个已经发布的网站进行内容更新，选中 ◎只发布更改过的网页(C) 单选按钮，它们可以加快发布的速度，减少一些不必要的重复操作；选中 ◎发布所有网页并覆盖发布目标上的已有网页(A) 单选按钮，则用于发布整个网站，如果远程服务器上还没有该网站，服务器将为该网站建立一个文件夹，保存该网站的所有内容，如果此网站已经发布过了，远程服务器会将当前服务器上保存的该网站的网页名称与发布内容进行比较，如果两个网页的名字相同，服务器会用目前发布的网页内容替换掉原有的网页内容；如果该网站包含子网站，则在发布时需要选中 ☑包含子网站(S) 复选框。

（6）设置完成后单击 确定 按钮。

5.4　编 辑 网 页

在上节中了解了创建网页，下来就是编辑网页了。网页的基本组成部分是文本和图片，本节主要介绍文本的操作、图片的操作、设置网页背景、在网页中插入背景音乐和视频剪辑、创建超链接。

5.4.1　文本的操作

文本的操作主要包括文字的输入、字体的设置以及段落的设置等内容。

1．文字的输入

文本的输入是向网页中添加内容的最基本手段，其具体操作方法如下：

（1）打开一个空白网页，并将其切换到网页视图下。

（2）把光标定位到要输入文本的位置，直接输入文字即可。

（3）在网页中输入文本的效果如图 5.4.1 所示。

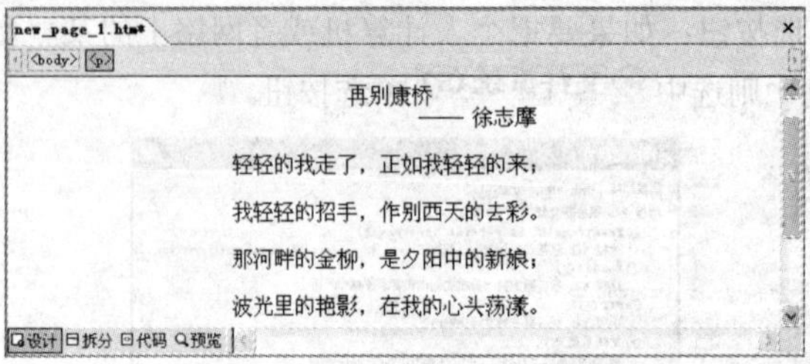

图 5.4.1　输入文本

2．设置字体

在 FrontPage 2003 中可以设置文本的多种字体，下面介绍两种设置字体的方法。

（1）通过工具栏设置字体。其具体操作步骤如下：

1）打开需要设置字体的网页。

2）在“字体”下拉列表框中选择字体，如图 5.4.2 所示。

3）在“字号”下拉列表框中选择字号大小，如图 5.4.3 所示。

图 5.4.2　选择字体

图 5.4.3　选择字号

（2）通过菜单栏设置字体。其具体操作步骤如下：

1）打开需要设置字体的网页。

2）选择 格式(O) → A 字体(F)... 命令，弹出 字体 对话框，如图 5.4.4 所示。

3）单击 字体 标签，打开 字体 选项卡，在“字体”列表框中选择需要的字体；在“字形”列表框中选择字形，如“倾斜”“加粗”和“加粗 倾斜”；在“大小”列表框中选择字号大小。

4）在“颜色”下拉列表框中选择字体颜色，也可以在其下拉列表框中选择 其他颜色(M)... 命令，弹出 其他颜色 对话框，如图 5.4.5 所示，在色板中选择字体颜色，设置完成后单击 确定 按钮，返回 字体 对话框。

图 5.4.4　“字体”对话框

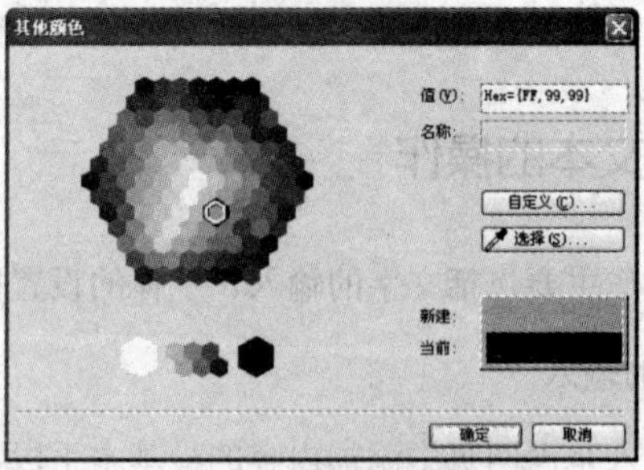

图 5.4.5　“其他颜色”对话框

5）在“效果”选区中选中下划线(U)、增强(G)、大写(I)等复选框，可以设置字体的特殊效果。

6）打开字符间距选项卡，在“间距”下拉列表框中可以选择字体间距，并在其后的“间距大小”微调框中设置字与字的间距大小；在“定位”下拉列表框中可以选择字体的指定位置。

7）如图 5.4.6 所示为文本设置字体后的效果。

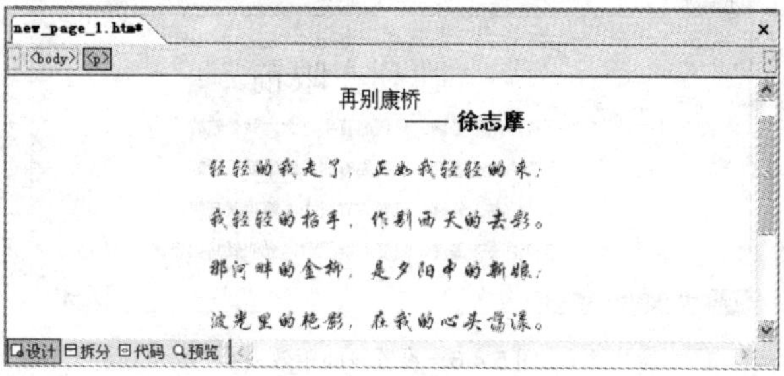

图 5.4.6　文本设置字体后的效果

3. 设置段落

在网页中可能会输入很长的文本，这时就要对段落进行设置和调整，下面主要介绍设置段落的缩进方式、段落的对齐方式和段间距等知识。

（1）设置段落缩进方式。其具体操作步骤如下：

1）打开需要设置段落的网页。

2）选择格式(O)→段落(P)...命令，弹出段落对话框。

3）在缩进和间距选项卡的“缩进”设置区域中的“文本之前”“文本之后”和“首行缩进”微调框中可以设置段落的文本之前间距、文本之后间距和首行缩进字符，如图 5.4.7 所示。

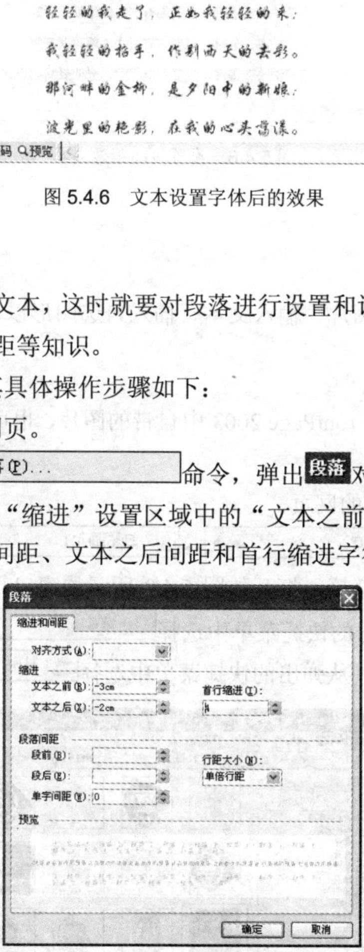

图 5.4.7　“段落”对话框

（2）设置段落对齐方式。其具体操作步骤如下：

1）选中需要设置对齐方式的段落。

2）单击“格式”工具栏中的“两端对齐”按钮，可以使选中的段落两端对齐；单击“居中对齐”按钮，可以使选中的段落居中对齐；单击“右对齐”按钮，可以使选中的段落右对齐。

3）也可以在段落对话框中的“对齐方式”下拉列表框中选择段落的对齐方式。

（3）设置段间距。其具体操作步骤如下：

1）打开需要在文本中设置段间距的网页。

2）在段落对话框的“段落间距”选区中的“段前”和“段后”微调框中设置段落的段前间距和段后间距；在“行距大小”微调框中设置行与行之间的间距；在“单字间距”微调框中设置单字之间的距离。

3）如图 5.4.8 所示为设置段间距效果。

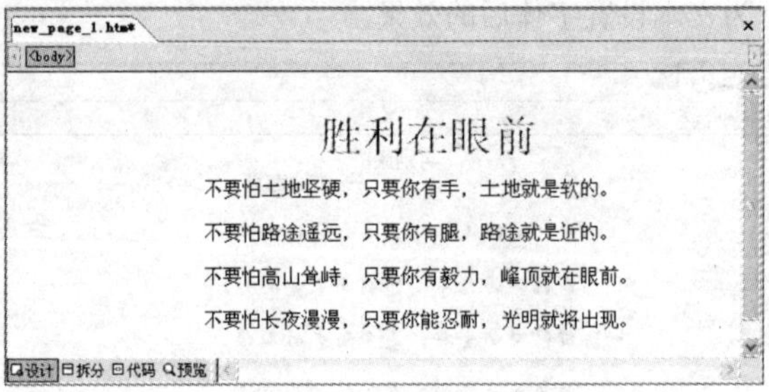

图 5.4.8　设置段间距效果

5.4.2　图片的操作

以下主要介绍在网页中插入图片、输入文本、插入自选图形以及插入艺术字等内容。

1. 插入图片

在网页中插入的图片可以是 FrontPage 2003 中自带的图片，也可以是来自文件的图片。插入图片的具体操作步骤如下：

（1）打开一个需要插入图片的网页。

（2）选择 插入(I) → 图片(P) → 剪贴画(C)... 命令，打开 剪贴画 任务窗格，单击“管理剪辑”超链接，打开如图 5.4.9 所示的窗口，在“Office 收藏集”中选择要插入的图片，单击鼠标右键，从弹出的快捷菜单中选择 复制(C) 命令，最小化该窗口，然后在网页的空白处单击鼠标右键，从弹出的快捷菜单中选择 粘贴(P) 命令。

图 5.4.9　“符号-Microsoft 剪辑管理器”窗口

（3）所有的图片插入完后，单击 收藏夹 - Microsoft 剪辑管理器 窗口中的“关闭”按钮 ✕。

（4）如果要在网页中插入来自文件的图片。选择 插入(I) → 图片(P) → 来自文件(F)... 命令，弹出 图片 对话框，在“查找范围”下拉列表框中选择需要图片的文件夹，如图 5.4.10 所示。

图 5.4.10　“图片”对话框

（5）选择需要的图片，单击 插入(S) 按钮。

（6）在网页中插入图片后的效果如图 5.4.11 所示。

2．插入文本

在 FrontPage 2003 中插入文本的具体操作步骤如下：

（1）单击“常用”工具栏中的“绘图”按钮，打开“绘图”工具栏。

（2）单击“绘图”工具栏中的“文本框”按钮，将鼠标移动到网页中，当光标变成“十”形状时，拖动鼠标绘制文本框。

（3）在文本框中输入文字，效果如图 5.4.12 所示。

图 5.4.11　插入图片效果

图 5.4.12　输入文字

3．插入自选图形

（1）单击“常用”工具栏中的 自选图形(U) 按钮。

（2）从弹出的快捷菜单中选择相应的命令，并在其子菜单中选择需要插入的自选图形。

（3）将鼠标移动到网页中，当光标变成“十”形状时，拖动鼠标绘制自选图形。

4．插入艺术字

插入艺术字的具体操作步骤如下：

（1）打开需要插入艺术字的网页。

（2）选择 插入(I) → 图片(P) → 艺术字(W)... 命令，弹出 艺术字库 对话框，在“请选择一种‘艺术字’样式”列表框中选择一种艺术字样式，如图 5.4.13 所示。

（3）单击 确定 按钮，弹出**编辑“艺术字”文字**对话框，在“文字”文本框中输入要插入的艺术字，并设置其字体及字号大小，如图 5.4.14 所示。

图 5.4.13 “艺术字库”对话框

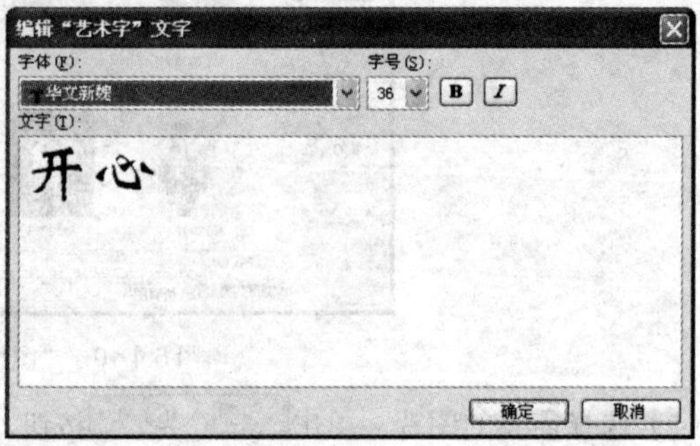

图 5.4.14 “编辑‘艺术字’文字”对话框

（4）单击 确定 按钮，插入艺术字后的效果如图 5.4.15 所示。

图 5.4.15 插入艺术字效果

5.4.3 设置网页背景

设置网页背景的具体操作步骤如下：

（1）新建一个框架网页，如图 5.4.16 所示。

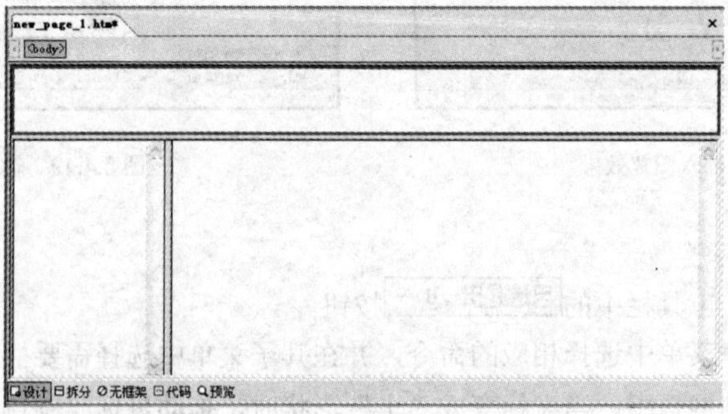

图 5.4.16 新建框架网页

（2）选中最上方的框架网页，如图 5.4.16 所示。然后选择 格式(O) → 背景(K)... 命令，弹出**网页属性**对话框，在 格式 选项卡中选中 ☑背景图片(I) 复选框，如图 5.4.17 所示。

（3）单击 浏览(B)... 按钮，弹出**选择背景图片**对话框，在“查找范围”下拉列表框中选择需要的图片，单击 打开(O) 按钮。

（4）为最上方的网页设置背景后的效果如图 5.4.18 所示。

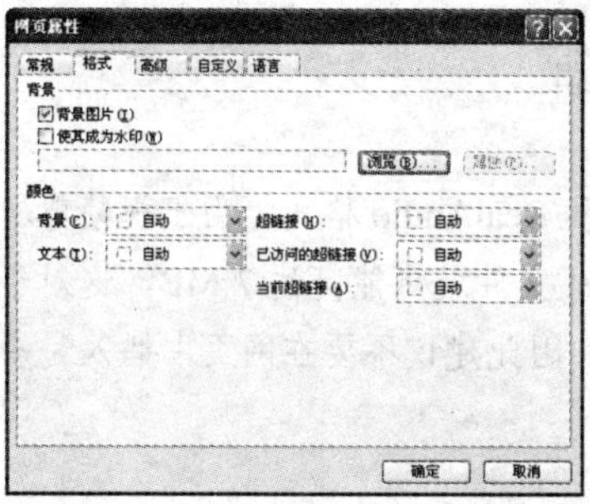

图 5.4.17　“网页属性”对话框

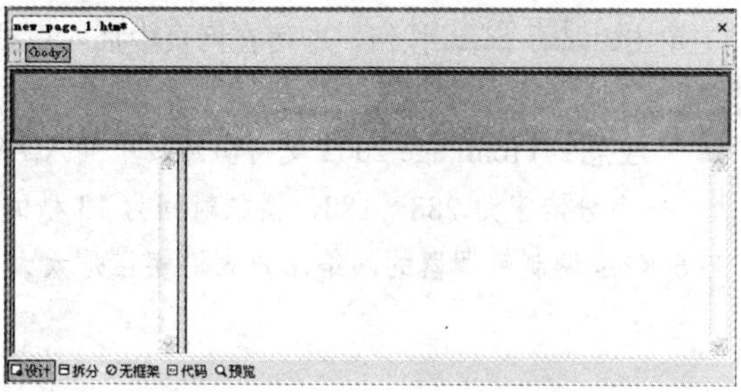

图 5.4.18　设置网页背景后的效果

（5）按照步骤（2）～（4）的方法，依次选择左侧的框架网页、右侧的框架网页，并为其设置背景。

5.4.4　在网页中插入背景音乐和视频剪辑

本小节主要介绍如何在网页中插入背景音乐和视频剪辑。

1．插入背景音乐

为了使网页更加生动活泼，可以在网页中插入背景音乐，其操作步骤如下：

（1）打开需要插入背景音乐的网页。

（2）选择 格式(O) → 属性(T) Alt+Enter 命令，或者在网页空白处单击鼠标右键，从弹出的快捷菜单中选择 网页属性(A)... 命令，弹出 **网页属性** 对话框，如图 5.4.19 所示。

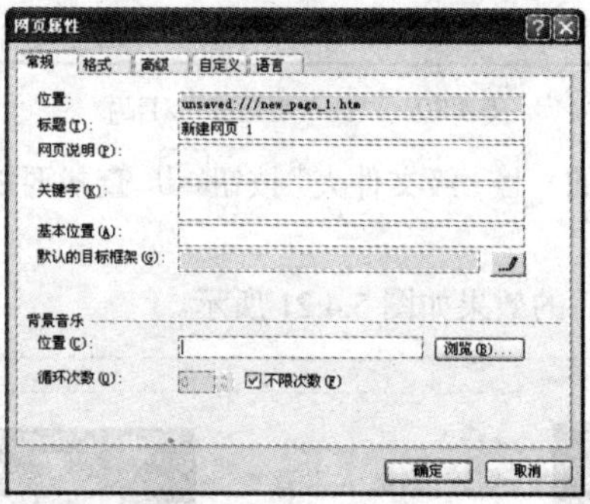

图 5.4.19　“网页属性”对话框

（3）在 常规 选项卡的“背景音乐”选区中单击 浏览(B)... 按钮，弹出 **背景音乐** 对话框，在“查找范围”下拉列表框中选择需要插入的音乐文件，单击 打开(O) 按钮。

提示： 在 FrontPage 2003 中可以插入背景音乐的文件格式有 WAV，MID，RAM，RA，AIF 和 AU 等。

2．插入视频剪辑

在网页中插入视频剪辑，它不仅可以连续播放，而且也有画面和声音，其操作方法如下：

（1）打开需要插入视频剪辑的网页。

（2）选择 插入(I) → 图片(P) → 视频(V)... 命令，弹出 **视频** 对话框，在

“查找范围”下拉列表框中选择需要插入的视频剪辑。

（3）单击 打开(O) 按钮，即可在网页中插入视频剪辑。

注意：FrontPage 2003 支持向网页中插入 AVI 和 RealAudio 格式。由于视频剪辑的文件非常庞大，一个分辨率为 288×180，播放时间为 13 秒的 AVI 文件就可能高达 7 MB，这对于目前大量使用 33.6 Kb/s 调制解调器的网络用户来讲实在是太大了，因此建议不要在网页中插入过多的视频剪辑。

5.4.5 创建超链接

在网页中可以对图片、文本创建超链接，创建超链接的方法如下：

（1）打开需要创建超链接的网页。

（2）选中需要创建超链接的文本或图片。

（3）选择 插入(I) → 超链接(I)... Ctrl+K 命令，或者单击“常用”工具栏中的“插入超链接”按钮，弹出 插入超链接 对话框，如图 5.4.20 所示。

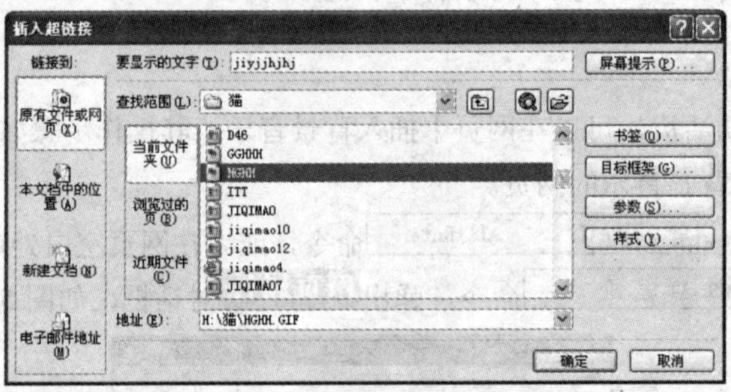

5.4.20 “插入超链接”对话框

（4）单击“查找范围”右侧的“上一级文件夹”按钮，查找要链接的内容，然后单击 确定 按钮。

（5）在网页中创建超链接后的效果如图 5.4.21 所示。

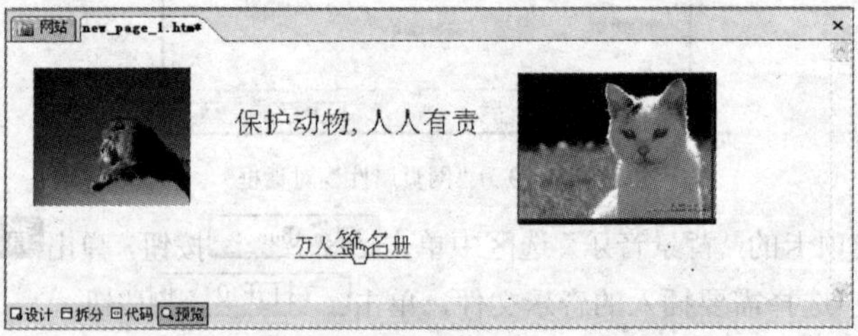

图 5.4.21 创建超链接效果

5.5 网页的高级应用

表格是人们组织和处理数据的常用形式，在网页中插入表格，可以使整个网页的布局井然有序，简洁整齐，而且在表格中还可以插入文本和图片。表单是实现网络交互的重要手段，几乎所有的网站都要使用大量的表单，网络浏览者通过在表单域中输入各种信息，并进行提交操作，服务器将根据输入的信息处理相应的程序。

5.5.1　应用表格

表格的样式有以下两种：一种是插入普通表格，另一种是插入手绘表格。

1．插入普通表格

在 FrontPage 2003 中插入普通表格的具体操作步骤如下：

（1）打开一个需要插入表格的网页。

（2）选择 表格(A) → 插入(I) → 表格(T)... 命令，弹出 插入表格 对话框，如图 5.5.1 所示。

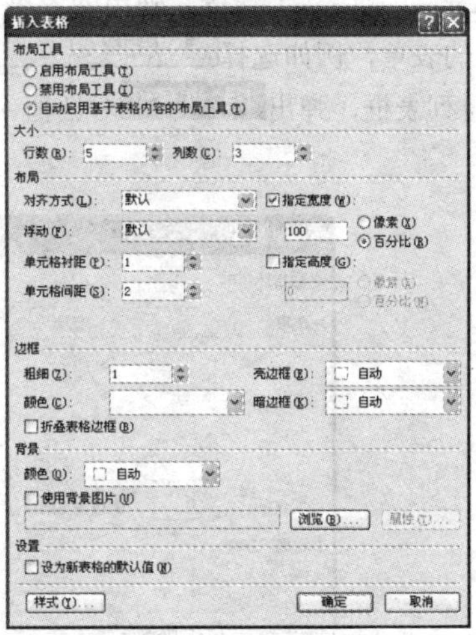

图 5.5.1　“插入表格”对话框

（3）在“大小”选区中的“行数”和“列数”微调框中输入要插入表格的行数和列数；在“边框”选区中的“粗细”微调框中输入表格边框的粗细；在“背景”选区中选中 使用背景图片(U) 复选框，单击 浏览(B)... 按钮，可从弹出的 选择背景图片 对话框中为表格插入图片。

（4）设置完成后单击 确定 按钮。

（5）然后在插入的表格中输入文字，效果如图 5.5.2 所示。

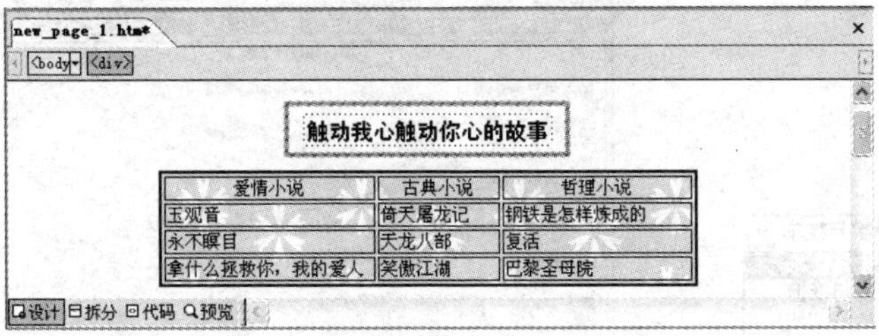

图 5.5.2　插入表格效果

2．插入手绘表格

插入手绘表格的具体操作步骤如下：

（1）打开一个需要插入表格的网页。

（2）选择 表格(A) → 绘制表格(W) 命令，打开“表格”工具栏，如图 5.5.3 所示。

图 5.5.3 “表格”工具栏

（3）移动鼠标到网页中，当光标变成“ ”形状时，拖动鼠标即可绘制表格。

5.5.2 应用表单

应用表单的方法很简单，其具体操作步骤如下：

（1）打开需要应用表单的网页。

（2）选择 插入(I) → 表单(R) 命令，弹出的表单菜单如图 5.5.4 所示。

（3）在表单菜单中选择需要的表单，例如选择 下拉框(D) 命令，在网页中将自动出现一个下拉列表框的样式，双击该下拉列表框，弹出 下拉框属性 对话框，如图 5.5.5 所示。

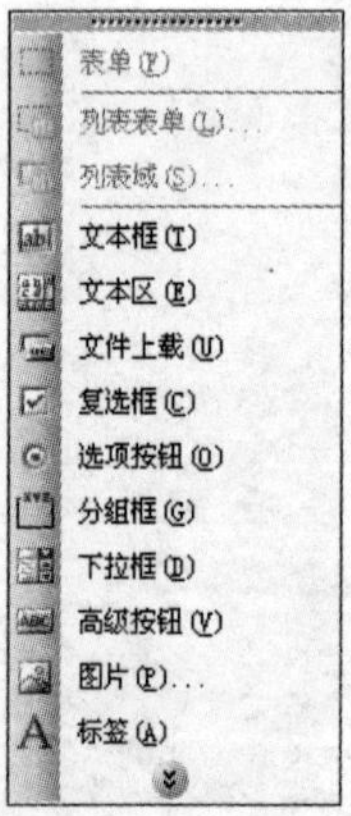

图 5.5.4 表单菜单

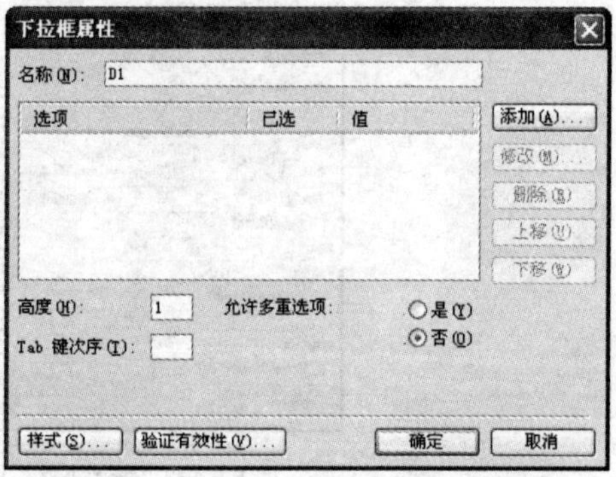

图 5.5.5 “下拉框属性”对话框

（4）单击 添加(A)... 按钮，在弹出的 添加选项 对话框中输入要添加的内容。

（5）单击 确定 按钮，返回到 下拉框属性 对话框中，再单击 添加(A)... 按钮，继续添加内容，最后再单击 确定 按钮，即可将添加的内容显示在下拉列表框中，如图 5.5.6 所示。

（6）如图 5.5.7 所示为一个应用表单制作的注册表。

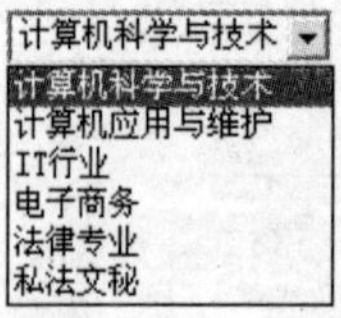

图 5.5.6 下拉列表框

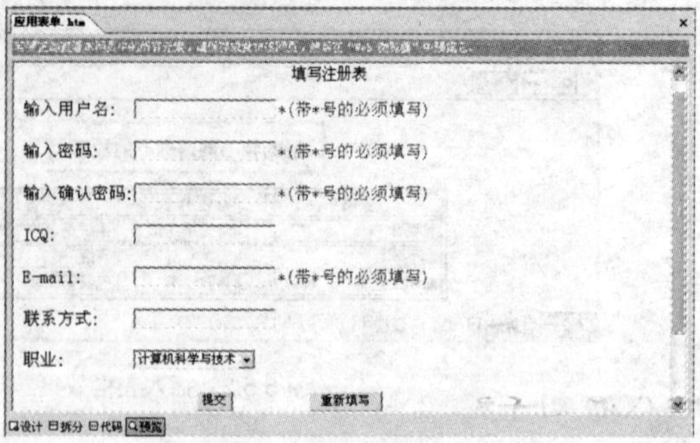

图 5.5.7 应用表单制作的注册表

5.6　使用 Web 组件

本节主要介绍 Web 组件的使用，包括创建网站计数器、插入滚动字幕和设置交互式按钮。

5.6.1　创建网站计数器

网站计数器是动态网页中经常使用的一种网页元素，主要功能是显示网站被访问的次数，其操作步骤如下：

（1）打开一个需要插入计数器的网页。

（2）选择 插入(I) → Web 组件(C)... 命令，弹出 插入 Web 组件 对话框。

（3）在“组件类型”列表框中选择 计数器 选项，在“选择计数器样式”列表框中选择“黑底绿色数字”，如图 5.6.1 所示。

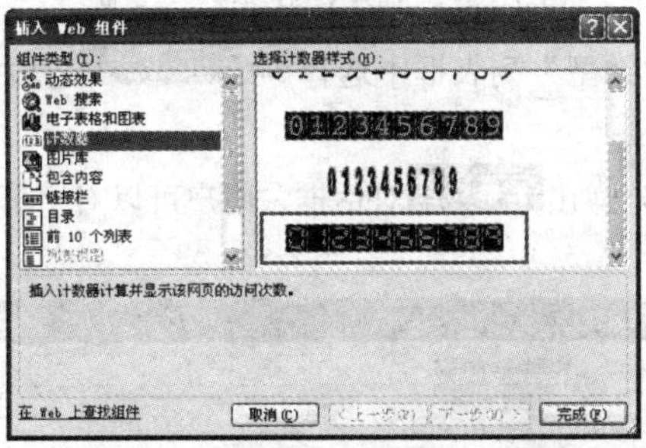

图 5.6.1　“插入 Web 组件”对话框

（4）单击 完成(F) 按钮，弹出 计数器属性 对话框，在“计数器样式”选区中选择计数器样式；如果要将计数器设置为某个特定的数字，选中 ☑计数器重置为(R) 复选框，并在其后的文本框中输入数字；如果要在计数器中显示固定位数的数字，则选中 ☑设定数字位数(F) 复选框，并在其后的文本框中输入数字。

（5）设置完成后单击 确定 按钮，网页中将显示创建的计数器，如图 5.6.2 所示。

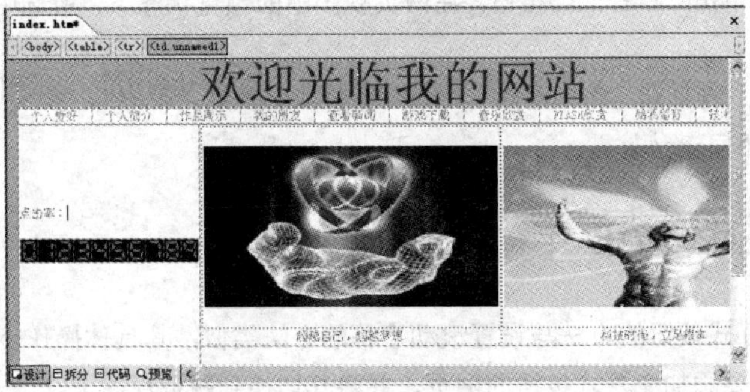

图 5.6.2　创建计数器效果

5.6.2　插入滚动字幕

在网页中插入滚动字幕可以使网页中的文本具有动态效果，它也是网页中比较常用的一种动态组件，插入滚动字幕的具体操作步骤如下：

（1）打开一个需要添加滚动字幕的网页，并将其切换到网页视图下。

（2）在网页视图下输入要滚动的文字。

（3）选中该文字，然后选择 插入(I) → Web 组件(C)... 命令，弹出 插入 Web 组件 对话框，如图 5.6.3 所示。

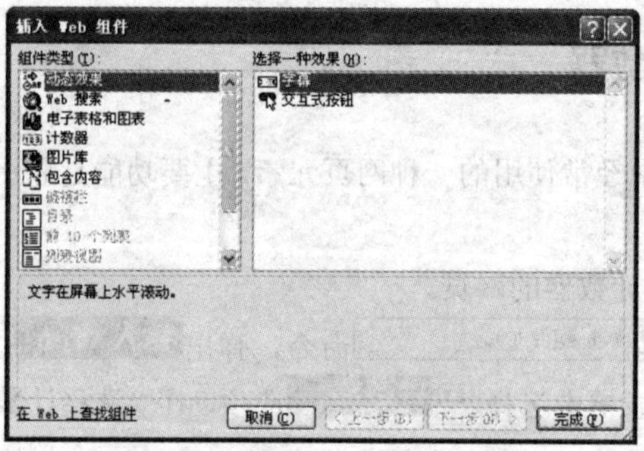

图 5.6.3 “插入 Web 组件”对话框

（4）在该对话框的“组件类型”列表框中选择 动态效果 选项，在“选择一种效果”列表框中选择 字幕 选项。

（5）单击 完成(F) 按钮，弹出 字幕属性 对话框，用户可以对字幕的方向、速度、表现方式以及背景色进行设置。

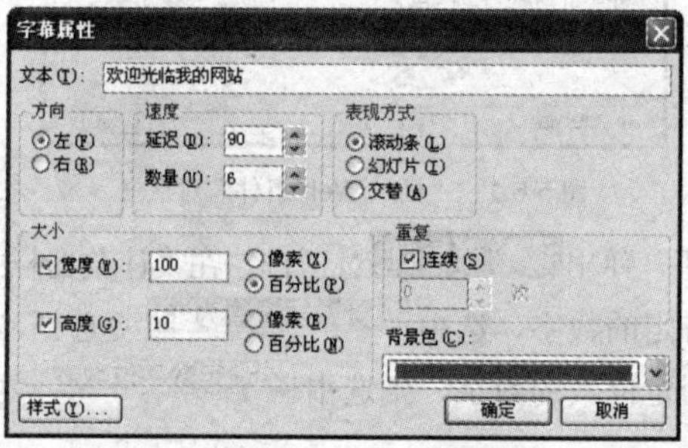

图 5.6.4 “字幕属性”对话框

（6）设置完成后单击 确定 按钮，在网页视图中的预览状态下，所选中的文字将进行滚动。

提示：用户可以在“表现方式”选区中分别选中 滚动条(L)、幻灯片(I) 和 交替(A) 单选按钮，设置文字的不同滚动效果。

5.6.3 设置交互式按钮

在网页中设置交互式按钮的方法与设置滚动字幕的方法类似，其具体操作步骤如下：

（1）打开一个需要添加交互式按钮的网页，并将其切换到网页视图下。

（2）用鼠标选中需要添加交互式按钮的位置。

（3）选择 插入(I) → Web 组件(C)... 命令，弹出 插入 Web 组件 对话框。

（4）在该对话框的“组件类型”列表框中选择 动态效果 选项，在“选择一种效果”列表框中选择 交互式按钮 选项。

（5）单击 完成(F) 按钮，弹出 交互式按钮 对话框，在 按钮 选项卡的“按钮”列表框中选择需要的交互式按钮，如图 5.6.5 所示。

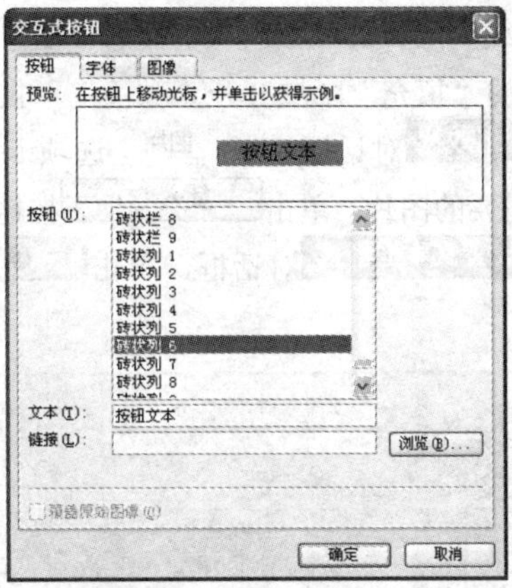

图 5.6.5　“交互式按钮”对话框

（6）单击 确定 按钮，即可在网页中添加交互式按钮。

5.7　应用实例——制作“陕西人才网”的主页

本例制作“陕西人才网”的主页，效果如图 5.7.1 所示。

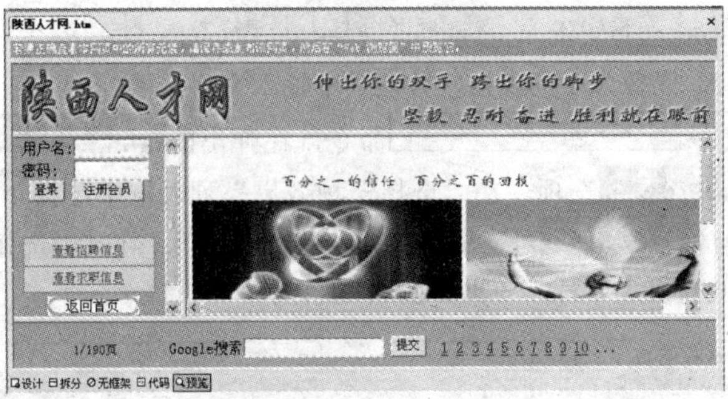

图 5.7.1　效果图

操作步骤

（1）启动 FrontPage 2003，新建一个框架网页。

（2）选择 格式(O) → 背景(K)... 命令，弹出 网页属性 对话框，在 格式 选项卡中的“颜色”区域，打开“背景”下拉列表框，将网页背景颜色设置为淡紫色，效果如图 5.7.2 所示。

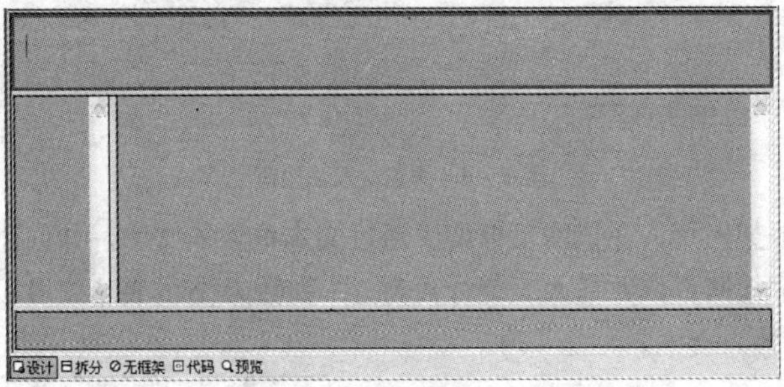

图 5.7.2　设置背景颜色

（3）单击“绘图”工具栏中的“矩形”按钮，在网页中绘制矩形，并双击其矩形框，弹出设置自选图形格式对话框，在“直线”区域的“颜色”下拉列表框中选择无线条颜色命令。

（4）在颜色和线条选项卡中的“填充”区域打开“颜色”下拉列表框，从弹出的列表框中选择填充效果(F)...选项，弹出填充效果对话框，在图片选项卡中单击选择图片(L)...按钮，从弹出的选择图片对话框中选择需要的图片，单击插入(S)按钮，返回到填充效果对话框，再单击确定按钮，最后返回到设置文本框格式对话框，单击确定按钮，网页效果如图 5.7.3 所示。

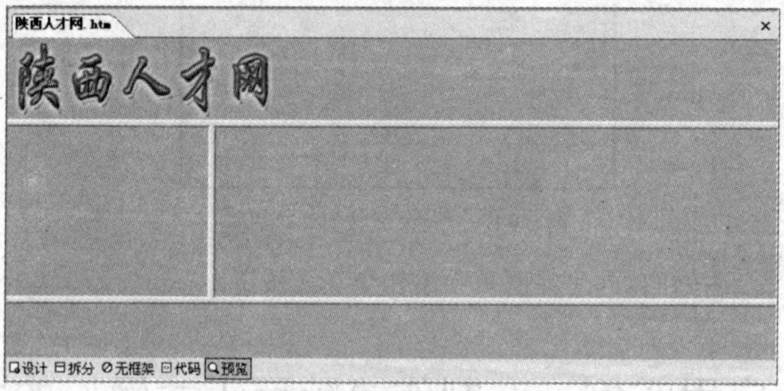

图 5.7.3　添加文本框

（5）选中左侧的网页框架，然后选择插入(I)→表单(R)→文本框(T)和高级按钮(V)命令，在子框架网页中添加表单。

（6）选择表格(A)→插入(I)→表格(T)...命令，在弹出的插入表格对话框中设置一个行数为 2、列数为 1 的表格，并在其中输入文字。

（7）选择插入(I)→Web 组件(C)...命令，在弹出的插入 Web 组件对话框的“组件类型”列表框中选择动态效果选项，在“选择一种效果”列表框中选择交互式按钮选项，单击完成(F)按钮，在弹出的交互式按钮对话框中打开按钮选项卡，在其中选择一种按钮样式，在“文本”文本框中输入“返回首页”字样，效果如图 5.7.4 所示。

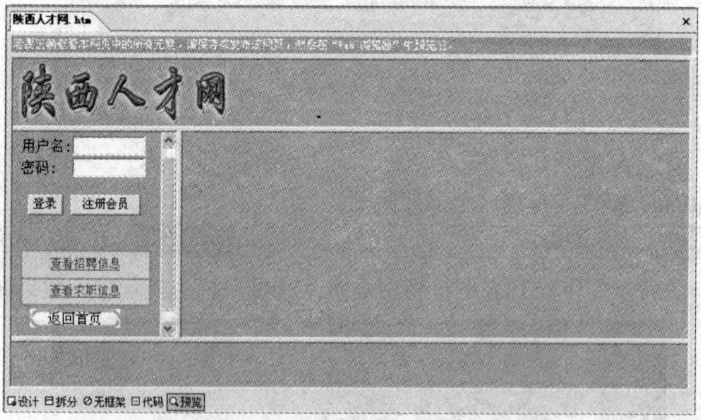

图 5.7.4　添加交互式按钮

（8）选中下方的框架网页，在该网页框架中通过文本框添加文字，并创建一个文本框表单。

（9）选中右侧的框架网页，并插入一个行数为 2，列数为 1 的表格，并设置表格的背景颜色为淡黄色，然后在表格中输入文字。

（10）分别选中第一行和第二行的文字，然后选择插入(I)→Web 组件(C)...命令，在弹出的插入 Web 组件对话框的“组件类型”列表框中选择动态效果选项，在“选择一种效果”列表框中选择字幕选项，单击完成(F)按钮。

（11）弹出字幕属性对话框，在“表现方式”选区中依次选中滚动条(L)和交替(A)单选按钮，设置滚动字幕后的网页效果如图 5.7.5 所示。

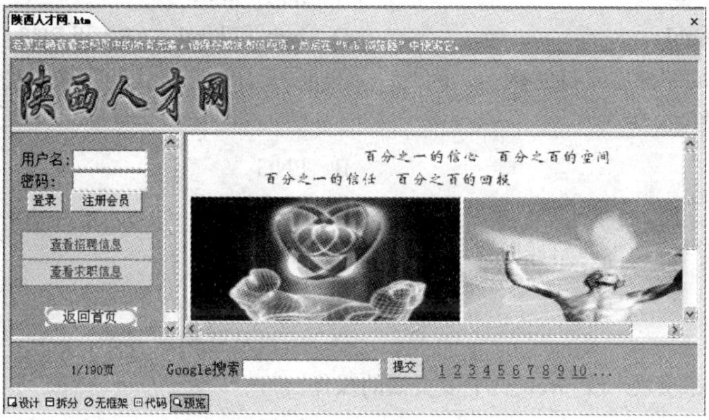

图 5.7.5　添加滚动字幕

（12）在滚动文字的下方通过矩形框在网页中插入图片。

（13）分别选中最上方的框架网页和右侧的框架网页，单击“绘图”工具栏中的“文本框”按钮，在网页中绘制文本框，并在其中输入文字。

（14）选中右侧的框架网页，并分别选中“查看招聘信息”“查看求职信息”字样，然后单击“常用”工具栏中的“插入超链接”按钮，在弹出的插入超链接对话框中为文字创建超链接。制作完成后网页的最终效果如图 5.7.1 所示。

本 章 小 结

本章主要介绍了 FrontPage 2003 入门知识、FrontPage 2003 的视图方式、网页与站点的基本操作、编辑网页、网页的高级应用、使用 Web 组件等内容。通过本章的学习，用户可以利用 FrontPage 2003 创建功能强大的网站，还可以设计网站、开发网站、发布网站等操作。

实 训 练 习

一、填空题

1．FrontPage 2003 的主要新增功能包括__________、__________、__________、发布网站以及维护网站。

2．FrontPage 2003 的 7 种视图分别为__________、__________、__________、__________、__________、__________和__________。

3．如果要在网页中插入表单，应选择__________菜单项的__________命令。

4．在 FrontPage 2003 中可以插入背景音乐的文件格式有__________和__________。

5．框架网页是一种特殊的__________网页，它可将浏览器窗口分为不同的框架。

二、选择题

1．网页的后缀名在保存网页时非常重要，一般只能用（ ）两种。

A．doc 和 htm　　B．jpg 和 html

C．htm 和 html　　D．htm 和 html，ASP 和 PHP

2．JPEG 格式的图像不支持透明色，因此，如果要对 JPEG 格式的图像增加透明色，必须先转换成（ ）格式的图像。

A．BMP　　B．PNG

C．GIF　　D．PCD

3．站点计数器只能从零开始计数（ ）。

A．正确　　B．应该

C．不清楚　　D．可以从任何数开始

4．利用（ ）来实现一个 Web 页中多页面的操作。

A．组件　　B．框架

C．主题　　D．样式

三、简答题

1．FrontPage 2003 有哪几种视图方式？

2．什么是框架网页？怎样快速创建框架网页？

3．怎样设置网页的过渡效果？

四、上机操作题

启动 FrontPage 2003 应用程序，进行如下操作：

（1）创建一个框架网页。

（2）分别在每个子框架中设置网页背景。

（3）在其中一个子框架中设置滚动字幕。

（4）在最大的子框架中插入图片、文本框、艺术字等制作网页。

（5）在其他的子框架中插入表格，输入文本，并进行超链接。

（6）在网页中插入表单。

第 6 章　中文 Outlook 2003 的基本操作

Outlook 2003 是 Microsoft 公司推出的 Office 套件之一，它是一种桌面信息管理程序，它不仅可以跟踪活动，还可以管理个人和商务信息，例如电子邮件、约会、联系人和任务等。本章主要介绍初识 Outlook 2003、Outlook 2003 的基本操作、管理电子邮件、设置日历、记录日记和使用便笺等内容。

知识要点

- 初识 Outlook 2003
- Outlook 2003 的基本操作
- 管理电子邮件
- Outlook 2003 的其他管理功能

6.1　初识 Outlook 2003

Outlook 2003 是 Office 2003 系列应用软件中创建、组织和处理各种信息的中心，它集成了以前的 Exchange，Schedule 以及日历等功能，用以处理与工作密切相关的信息，如日程安排、电子邮件往来、会议日程、约会的安排、存储通信录、写便笺和日记。本节主要介绍 Outlook 2003 的新增功能、启动与退出、窗口简介等内容。

6.1.1　Outlook 2003 的新增功能

Outlook 2003 的主要新增功能包括：支持 XML 文档、增强的可读性、支持墨迹设备、改进的文档保护、并排比较文档、文档工作区、信息版权管理、增强的国际功能和其他新增功能。

1．支持 XML 文档

现在 Word 允许以 XML 格式保存文档，因此用户可将文档内容与其二进制（.doc）格式定义分开。文档内容可以用于自动数据采集和其他用途。文档内容可以通过 Word 以外的其他进程搜索或修改，如基于服务器的数据处理。

此外，如果使用 Microsoft Office Professional Edition 2003 或单独的 Microsoft Office Word 2003，用户可以通过“模板和加载项”对话框中的“XML 架构”选项卡将 XML 架构附加到任意文档。用户可以指定架构文件名称，以及是否希望 Word 使用此架构对文档进行验证。

然后，使用“XML 结构”任务窗格将 XML 标记应用于用户的文档中，并查看文档中的 XML 标记。

如果使用 Microsoft Office Professional Edition 2003 或单独的 Microsoft Office Word 2003，用户也可以通过在“域”对话框中指定一个 XPath 表达式作为 IncludeText 域，将 XML 数据嵌入当前文档。如果要以特定方式格式化 XML 数据，则指定一个 XSL 转换。

2. 增强的可读性

Microsoft Office Word 2003 将使计算机上的文档阅读工作变得前所未有的简单。现在 Word 2003 可以根据屏幕的尺寸和分辨率优化显示。同时，一种新的阅读版式视图也提高了文档可读性。

在阅读版式视图时隐藏不必要的工具栏；显示文档结构图和新的缩略图窗格，以便用户快速跳至文档的各个部分；自动在页面上缩放文档内容，以得到最佳的屏幕显示并易于浏览；允许突出显示部分文档并添加批注或进行更改。

3. 支持墨迹设备

如果用户正在使用支持墨迹输入的设备，例如 Tablet PC，用户就可以使用 Tablet 笔以使用 Microsoft Office Word 2003 的手写输入功能。

（1）用手写批注和注释标记文档。

（2）将手写内容写入 Word 文档。

（3）使用 Microsoft Outlook 2003 中的 Wordmail 发送手写电子邮件。

4. 改进的文档保护

在 Microsoft Office Word 2003 中，文档保护可进一步控制文档格式设置及内容。例如，用户可以指定使用特定的样式，并规定不得更改这些样式。当保护文档内容时，用户不再需要将相同的限制应用于每一名用户和整篇文档，用户可以有选择地允许某些用户编辑文档中的特定部分。

（1）限制格式设置。如果用户限制文档的格式设置，则可以防止用户应用用户未明确指定可用的样式。也可以防止用户直接将格式应用于文本（例如，项目符号或编号列表，以及字体格式）。限制格式之后，用于直接应用格式的命令和键盘快捷键将无法使用。

（2）有选择地允许编辑受限制内容。将文档保护为只读或只可批注后，可以将部分文档指定为无限制。还可以授予权限，以允许用户修改无限制的文档。

5. 并排比较文档

有时查看多名用户对同一篇文档的更改是非常困难的，但现在比较文档有了一种新方法——并排比较文档，用户无须将多名用户的更改合并到文档中就能简单地判断出两篇文档间的差异。用户可以同时滚动两篇文档来辨认两篇文档间的差别。

6. 文档工作区

利用文档工作区，可以通过 Microsoft Office Word 2003，Microsoft Office Excel 2003，Microsoft Office PowerPoint 2003 或 Microsoft Office Visio 2003 简化实时的共同协作、编辑和审阅文档。文档工作区站点是围绕一篇或多篇文档的 Microsoft Windows SharePoint Services 站点。同事之间可以轻松地合作处理文档，可以在文档工作区副本上直接进行编辑，也可以在各自的副本上进行编辑并周期性地更新那些已经保存到文档工作区站点副本中的变动。

通常，当用户在使用电子邮件以共享附件的形式发送一篇文档时，即创建了一个文档工作区。作为共享附件的发送者，用户就成为文档工作区的管理员，所有收信人即成为文档工作区的成员，他们被授予在站点工作的权限。

当用户使用 Word，Excel，PowerPoint 或 Visio 打开文档工作区中文档的一个本地副本时，Microsoft Office 程序会周期性地从文档工作区获取更新并通知用户，例如如果其他成员编辑了自己的文档副本并将更改保存到文档工作区，并且这些更改与副本上的更改发生矛盾，用户可以选择保存那个副本。

当用户完成对副本的编辑后，可以将自己的更改保存到文档工作区，其他成员将可以看到自己的更改，并可以将其合并到他们的文档副本中。

7．信息版权管理

现在，只有通过限制对存放敏感信息的网络或计算机的访问才能控制敏感信息。一旦用户具有访问权限，就无法保证文档内容会被如何更改，也无法保证文档会被传播到何处。这个特点使得敏感信息很容易被传送到没有访问权限的用户手中。Microsoft Office 2003 提供了信息版权管理（IRM），这种新功能有助于避免敏感信息落入没有权限的用户手中。

用户可以授予其他用户阅读和更改的访问权限，并设定内容的有效期。用户也可以删除文档、工作簿或演示文稿的受限许可。

此外，企业管理员可以创建应用于 Microsoft Office Word 2003，Microsoft Office Excel 2003 和 Microsoft Office PowerPoint 2003 的许可策略。这些策略指定谁可以访问信息以及对一个文档、工作簿或演示文稿，用户具有什么样的编辑级别或 Office 能力。

收到内容的用户如果具有受限许可，就可以方便地打开文档、工作簿或演示文稿。如果用户没有安装 Office 2003 或更高的版本，可以下载一个允许查看内容的程序。

注意： 可以使用仅在 Microsoft Office Professional Edition 2003，Microsoft Office Word 2003，Microsoft Office Excel 2003 和 Microsoft Office PowerPoint 2003 中具有的“信息权限管理”来创建带限制权限的内容。

8．增强的国际功能

Microsoft Office Word 2003 为创建使用其他语言的文档和在多语言设置下使用文档提供了更强的功能。

根据特定语言的要求，邮件合并会根据收件人的性别选择正确的问候语格式。邮件合并也能根据收件人的地理区域设置地址格式。

增强的排版功能实现了更好的多语言文本显示。Word 2003 支持更多 Unicode 编码范围并能更好地支持音调符号组合。

9．其他新增功能

（1）Office 的新外观。Microsoft Office 2003 有一个开放而又充满活力的新外观。此外用户可以使用经优化的新任务窗格，新任务窗格包括“开始工作”“帮助”“搜索结果”“共享工作区”“文档更新”和“信息检索”。

（2）支持 Tablet PC。在 Tablet PC 中，可以通过手写方式快速、直接地在 Office 文档中输入手写内容，如同用笔在纸上进行书写。此外，现在可以在水平方向查看任务窗格，以便于在 Tablet PC 上进行工作。

（3）“信息检索”任务窗格。如果可以接入 Internet，新的“信息检索”任务窗格可为用户提供一系列参考信息和扩充资源，用户可使用百科全书、Web 搜索或通过访问第三方内容搜索特定主题的内容。

（4）Microsoft Office Online。在所有的 Microsoft Office 程序中更好地集成了 Microsoft Office Online，以便用户可以在工作时更充分地利用网站提供的帮助。用户可以通过 Web 浏览器直接访问 Microsoft Office Online 或使用 Office 程序的不同任务窗格和菜单中的链接进行访问，以查阅文章、提示、剪贴画、模板、联机培训、下载和服务，以增强用户使用 Office 程序的能力。根据自身和其他 Office 用户的直接反馈和特定的要求，网站会定期更新内容。

（5）改善客户服务质量。Microsoft 致力改善其软件和服务的质量、可靠性和性能。“客户体验改善计划”将允许 Microsoft 收集用户硬件配置信息，以及用户使用 Microsoft Office 程序及服务方式的相关信息，以确定用户的整体状况和使用模式。用户可以选择是否参与该计划，并且资料收集完全是匿名的。此外，经过改进的错误报告和错误信息使用户能够更方便地报告错误，并在遇到问题时获取最有帮助的关于错误警告的信息。最后，通过连接 Internet，用户可以为 Microsoft 提供有关 Office 程序、帮助内容或 Microsoft Office Online 内容的用户反馈。Microsoft 将根据用户反馈不断地添加和改善内容。

6.1.2 Outlook 2003 的启动与退出

下面主要介绍 Outlook 2003 的启动与退出。

1．Outlook 2003 的启动

通常启动 Outlook 2003 应用程序有以下 3 种方法：

（1）单击 开始 按钮，选择 所有程序(P) → Microsoft Office → Microsoft Office Outlook 2003 命令，启动 Outlook 2003 应用程序，如图 6.1.1 所示。

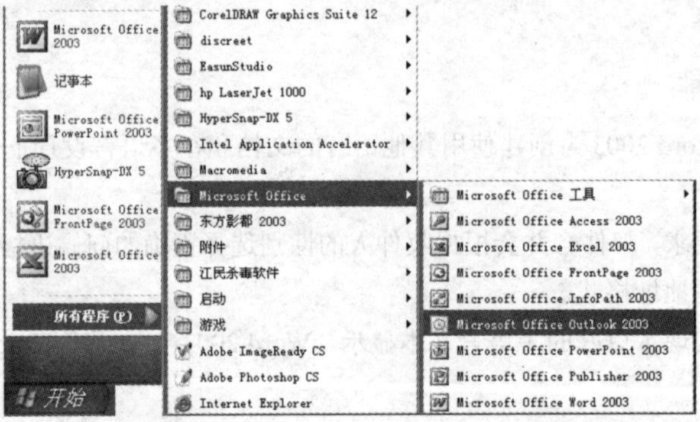

图 6.1.1 选择“Microsoft Office Outlook 2003”命令

（2）双击桌面上的快捷图标 Microsoft Office Ou...，即可快速启动 Outlook 2003 应用程序，如果桌面上还没有创建快捷方式，则需要在 Microsoft Office Outlook 2003 命令中单击鼠标右键，从弹出的快捷菜单中选择 发送到(N) → 桌面快捷方式 命令，将快捷图标发送至桌面，然后双击即可。

（3）选择 开始 → 运行(R)... 命令，弹出 运行 对话框，在该对话框中输入“Outlook”软件名称，如图 6.1.2 所示，然后单击 确定 按钮，即可启动 Outlook 2003 应用程序。

图 6.1.2 “运行”对话框

2．Outlook 2003 的退出

通常退出 Outlook 2003 应用程序的方法有以下 3 种：

（1）选择 文件(F) → 退出(X) 命令，即可退出 Outlook 2003 应用程序。

（2）单击标题栏右上角的“关闭”按钮，退出 Outlook 2003 应用程序。

（3）按“Alt+F4”组合键，即可快速退出 Outlook 2003 应用程序。

6.1.3　Outlook 2003 的窗口简介

启动 Outlook 2003 应用程序以后，打开的窗口如图 6.1.3 所示。它主要由标题栏、菜单栏、工具栏、导航窗格、状态栏和文件夹窗体组成。

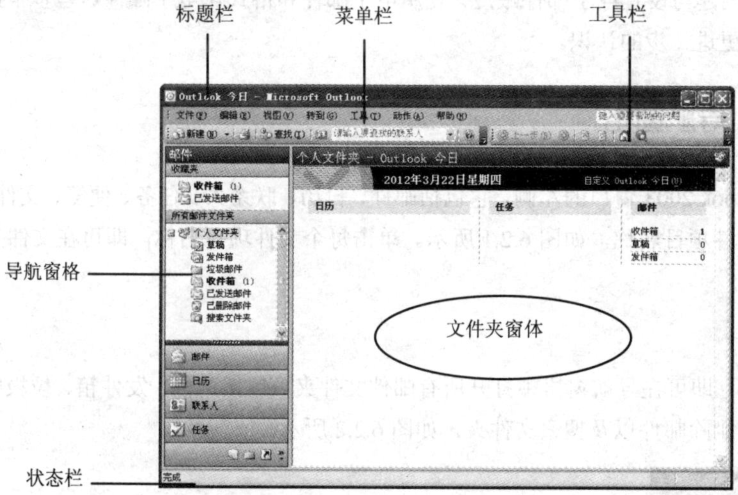

图 6.1.3　Outlook 2003 窗口

（1）标题栏：标题栏位于 Outlook 2003 窗口的最上方，它包括 3 个内容，最左端是当前文件夹名称；右侧显示为应用程序名称；最右端是“最小化”按钮、“最大化”按钮和“关闭”按钮。

（2）菜单栏：菜单栏位于标题栏的下方，它几乎包括了 Outlook 2003 应用程序中的所有命令，用户可以通过选择其相应的命令来完成 Outlook 2003 中的所有操作，并可以通过选择最后一个 帮助(H) 菜单项，打开 Outlook 帮助 任务窗格，如图 6.1.4 所示。通过其任务窗格可以查找在操作过程中遇到的问题。

图 6.1.4　“帮助”任务窗格

（3）工具栏：工具栏位于菜单栏的下方，它是将 Outlook 2003 常用的一些命令，以图标的形式集中排列在一起，可以通过单击这些图标按钮快速完成相关操作。

（4）导航窗格：导航窗格主要列出了各个文件的项目名称，如邮件、日历、联系人和任务等，单击相应的文件夹项目名称，即可打开相应的文件夹列表。

（5）状态栏：状态栏位于窗口的最下方，主要用于显示当前进行的操作和查看项目信息。

（6）文件夹窗体：它占据窗体中最大的空间，用于显示文件夹的具体内容。

提示：（1）如果要查看一个工具栏按钮的功能，将鼠标指针放在任一个工具栏按钮的上方，其功能将显示出来。

（2）在 Outlook 2003 窗口中，菜单栏上的某些菜单项的内容与工具栏上具体项目所选择的文件夹是相关的，在不同的文件夹中有不同的菜单和工具栏内容。

6.2 Outlook 2003 的基本操作

在 Internet 日益发展的今天，电子邮件已经成为人们办公和交流不可缺少的工具，下面就主要介绍 Outlook 导航窗格、创建与设置电子邮件账户、使用电子邮件和格式化电子邮件这些基本操作，使用户对 Outlook 有一个更进一步的认识。

6.2.1 Outlook 导航窗格

导航窗格位于 Outlook 2003 窗口的左侧，它包括邮件、日历、联系人、任务、便笺、文件夹列表、快捷方式和日记 8 个文件项目名称，如图 6.2.1 所示。单击每个文件项目名称，即可在文件夹窗体中显示不同的内容。

1. 邮件

单击邮件项目名称，即可在导航窗格中打开所有邮件文件夹，包括草稿、发件箱、垃圾邮件、收件箱、已发送邮件和已删除邮件以及搜索文件夹，如图 6.2.2 所示。

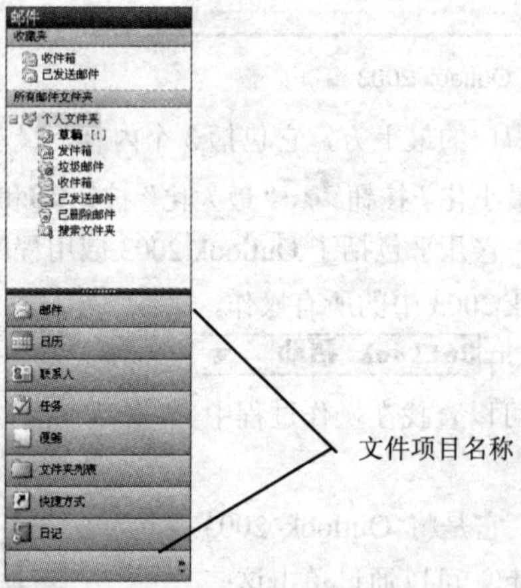

图 6.2.1 导航窗格

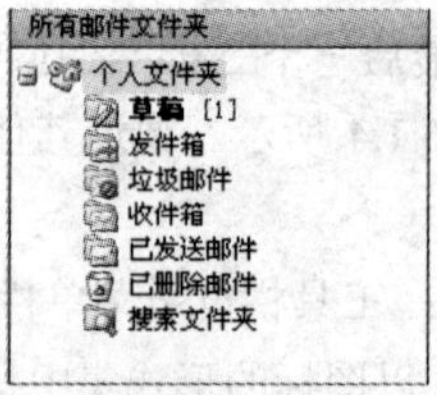

图 6.2.2 “所有邮件文件夹”列表

（1）草稿：主要用于起草电子邮件，可以保存要发送但还没有写完的邮件，也可以保存已经完成待以后要发送的邮件，还可以保存完成后并不准备发送的邮件等。

（2）发件箱：主要用于存放已经发出但还没有交给邮件服务器的邮件。在计算机与邮件服务器未链接以前，邮件将保存在“发件箱”中。

（3）垃圾邮件：主要用于存放一些被删除或无用的垃圾邮件，并且可以由用户指定不接收哪些形式的邮件。

（4）收件箱：主要用于存放接收到的邮件，可以是没有阅读的邮件，也可以是已经阅读但还保存在收件箱中的邮件。

（5）已发送邮件：主要用于存放一些已经发送出的邮件，可以在需要的时候进行查阅，如果对方没有收到此邮件时，可以再次发出。

（6）已删除邮件：主要用于存放一些被用户删除的邮件，这些邮件也可以进行查阅，只要不清除此文件夹，已删除的邮件还可以恢复，但是一旦清除，文件将被永久删除。

2. 日历

单击日历项目名称，既可在文件夹窗体中显示出近一天或一周内的约会，也可以在此处创建新的约会记录。在该窗体中还可以协调用户和他人的日历，自动安排会议等。

3. 联系人

单击联系人项目名称，即可打开导航窗格中的“当前视图”列表，包括 ◉ 地址卡 、◉ 详细地址卡 、◉ 电话列表 等单选按钮，用户可以通过选中不同的单选按钮，打开不同的文件夹窗体。联系人的主要作用是用于保存用户在处理业务或私人交往中人员的信息，包括姓名、年龄、电话号码和电子邮件等。它相当于一个电话簿。

4. 任务

单击任务项目名称，打开其文件夹窗体，在其中可以创建、保存和管理任务，主要任务包括主题、开始时间、截止时间和状态等，也可以设置在任务开始前多长时间时提醒用户，还可以设置提醒时的声音文件。在提醒用户时会在 Windows 任务栏上显示提醒标志，在屏幕上出现一个提醒对话框，并发出某种声音以提醒用户。

5. 便笺

Outlook 2003 中的便笺和现在生活中用到的纸便笺功能相同，主要用于记录一些小提示、生活感悟或给朋友的留言等，但 Outlook 2003 中的便笺比纸便笺更具有条理性。

6. 文件夹列表

单击文件夹列表项目名称，可以打开所有文件夹列表，其中列出了个人文件夹中的所有文件。

7. 快捷方式

单击快捷方式项目名称，用户可以在此根据自己的需要添加新组或新的快捷方式。

8. 日记

单击日记项目名称，打开日记文件夹窗体，它可以保存已经完成的各种活动的记录、所打的电话、开会时间以及做特定工作所花费的时间等，并自动跟踪和记录 Office 应用程序或者文档打开和修改的时间。

6.2.2　创建与设置电子邮件账户

下面主要介绍如何在 Outlook 2003 中创建与设置邮件账户。

1. 创建邮件账户

创建邮件账户的具体操作步骤如下：

（1）启动 Outlook 2003 应用程序。

（2）选择 工具(T) → 电子邮件帐户(A)... 命令，弹出 电子邮件帐户 对话框之（一），如图 6.2.3 所示。

（3）在该对话框中选中 添加新电子邮件帐户(E) 单选按钮，单击 下一步(N) > 按钮，弹出 电子邮件帐户 对话框之（二），如图 6.2.4 所示。

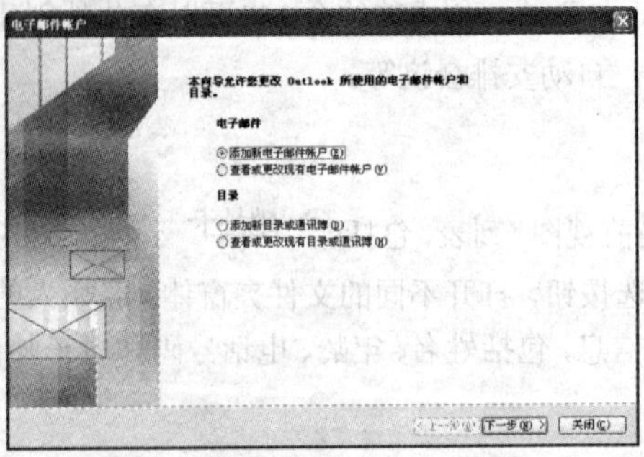

图 6.2.3 “电子邮件账户”对话框之（一）

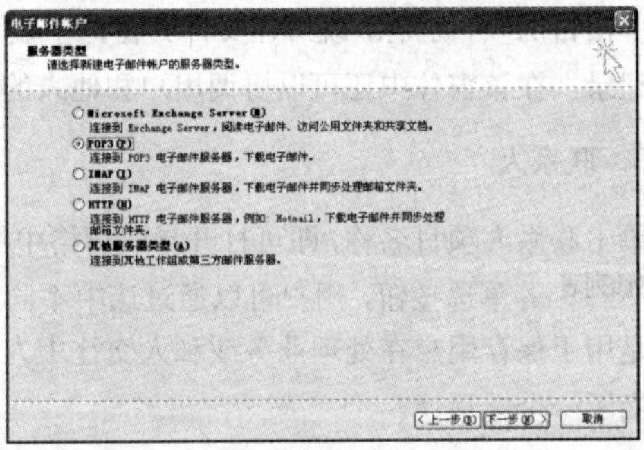

图 6.2.4 “电子邮件账户”对话框之（二）

（4）选中 POP3(P) 单选按钮，单击 下一步(N) > 按钮，弹出 电子邮件帐户 对话框之（三），如图 6.2.5 所示。

（5）在该对话框中根据提示填写相关信息，填写完成后的对话框如图 6.2.6 所示。

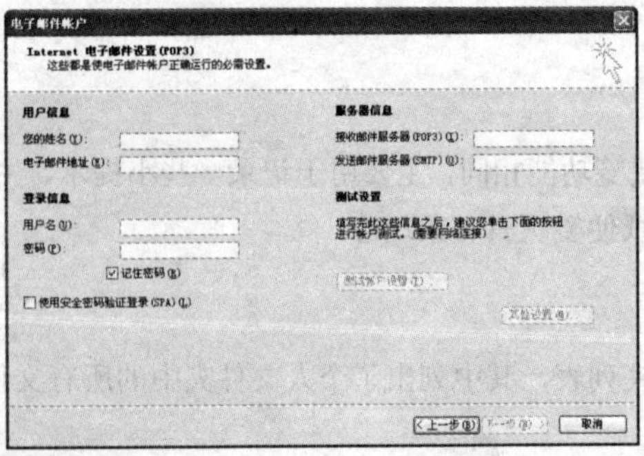

图 6.2.5 “电子邮件账户”对话框之（三）

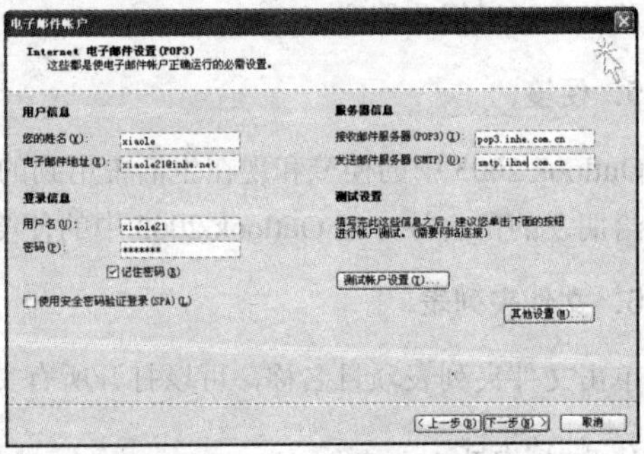

图 6.2.6 填写电子邮件账户

（6）填写完成后单击 下一步(N) > 按钮，弹出 电子邮件帐户 对话框之（四），如图 6.2.7 所示。

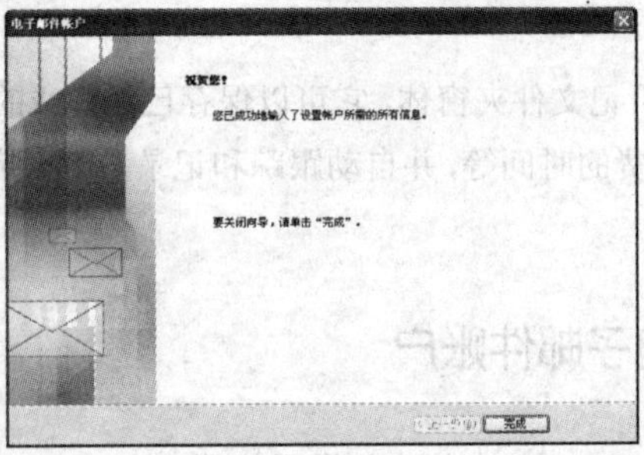

图 6.2.7 “电子邮件账户”对话框之（四）

（7）单击 完成 按钮，即可完成创建邮件账户的操作。

2. 设置电子邮件账户

设置电子邮件账户包括对邮件的更改、添加、删除等操作。

（1）打开创建有电子邮件的 Outlook 2003 应用程序。

（2）选择 工具(T) → 电子邮件帐户(A)... 命令，弹出 电子邮件帐户 对话框，在“电子邮件”选区中选中 查看或更改现有电子邮件帐户(V) 单选按钮。

（3）单击 下一步(N) > 按钮，弹出的 电子邮件帐户 对话框，如图 6.2.8 所示。

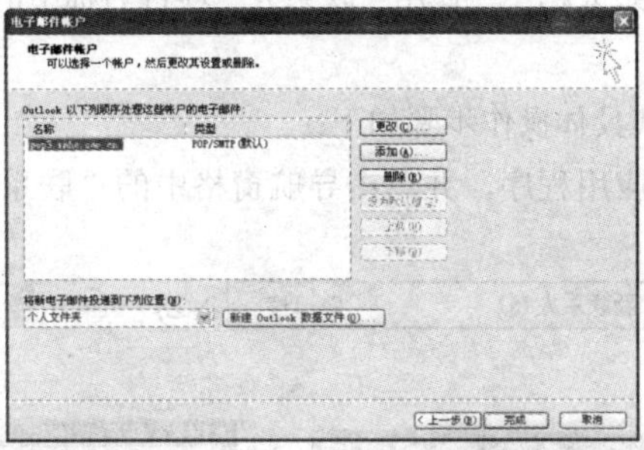

图 6.2.8　“电子邮件账户”对话框

（4）如果要更改已经添加过的电子邮件，在“Outlook 以下列顺序处理这些账户的电子邮件”列表框中选择该邮件，然后单击 更改(C)... 按钮，弹出如图 6.2.6 所示的对话框，在该对话框中更改电子邮件即可。

（5）如果要添加新的电子邮件，在该对话框中单击 添加(A)... 按钮，弹出“电子邮件账户”对话框，用户可以根据提示添加新的电子邮件。

（6）如果要删除某个电子邮件，选中该邮件，单击 删除(R) 按钮。

6.2.3　使用电子邮件

学习 Outlook 2003 就是要学会如何使用电子邮件，下面主要介绍如何创建和发送电子邮件的内容。

1. 创建电子邮件

创建电子邮件的具体操作步骤如下：

（1）启动 Outlook 2003 应用程序。

（2）选择 文件(F) → 新建(W) → 邮件(M) Ctrl+N 命令，或者按“Ctrl+N”快捷键，打开 未命名的邮件 窗口，如图 6.2.9 所示。

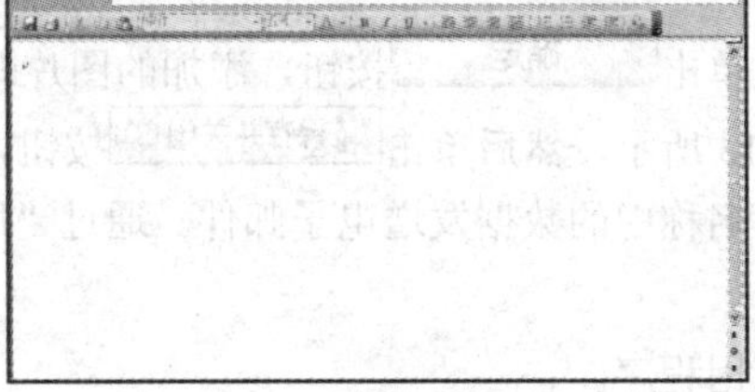

图 6.2.9　“未命名的邮件”窗口

（3）在“收件人”文本框中输入收件人的电子邮件地址，如果要将此邮件同时发送给另外一个人，则在“抄送”文本框中输入另外一个人的电子邮件地址。

（4）在“主题”文本框中输入此信件的主题。

（5）在电子邮件正文中输入邮件内容，如图 6.2.10 所示。

2．发送电子邮件

发送电子邮件包括建立联系人档案、使用“联系人”项目名称中的数据发送电子邮件和回复电子邮件 3 个操作。

（1）建立联系人档案。其具体操作步骤如下：

1）启动 Outlook 2003 应用程序，并单击导航窗格中的“联系人”项目名称，打开联系人文件夹窗体。

2）选择 动作(A) → 新联系人(N) Ctrl+N 命令，弹出 未命名 - 联系人 对话框，如图 6.2.11 所示。

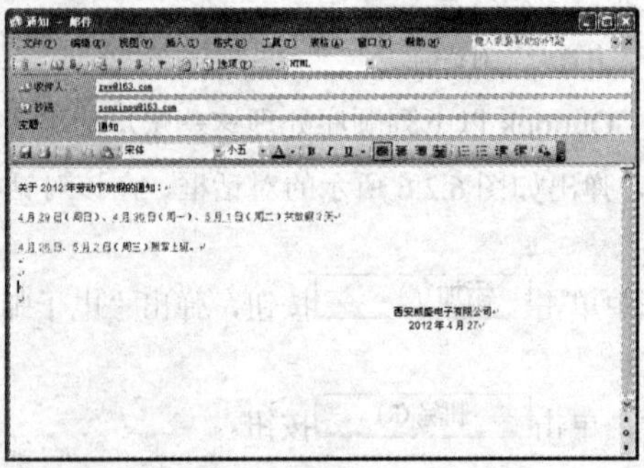

图 6.2.10　创建电子邮件

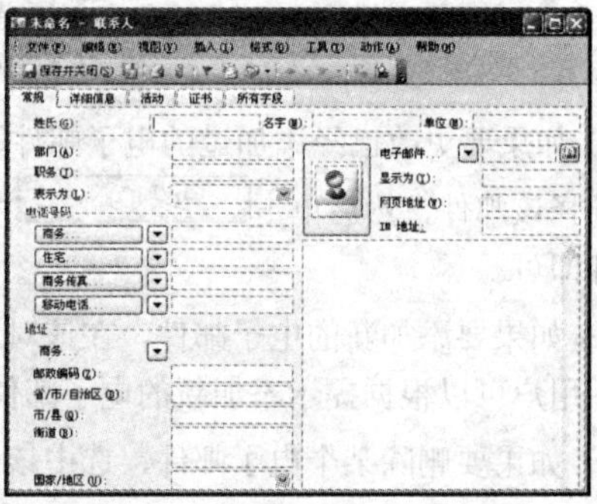

图 6.2.11　“未命名-联系人”对话框

3）根据该对话框中的提示输入相关信息。

4）如果用户需要插入图片或个人照片等，单击该对话框中的“添加联系人图片”按钮，弹出 添加联系人图片 对话框，如图 6.2.12 所示。

图 6.2.12　“添加联系人图片”对话框

5）选择要添加的图片，单击 确定 按钮，添加的图片即可替代原来的图片。

6）填写完成后如图 6.2.13 所示，然后单击 保存并关闭(S) 按钮，完成创建联系人档案的操作。

（2）使用“联系人”项目名称中的数据发送电子邮件。通过“联系人”项目名称中的数据发送电子邮件的操作步骤如下：

1）启动 Outlook 2003 应用程序。

2）选择 文件(F) → 新建(W) → 邮件(M) Ctrl+Shift+M 命令，打开 未命名的邮件窗口。

3）在该窗口中单击 收件人... 按钮，弹出 选择姓名 对话框，如图 6.2.14 所示。

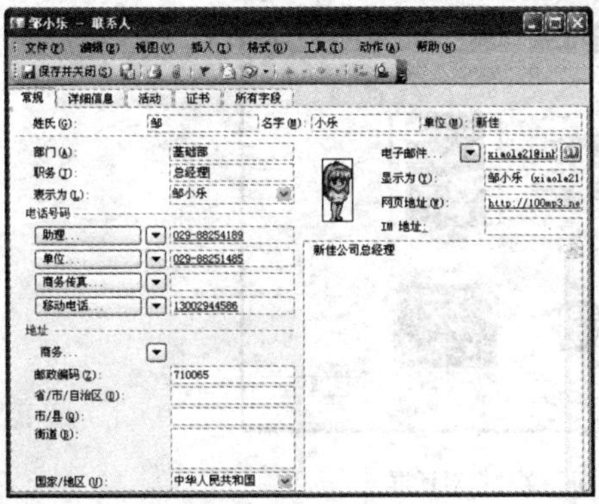

图 6.2.13　添加联系人

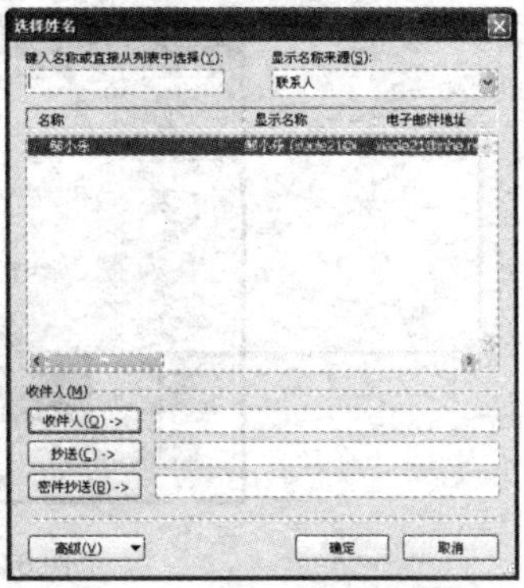

图 6.2.14　“选择姓名”对话框

4）在该对话框的“联系人”列表框中双击收件人名称，此时收件人的邮件地址将被自动添加到“收件人”选区中的“收件人”文本框中。

5）如果想同时将此信件发送至其他电子邮件中，在“联系人”列表框中双击另一个收件人名称即可。

6）设置完成后单击 确定 按钮，返回到 未命名的邮件 窗口中，在该窗口中的“主题”文本框中输入内容，并在正文中输入要发送的信件内容。

7）信件内容输写完成之后，单击在“邮件”工具栏中的 发送(S) 按钮即可成功发送电子邮件。

（3）回复电子邮件。回复电子邮件的具体操作步骤如下：

1）启动 Outlook 2003 应用程序，单击“邮件”项目名称，打开“所有邮件文件夹”列表，打开“收件箱”文件夹。

2）在“文件夹窗体”中将列出所有收到的电子邮件，双击某个电子邮件，即可阅读其邮件内容，如图 6.2.15 所示。

3）如果需要对收到的某些信件进行回复，单击 答复发件人(R) 按钮，如果需要对所有的邮件进行回复，则单击 全部答复(L) 按钮。

4）打开的窗口如图 6.2.16 所示。在对方邮件的上方输入回复信息，然后单击 发送(S) 按钮即可回复收到的电子邮件。

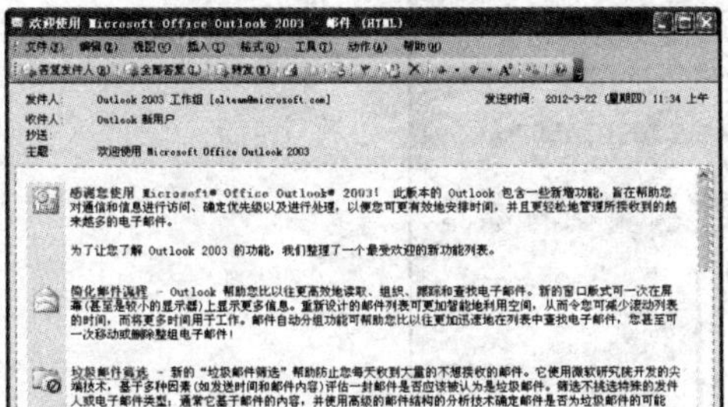

图 6.2.15　阅读信件

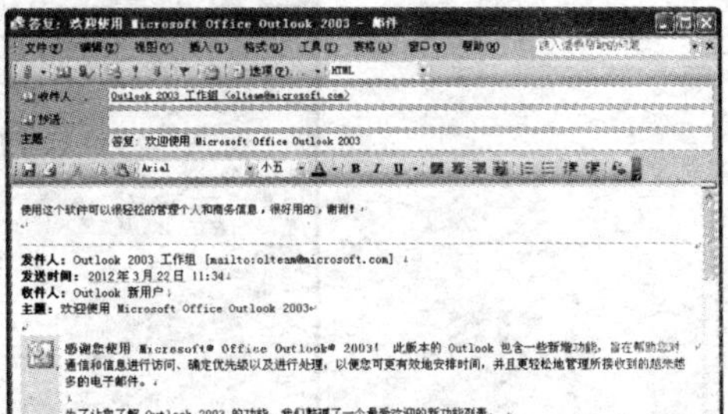

图 6.2.16　回复信件

提示：如果需要在信件的后面附加一些内容，如一些祝福的卡片等，单击“插入文件”

按钮[📎▾]，弹出如图 6.2.17 所示的**插入文件**对话框，在该对话框中选择需要插入的内容，单击[插入(S) ▾]按钮。

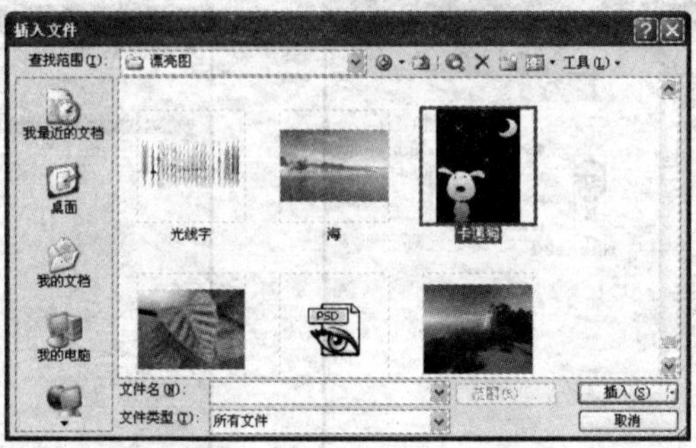

图 6.2.17 “插入文件”对话框

注意：如果要将“收件箱”中的信件转发给其他人，打开要转发的电子邮件，然后在“常用”工具栏中单击[转发(W)]按钮。

6.2.4 格式化电子邮件

格式化电子邮件，是将电子邮件变得更加美观、生动、更能体现发信人的个性和发信的用意，主要包括编排电子邮件的文本格式、在电子邮件中添加图片和使用信纸格式。

1. 编排电子邮件的文本格式

编排电子邮件文本的操作步骤如下：

（1）启动 Outlook 2003 应用程序。

（2）选择[文件(F)]→[新建(W)]→[邮件(M) Ctrl+N]命令，打开**未命名的邮件**窗口。

（3）在正文中的第一行输入对收件人的称呼，然后单击窗口中的“加粗”按钮[B]，加粗称呼。

（4）在称呼的下方输入要发送的其他内容，同样设置其加粗、加下划线、加编号等操作，还可以给文字设置其字体和颜色等，效果如图 6.2.18 所示。

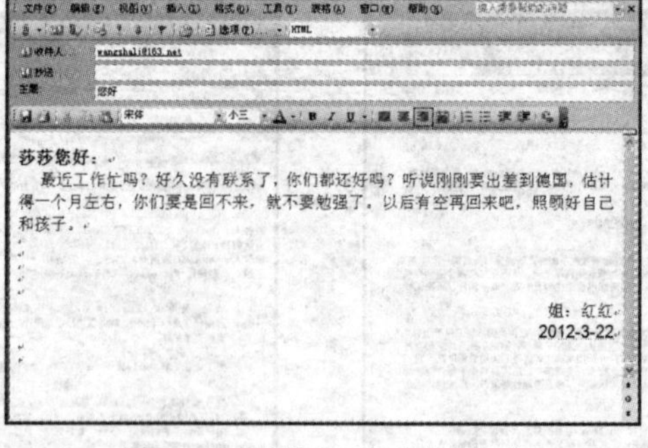

图 6.2.18 编排电子邮件文本格式

2. 在电子邮件中添加图片

在电子邮件中添加图片的具体操作步骤如下：

（1）选择邮件窗口中的 格式(O) → 背景(K) → 填充效果(F)... 命令，弹出 填充效果 对话框，如图 6.2.19 所示。

（2）在该对话框中有 渐变 、 纹理 、 图案 和 图片 4 个标签，单击这些标签，打开其相应的选项卡，设置邮件正文中的背景效果。

（3）单击 图片 标签，打开 图片 选项卡，如图 6.2.20 所示，单击 选择图片(L)... 按钮。

（4）弹出 选择图片 对话框，在该对话框中选择需要的背景图片，如图 6.2.21 所示。

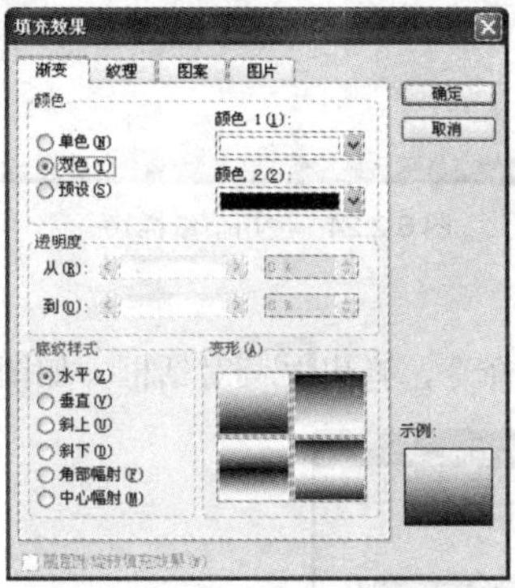

图 6.2.19　“填充效果”对话框

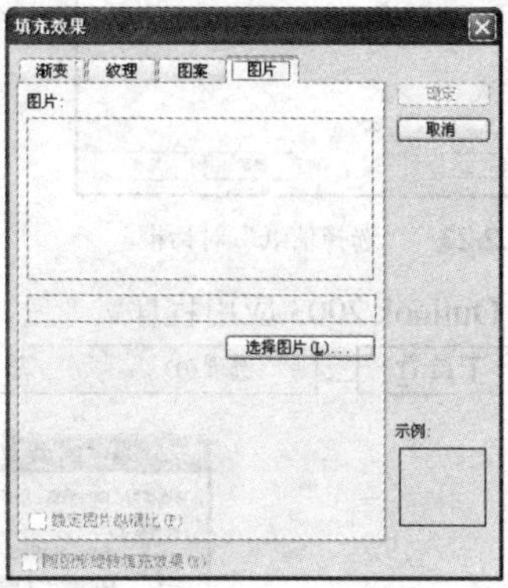

图 6.2.20　“图片”选项卡

（5）单击 插入(S) 按钮，在电邮子件中插入图片的效果如图 6.2.22 所示。

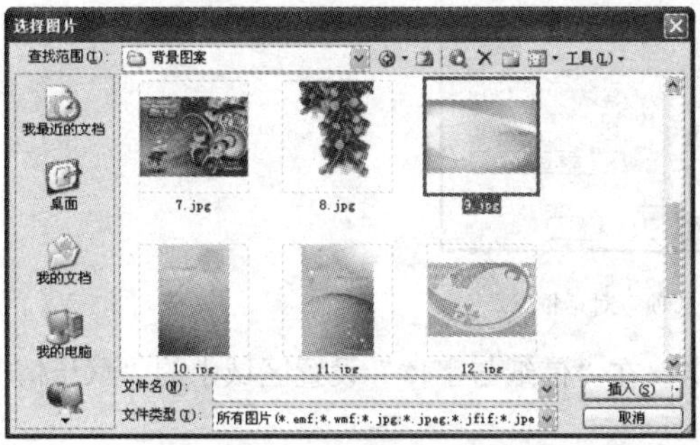

图 6.2.21　“选择图片”对话框

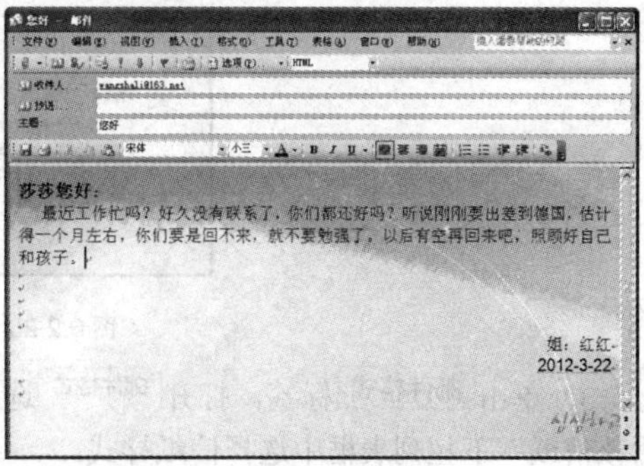

图 6.2.22　设置背景

3．使用信纸格式

使用信纸格式包括在电子邮件中使用信纸和设置默认的信纸。

（1）在电子邮件中使用信纸的具体操作步骤如下：

1）启动 Outlook 2003 应用程序。

2）选择 动作(A) → 新邮件使用(M) → 其他信纸(M)... 命令，弹出 选择信纸 对话框，如图 6.2.23 所示。

3）在“信纸”列表框中选择信纸样式，在“预览”列表框中可以预览样式，选择需要的样式后单击 确定 按钮即可在自动打开的 未命名的邮件 窗口中应用选择的信纸样式，如图 6.2.24 所示。

提示： 如果用户想得到更多的信纸样式，在条件允许的情况下，单击 获得更多信纸(M) 按钮，以连接到 Internet 上，可以在指定的站点上下载更多信纸样式。

（2）设置默认的信纸的具体操作步骤如下：

图 6.2.23 “选择信纸”对话框

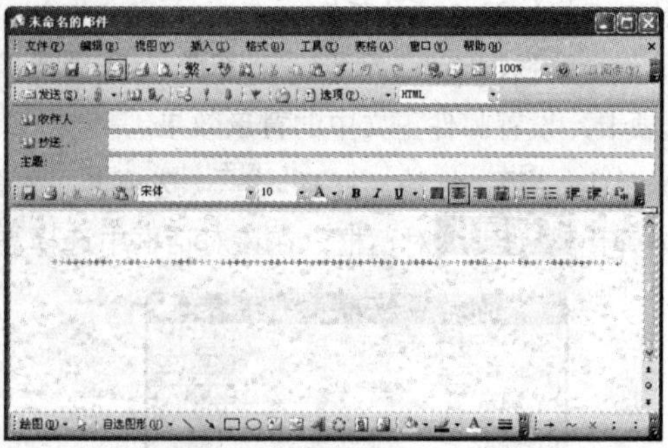

图 6.2.24 应用信纸样式

1）启动 Outlook 2003 应用程序。

2）选择 工具(T) → 选项(O)... 命令，弹出 选项 对话框，如图 6.2.25 所示。

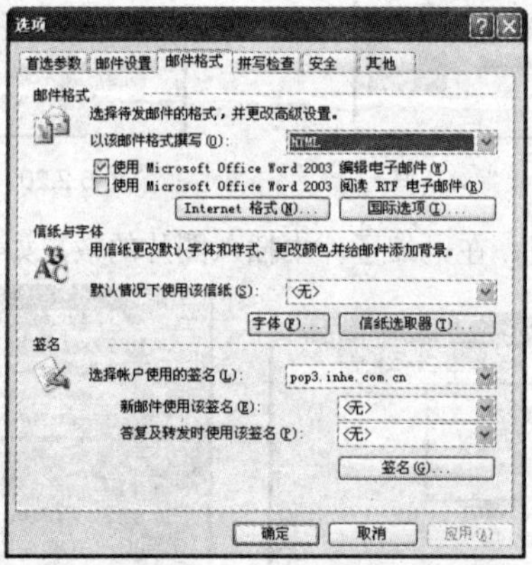

图 6.2.25 “选项”对话框

3）单击 邮件格式 标签，打开 邮件格式 选项卡，在“信纸与字体”设置区域中的“默认情况下使用该信纸”下拉列表框中选择信纸样式。

4）设置完成后单击 应用(A) 按钮，再单击 确定 按钮，即可应用信纸样式。

注意：使用 邮件格式 选项卡应用信纸样式后，在创建一个新的电子邮件后都会自动应用此样式，如果用户不想再应用此样式时，在 邮件格式 选项卡的“信纸与字体”设置区域中“默认情况下使用该信纸”的下拉列表框中选择“无”即可。

6.3 管理电子邮件

如果一个信箱中的邮件过多，就必须对电子邮件进行退信、删除和移动等操作。

6.3.1 处理退信

当填写的收件人电子邮件地址不正确或服务器地址发生错误时，用户所发出的信件就会被退回。

处理退信的具体操作步骤如下：

（1）启动 Outlook 2003 应用程序。

（2）选择 工具(T) → 发送和接收(E) → 发送/接收设置(V) → 显示进度(P)... 命令，弹出 Outlook 发送/接收进度 对话框，如图 6.3.1 所示。

（3）在该对话框中单击 错误 标签，打开 错误 选项卡，在其下方的列表框中显示出了退信的原因。

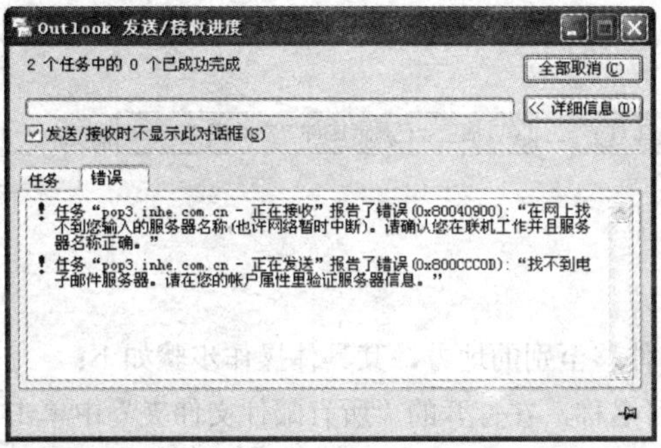

图 6.3.1 “Outlook 发送/接收进度”对话框

（4）根据退信的原因，来重新发送信件，如果是用户的信箱已满，则可以通过其他方式告诉对方并清理收件箱；如果是因为电子邮件地址填写不正确，则可以将信件的内容重新复制到另一个新建的电子邮件中，然后输入正确的电子邮件地址，再进行发送。

注意：如果是由于收件箱中的信件过多，在清理收件箱时，选中要删除的邮件，单击 Outlook 窗口上的“删除”按钮 ✕ 即可。以相同的方法可以处理“草稿箱”和“发件箱”等文件夹中不需要的信件。

6.3.2　永久删除邮件

如果“已删除邮件”文件夹中已经存放了许多不用的信件，需要对此文件夹中的信件进行删除操作时，即可进行永久删除。

对“已删除邮件”文件夹中的邮件进行清空，其具体操作步骤如下：

（1）启动 Outlook 2003 应用程序，打开“已删除邮件”文件夹。

（2）单击鼠标右键，从弹出的快捷菜单中选择 清空“已删除邮件”文件夹(Y) 命令，如图 6.3.2 所示。

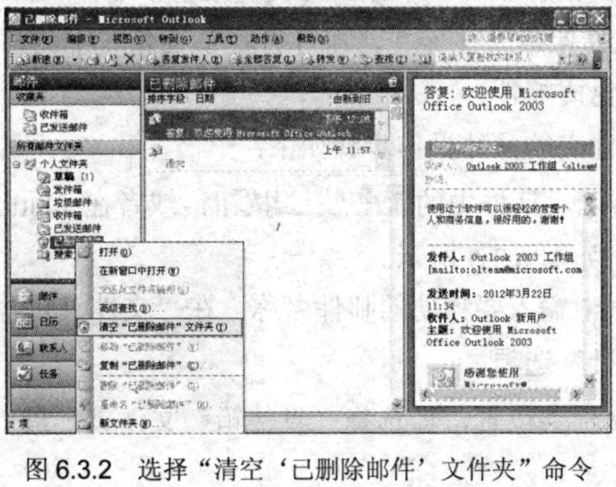

图 6.3.2　选择“清空‘已删除邮件’文件夹”命令

（3）此时弹出永久删除电子邮件提示框，如图 6.3.3 所示。单击 是(Y) 按钮，即可将“已删除邮件”文件夹中的邮件全部永久性删除。

图 6.3.3 “Microsoft Office Outlook”提示框

提示：选择 工具(T) → 清空“已删除邮件”文件夹(Y) 命令，也可以永久删除所有的邮件。

6.3.3 移动文件

如果想将一些重要的信件移至别的地方，其具体操作步骤如下：

（1）单击“邮件”项目名称，在打开的“所有邮件文件夹”中单击“收件箱”文件夹。

（2）选中要移动的信件，在窗口中单击“移至文件夹”按钮，在弹出的列表中选择 移至文件夹(M)... Ctrl+Shift+V 命令，或者选中要移动的信件，单击鼠标右键，从弹出的快捷菜单中选择 移至文件夹(M)... 命令，弹出 移动项目 对话框，如图 6.3.4 所示。

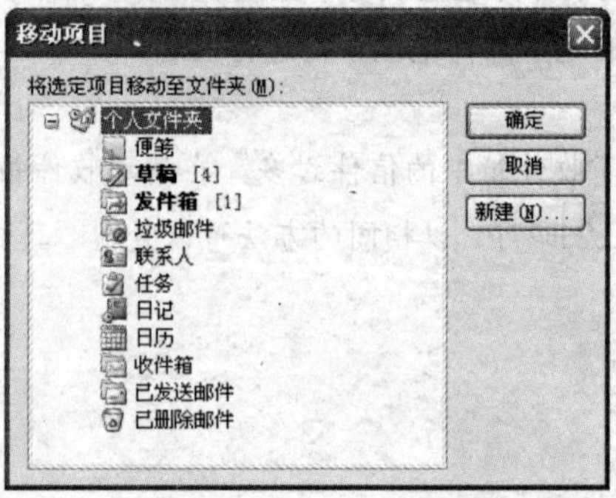

图 6.3.4 “移动项目”对话框

（3）在该对话框中列出了所有邮件的文件夹，双击要放置该邮件的文件夹名称即可。

提示：例如要将“草稿箱”中的邮件移动到“收件箱”中，先打开“草稿箱”文件夹，选中要移动的邮件，然后单击鼠标右键，从弹出的快捷菜单中选择 移至文件夹(M)... 命令，在弹出的 移动项目 对话框中双击“收件箱”文件夹，即可将“草稿箱”中的邮件移动到“收件箱”中，用户可以以同样的方法移动其他的邮件。

创建存储邮件的邮件文件夹的具体操作步骤如下：

（1）单击如图 6.3.4 所示对话框中的 新建(N)... 按钮，或者在 Outlook 窗口中单击 新建(N) 按钮，弹出 新建文件夹 对话框，如图 6.3.5 所示。

（2）在“名称”文本框中输入要移动的邮件名称，在“文件夹包含”下拉列表框中选择指定文件夹内容，如选择“便笺项目”选项。

（3）选择需要放置的文件夹位置，如选择“收件箱”文件夹，最后单击 确定 按钮，关闭对话框。

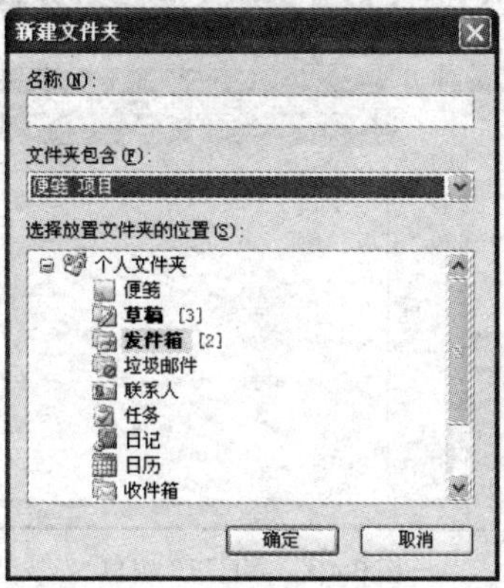

图 6.3.5　“新建文件夹”对话框

提示： 创建存储邮件的邮件文件夹，即是在一个文件夹中创建另一个文件夹，成为此文件夹的子文件夹，例如，在收件箱中创建一个日历文件夹，则在“文件夹包含”下拉列表框中选择指定文件夹内容，如选择“日历项目”选项，单击 确定 按钮，创建完成的 移动项目 对话框如图 6.3.6 所示。

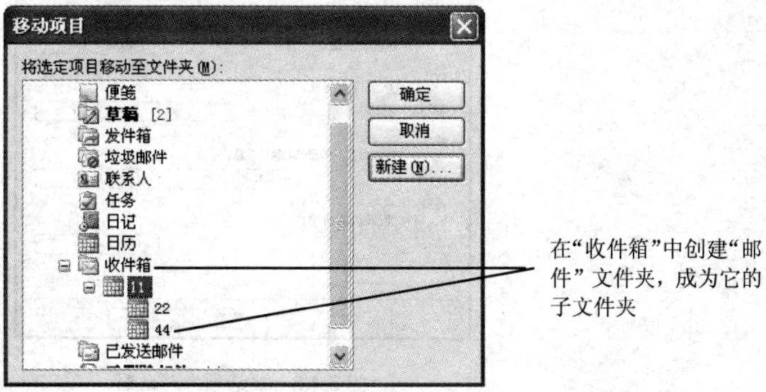

图 6.3.6　创建邮件文件夹

6.4　Outlook 2003 的其他管理功能

本节主要介绍 Outlook 2003 的其他管理功能，包括日历、日记、任务和便笺。

6.4.1　日历

“日历”主要用于安排各项任务和计划，无论是日记、任务和会议都需要用到日历。下面主要介绍日历窗口、管理约会等内容。

1. 日历窗口

在 Outlook 2003 窗口中单击“日历”项目名称，即可打开 日历 窗口，如图 6.4.1 所示。

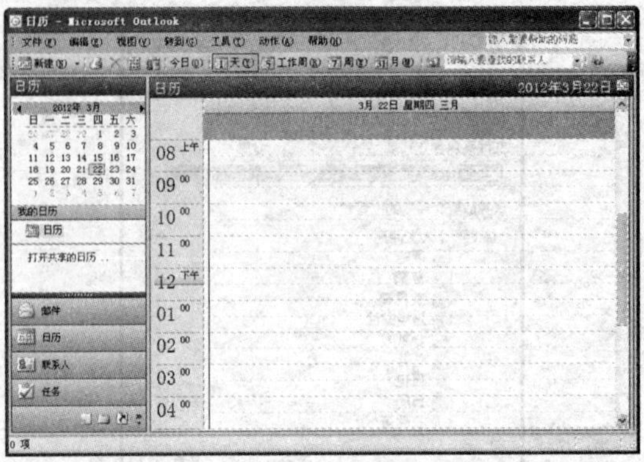

图 6.4.1 “日历”窗口

如果要调整工作时间，其具体操作步骤如下：

（1）打开 日历 窗口。

（2）选择 工具(T) → 选项(O)... 命令，弹出 选项 对话框，如图 6.4.2 所示。

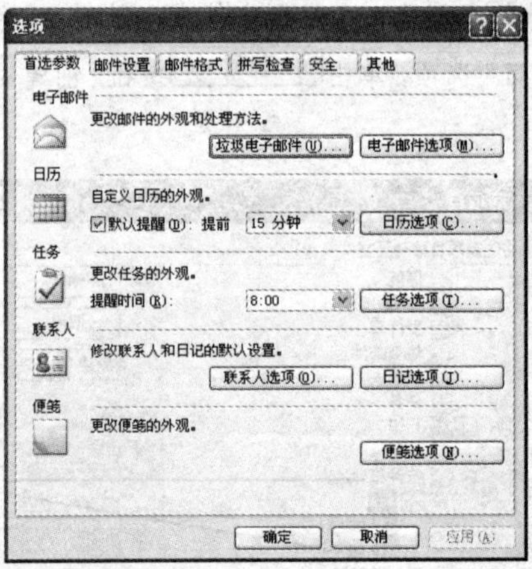

图 6.4.2 “选项”对话框

（3）单击 首选参数 标签，打开 首选参数 选项卡，单击 日历选项(C)... 按钮，弹出 日历选项 对话框，如图 6.4.3 所示。

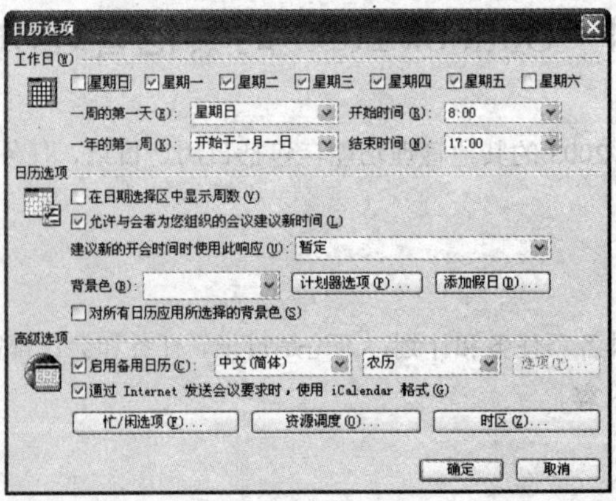

图 6.4.3 “日历选项”对话框

（4）在“工作日”选区中可以设置每周工作的天数，以及设置一周的第一天为星期几和开始时间，也可以设置一年的第一周开始于哪一日及结束时间。

（5）在“建议新的开会时间时使用此响应”下拉列表框中可以选择“暂定”“接受”和“谢绝”3 个选项来表明是否接受“与会者”提供的开会时间。

（6）打开“背景色”下拉列表框，在弹出的调色板中可以选择日历显示的背景颜色。

（7）在“高级选项”选区中可以设置日历显示的语言，及其他相关设置。

（8）设置完成后单击 确定 按钮，返回到 选项 对话框中再单击 确定 按钮即可应用设置。

2．管理约会

管理约会包括创建约会、修改约会和取消约会。

（1）创建约会。创建约会的具体操作步骤如下：

1）在“日历”窗口中单击 新建(N) 按钮，打开 未命名 - 约会 窗口，如图 6.4.4 所示。

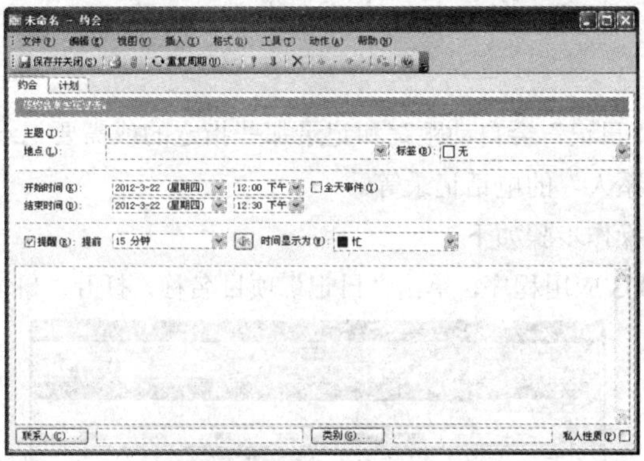

图 6.4.4　“未命名 - 约会”窗口

2）在“主题”文本框中输入约会主题；在“地点”文本框中输入约会的地点；在其“标签”下拉列表框中选择会议要求，例如选择“必须出席”选项等。

3）在下方的选区中设置会议的“开始时间”和“结束时间”，以及其他约会属性。

4）设置完成后单击 保存并关闭(S) 按钮，关闭 未命名 - 约会 窗口。

提示： 创建完成一个“约会”后，在 未命名 - 约会 窗口即可显示出来，如图 6.4.5 所示。双击“日历”窗口左侧“约会”选项，即可打开“约会”窗口，查看内容。

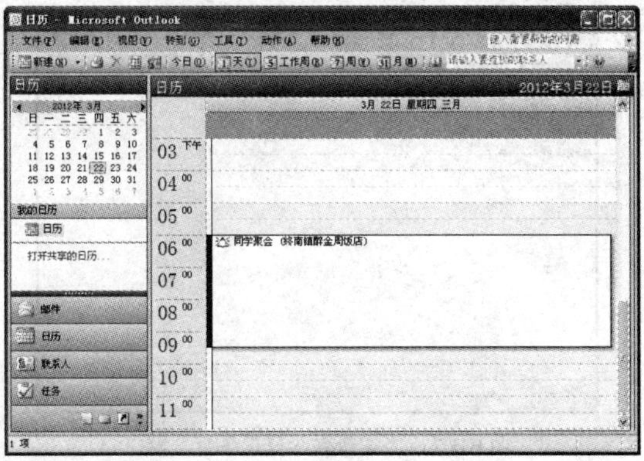

图 6.4.5　创建约会

（2）修改约会。其具体操作步骤如下：

1）双击需要进行修改的“约会”选项。

2）打开其“约会”窗口，在“开始时间”和“结束时间”中进行修改。

3）修改完成后单击[保存并关闭(S)]按钮。

提示：如果不想通过“约会”窗口进行修改，可以先选中此“约会”，当其周围变成蓝色边框显示时，上下拖动会议选项即可。

（3）取消约会。取消约会有以下 3 种方法：

1）选中要取消的约会，单击“常用”工具栏中的“删除”按钮[×]。

2）选中要取消的约会，单击鼠标右键，从弹出的快捷菜单中选择[× 删除(D)]命令。

3）选中要取消的约会，按“Delete”键即可。

6.4.2 日记

在 Outlook 2003 中，“日记”会自动跟踪和记录那些指定的或需要记录的东西，包括电子邮件的收发、文档的修改和“联系人”的电话记录等。

创建日记条目，具体操作步骤如下：

（1）启动 Outlook 2003 应用程序，单击“日记”项目名称，打开“日记”窗口，如图 6.4.6 所示。

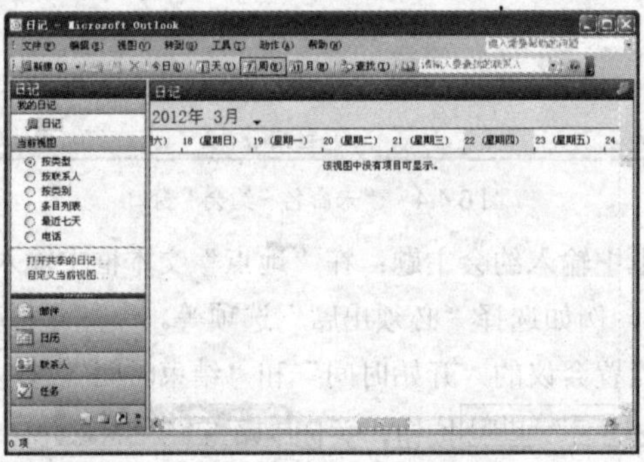

图 6.4.6 “日记”窗口

（2）选择[动作(A)]→[新日记条目(N) Ctrl+N]命令，或者单击“常用”工具栏中的[新建(N)]按钮，打开[未命名 - 日记条目]窗口，如图 6.4.7 所示。

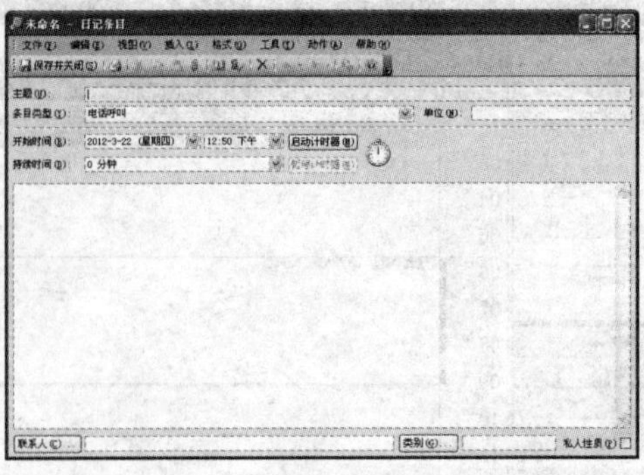

图 6.4.7 “未命名 - 日记条目”窗口

（3）在“主题”文本框中输入日记主题。

（4）在“条目类型”下拉列表框中选择一种类型；在“单位”文本框中输入单位。

（5）在“开始时间”下拉列表框中选择事件的开始时间；在“持续时间”文本框中输入该事件所持续的时间。

（6）设置完后，单击启动计时器(M)按钮开始计时，事件结束后单击暂停计时器(M)按钮，记录事件持续的时间。

（7）单击保存并关闭(S)按钮，完成创建日记条目的操作。

在“日记”中添加一个文档，其具体操作步骤如下：

（1）在 Windows 窗口下选择需要添加的文档。

（2）选中该文档，将其拖至“日记”窗口中，此时打开工作按排.txt - 日记条目窗口，如图 6.4.8 所示。

（3）按照创建日记条目时的操作，在该窗口中为日记条目设置相关选项。

（4）设置完毕后，单击保存并关闭(S)按钮，添加的文档将被保存到“日记”文件夹窗口，如图 6.4.9 所示。

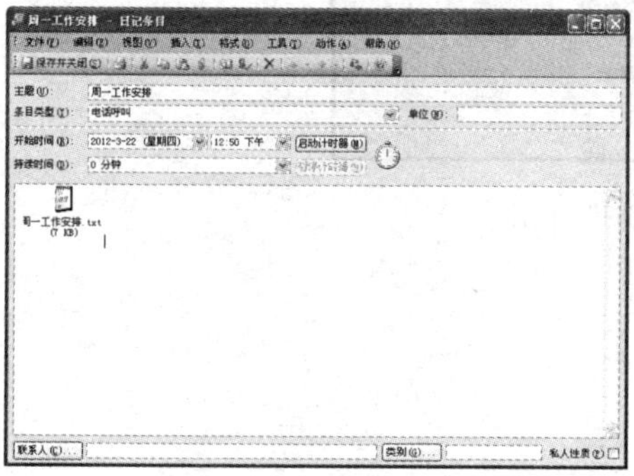

图 6.4.8 “日记条目”窗口

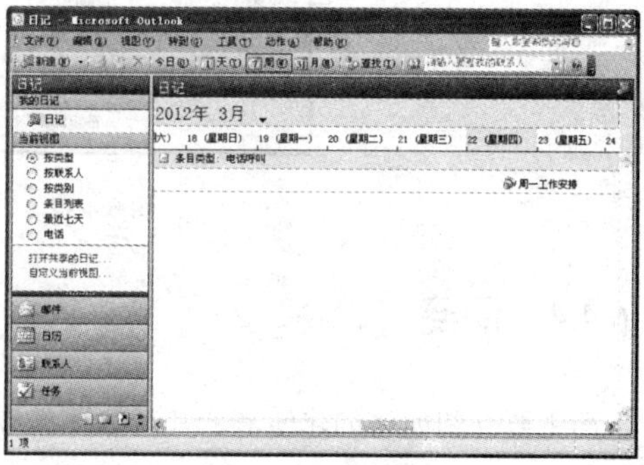

图 6.4.9 添加日记条目

6.4.3 任务

创建一个新“任务”和创建“约会”一样，创建“任务”时，会打开一个“任务”窗口，根据需要进行选择或设置，其具体操作步骤如下：

（1）在 Outlook 2003 窗口中打开“任务”文件夹窗口，如图 6.4.10 所示。

（2）选择文件(F)→新建(W)→任务(T) Ctrl+N命令，或者直接在“常用”工具栏中单击新建(N)按钮，打开未命名 - 任务窗口，如图 6.4.11 所示。

图 6.4.10 “任务”窗口

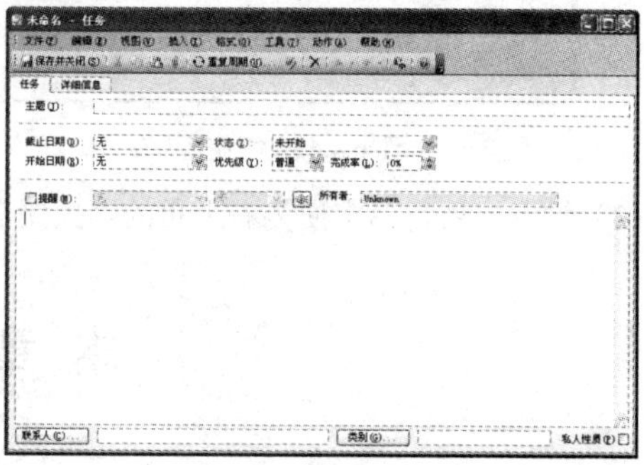

图 6.4.11 “未命名-任务”窗口

（3）在“主题”文本框中输入任务的主题，在“截止日期”和“开始日期”下拉列表框中设置任务的截止日期和开始日期，然后设置任务的状态、优先级、提醒设置等选项，并且在正文区内输入有关任务的内容。

（4）选择 动作(A) → 重复周期(U)... 命令，或者直接在“常用”工具栏中单击 重复周期(U)... 按钮，弹出如图 6.4.12 所示的 任务周期 对话框。

（5）在“定期模式”选区中选中重复任务的频率，然后设置频率选项。

（6）设置完后，单击 确定 按钮，返回 未命名 - 任务 窗口，单击 保存并关闭(S) 按钮，完成一个任务的创建。

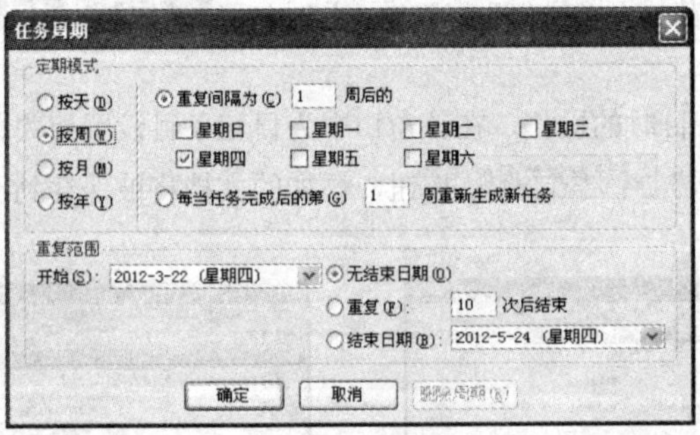

图 6.4.12 “任务周期”对话框

6.4.4 便笺

下面主要介绍如何创建便笺，其具体操作步骤如下：

（1）在 Outlook 2003 窗口中打开“便笺”窗口，如图 6.4.13 所示。

（2）选择 动作(A) → 新便笺(N) Ctrl+N 命令，或者单击“常用”工具栏中的 新建(N) 按钮，打开“便笺”面板，在便笺面板中输入要记录的内容，如图 6.4.14 所示。

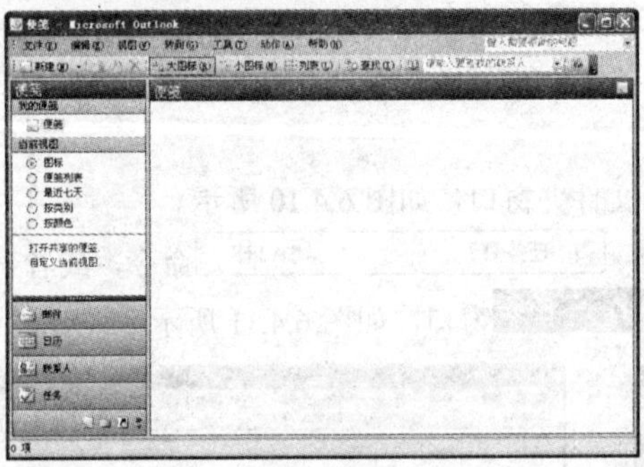

图 6.4.13 “便笺”窗口

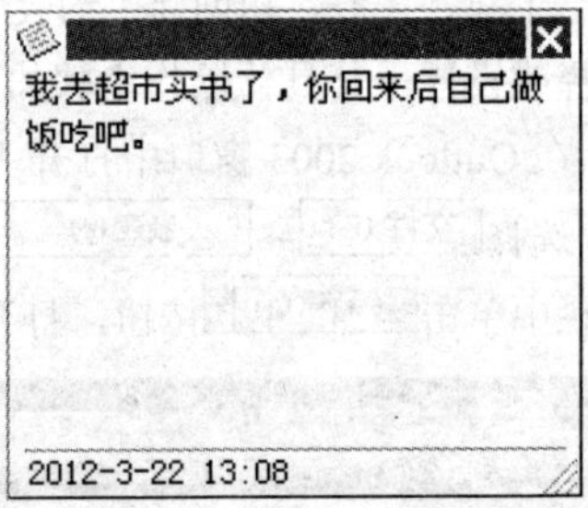

图 6.4.14 “便笺”面板

（3）输入完后，单击便笺右上角的“关闭”按钮，保存并关闭便笺面板。

本 章 小 结

本章主要介绍了 Outlook 2003 的基本操作、管理电子邮件、Outlook 2003 的其他管理功能等内容。通过本章的学习，用户可以方便地管理个人和商务信息，提高办公效率。

实 训 练 习

一、填空题

1．导航窗格包括________、________、________、________、________、________、________和________8 个文件项目名称。

2．打开“邮件”项目名称，在所有邮件文件夹列表中有________、________、________、________、________和已删除邮件文件夹。

3．使用电子邮件包括________和________。

二、简答题

1．Outlook 2003 的主要新增功能有哪些？

2．如何启动与退出 Outlook 2003？

3．简述 Outlook 2003 的界面组成。

三、上机操作题

启动 Outlook 2003 应用程序，并进行以下操作。

（1）创建邮件账户。

（2）创建电子邮件并发送。

（3）在电子邮件中添加图片。

（4）创建约会、修改约会最后删除约会。

第 7 章　综合应用实例

为了更好地了解并掌握 Office 2003 的应用，本章准备了一些具有代表性的综合应用实例。所举实例由浅入深地贯穿本书的知识点，使读者能够深入了解 Office 2003 的相关功能和具体应用。

知识要点

- 制作成绩统计表
- 制作“网络情丝”贺卡
- 股票投资管理
- 制作损益表
- 制作“古诗欣赏”幻灯片
- 看图学英语

综合实例 1　制作成绩统计表

实例内容

本例为制作成绩统计表，最终效果如图 7.1.1 所示。

高新第二学校七年级期末成绩表							
科目 / 姓名	语文	数学	英语	历史	思想品德	总分	平均分
吴海波	90	98	93	88	79	448	89.60
刘丽莹	88	96	90	82	90	446	89.20
高阳	81	95	83	78	80	417	83.40
张澜	82	90	80	75	86	413	82.60
王旭东	85	89	75	80	81	410	82.00

图 7.1.1　最终效果图

设计思想

在制作过程中，主要用到表格的绘制、公式的运用、斜线表头的绘制、边框和底纹的设置等操作。

操作步骤

（1）启动 Word 2003，新建一个空白文档。

（2）选择 表格(A) → 插入(I) → 表格(T)... 命令，弹出 插入表格 对话框。

设置“列数”为“6”,“行数”为“5”，如图 7.1.2 所示。

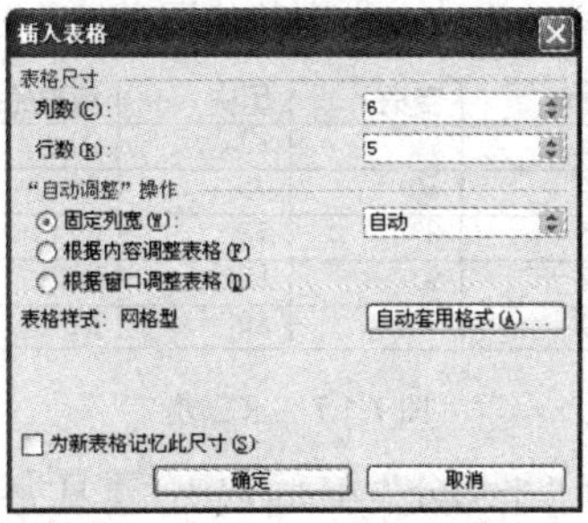

图 7.1.2　“插入表格”对话框

（3）单击 确定 按钮，在文档中插入一个 5 行、6 列的表格，如图 7.1.3 所示。

图 7.1.3　建立表格

（4）在表格中输入相应的数据，当行数不够时，可在最后一个单元格内按 Tab 键增加一行，然后输入相对应的数据，如图 7.1.4 所示。

	语文	数学	英语	历史	思想品德
刘丽莹	88	96	90	82	90
张澜	82	90	80	75	86
高阳	81	95	83	78	80
吴海波	90	98	93	88	79
王旭东	85	89	75	80	81

图 7.1.4　用“Tab”键添加行

（5）选定“思想品德”字段所在的列，执行 表格(A) → 插入(I) → 列(在右侧)(R) 命令，两次执行该命令后，表格右侧就会添加两列，在第一行的单元格中分别输入“总分”和“平均分”，如图 7.1.5 所示。

	语文	数学	英语	历史	思想品德	总分	平均分
刘丽莹	88	96	90	82	90		
张澜	82	90	80	75	86		
高阳	81	95	83	78	80		
吴海波	90	98	93	88	79		
王旭东	85	89	75	80	81		

图 7.1.5　添加两列

（6）将光标定位到第一位同学的“总分”栏，选择 表格(A) → 公式(O)... 命令，弹出 公式 对话框，如图 7.1.6 所示。

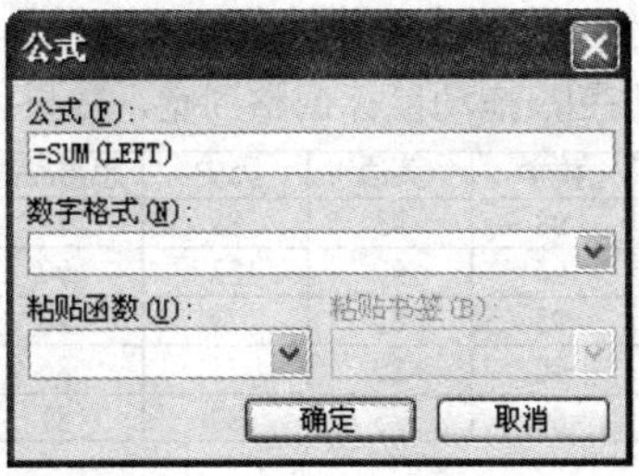

图 7.1.6　“公式”对话框

（7）在“公式”栏中输入计算函数“=SUM(LEFT)”对各科成绩进行求和，单击 确定 按钮可求出该名学生的总分。依照同样的方法，求出其他同学的总分，效果如图 7.1.7 所示。

	语文	数学	英语	历史	思想品德	总分	平均分
刘丽莹	88	96	90	82	90	446	
张澜	82	90	80	75	86	413	
高阳	81	95	83	78	80	417	
吴海波	90	98	93	88	79	448	
王旭东	85	89	75	80	81	410	

图 7.1.7 求总分

（8）将光标移至第一名学生的“平均分”单元格中，重复步骤（6）～（7）的操作，在“公式”栏输入“=G2/5”，在“数字格式”下拉列表中选择“0.00”，单击 确定 按钮。然后用同样的方法计算出其他学生的平均分，效果如图 7.1.8 所示。

	语文	数学	英语	历史	思想品德	总分	平均分
刘丽莹	88	96	90	82	90	446	89.20
张澜	82	90	80	75	86	413	82.60
高阳	81	95	83	78	80	417	83.40
吴海波	90	98	93	88	79	448	89.60
王旭东	85	89	75	80	81	410	82.00

图 7.1.8 计算平均成绩

（9）下面对学生的成绩进行排序，选中表格第 7 列（总分），选择 表格(A) → 排序(S)... 命令，弹出 排序 对话框，如图 7.1.9 所示。设置主要关键字为“列 8”，类型为“数字”，并选择 降序(D) 单选按钮，单击 确定 按钮，效果如图 7.1.10 所示。

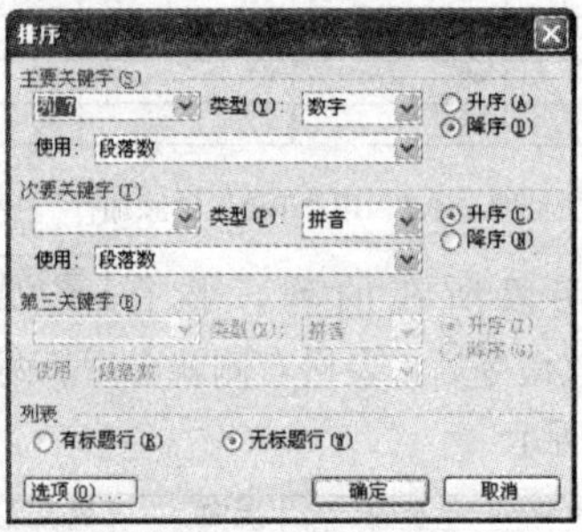

图 7.1.9 “排序”对话框

	语文	数学	英语	历史	思想品德	总分	平均分
吴海波	90	98	93	88	79	448	89.60
刘丽莹	88	96	90	82	90	446	89.20
高阳	81	95	83	78	80	417	83.40
张澜	82	90	80	75	86	413	82.60
王旭东	85	89	75	80	81	410	82.00

图 7.1.10 排序后的成绩单

（10）选中表格，单击鼠标右键，在弹出的快捷菜单中选择 单元格对齐方式(G) 命令，在弹出的下拉列表中选择“中部居中”按钮，拖动鼠标调整列宽，效果如图 7.1.11 所示。

	语文	数学	英语	历史	思想品德	总分	平均分
吴海波	90	98	93	88	79	448	89.60
刘丽莹	88	96	90	82	90	446	89.20
高阳	81	95	83	78	80	417	83.40
张澜	82	90	80	75	86	413	82.60
王旭东	85	89	75	80	81	410	82.00

图 7.1.11 居中效果

（11）选中表格的第一行，选择格式(O)→A 字体(F)...命令，弹出字体对话框。选择字体(N)选项卡，设置中文字体为“黑体”，字形为“常规”，字号为“小四”，字体颜色为“深蓝”，如图 7.1.12 所示。

图 7.1.12 “字体”对话框

（12）单击确定按钮返回 Word 文档中。以同样的方法，设置表格第一列的字体为“楷体_GB2312”，字形为“常规”，字号为“五号”，颜色为“深蓝”，单击确定按钮，效果如图 7.1.13 所示。

	语文	数学	英语	历史	思想品德	总分	平均分
吴海波	90	98	93	88	79	448	89.60
刘丽莹	88	96	90	82	90	446	89.20
高阳	81	95	83	78	80	417	83.40
张澜	82	90	80	75	86	413	82.60
王旭东	85	89	75	80	81	410	82.00

图 7.1.13 设置字体

（13）将光标定位到表格的第一行第一个单元格内，执行表格(A)→绘制斜线表头(U)...命令，弹出插入斜线表头对话框。在“表头样式”下拉列表中选择“样式一”，在“字体大小”下拉列表中选择“五号”，在“行标题”中输入“科目”，“列标题”中输入“姓名”，如图 7.1.14 所示。

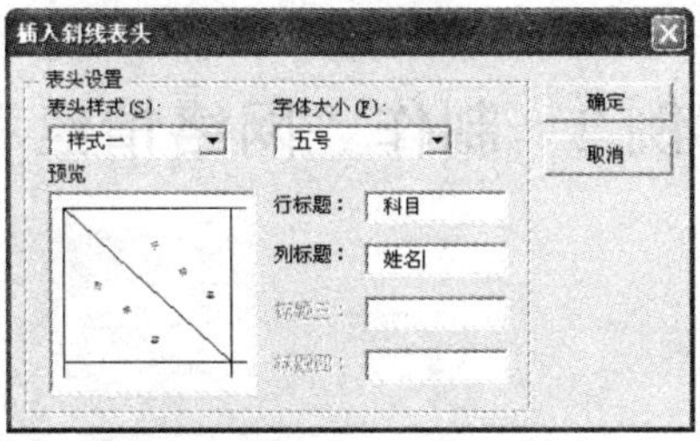

图 7.1.14 “插入斜线表头”对话框

（14）单击确定按钮，弹出插入斜线表头警告对话框，将第一行的列宽和行高适当调整，效果如图 7.1.15 所示。

科目 / 姓名	语文	数学	英语	历史	思想品德	总分	平均分
吴海波	90	98	93	88	79	448	89.60
刘丽莹	88	96	90	82	90	446	89.20
高阳	81	95	83	78	80	417	83.40
张澜	82	90	80	75	86	413	82.60
王旭东	85	89	75	80	81	410	82.00

图 7.1.15 “插入斜线表头”效果

（15）选中表格，执行 表格(A) → 边框和底纹(B)... 命令，弹出的 边框和底纹 对话框。选择 边框(B) 选项卡，在“设置”栏中单击“自定义”按钮，在“宽度”下拉列表中选择 1 磅线，然后分别单击预览框中表格的四周，如图 7.1.16 所示。

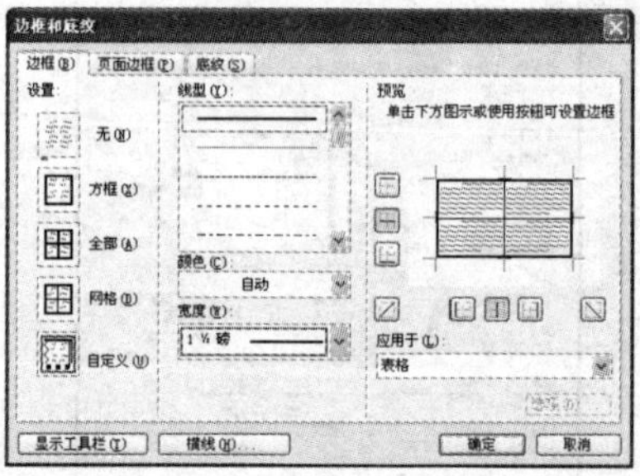

图 7.1.16　设置表格边框

（16）设置完成单击 确定 按钮，效果如图 7.1.17 所示。

科目 姓名	语文	数学	英语	历史	思想品德	总分	平均分
吴海波	90	98	93	88	79	448	89.60
刘丽莹	88	96	90	82	90	446	89.20
高阳	81	95	83	78	80	417	83.40
张澜	82	90	80	75	86	413	82.60
王旭东	85	89	75	80	81	410	82.00

图 7.1.17　加边框的表格

（17）为表格加标题，移动光标到第一行的任意单元格中，执行 表格(A) → 插入(I) → 行(在上方)(A) 命令，在表格中添加新的一行。

（18）选中新添加的行单击鼠标右键，在弹出的快捷菜单中选择 合并单元格(M) 命令，在合并的单元格中输入“高新第二学校七年级期末成绩表”，字体设置为黑体、四号、常规、深蓝色，最终效果如图 7.1.1 所示。

综合实例 2　制作“网络情丝”贺卡

实例内容

本例为制作“网络情丝”贺卡，最终效果如图 7.2.1 所示。

图 7.2.1　最终效果图

设计思想

在制作过程中，主要用到艺术字、剪贴画、文本框的插入和格式设置，自选图形的插入和格式设置等。

操作步骤

（1）启动 Word 2003，新建一个文档。

（2）单击“绘图”工具栏上的“插入文本框”按钮，在文本编辑区内插入文本框，双击文本框，弹出设置文本框格式对话框，设置其高度为“7 厘米”、宽度为“12 厘米”，单击确定按钮，效果如图 7.2.2 所示。

（3）单击“绘图”工具栏上的“填充颜色”按钮右侧的下三角，在弹出的快捷菜单中选择填充效果(F)...命令，弹出填充效果对话框。打开纹理选项卡，选择“水滴”纹理效果，如图 7.2.3 所示。

图 7.2.2　绘制的文本框

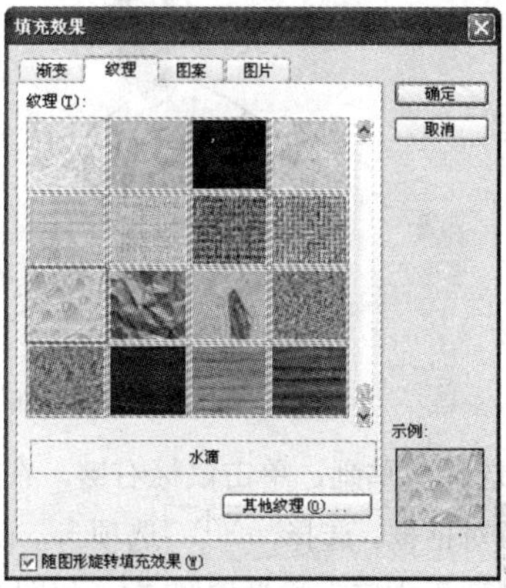

图 7.2.3　“填充效果”对话框

（4）单击确定按钮返回 Word 文档，效果如图 7.2.4 所示。

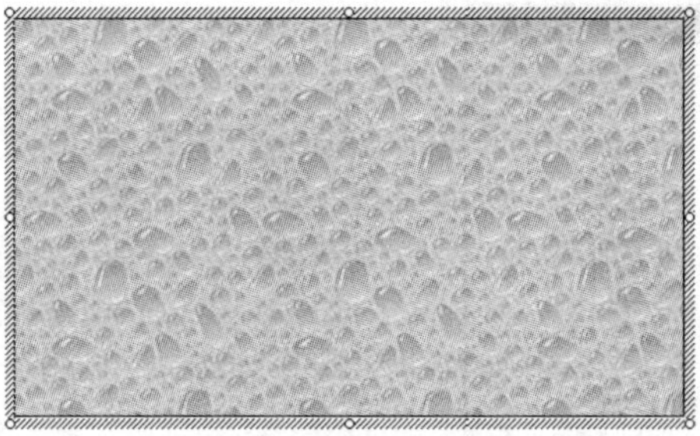
图 7.2.4　给文本框添加纹理效果

（5）选中文本框，单击“绘图”工具栏上的“线条颜色”按钮，在弹出的下拉列表中选择带图案线条(P)...命令，弹出带图案线条对话框。在图案选项卡中，选择“轮廓式菱形”图案线条，设置线条粗细为“6 磅”，如图 7.2.5 所示。

（6）单击 确定 按钮，效果如图 7.2.6 所示。

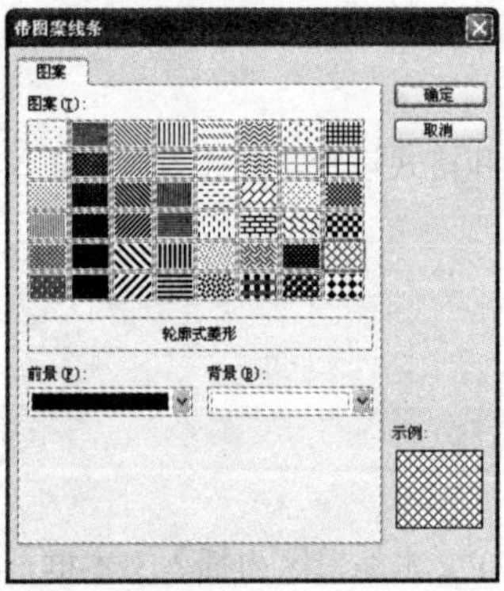

图 7.2.5 “带图案线条”对话框

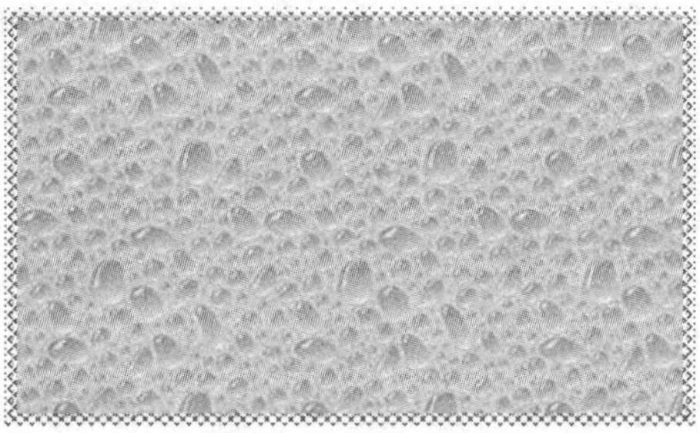

图 7.2.6 边框填充效果

（7）选择 插入(I) → 图片(P) → 剪贴画(C)... 命令，打开“剪贴画”任务窗格。在“搜索”文字栏中输入“科技”，单击 搜索 按钮，可找到所需的剪贴画。

（8）单击该剪贴画，即可插入到文档中，如图 7.2.7 所示。

图 7.2.7 插入的剪贴画

（9）选择剪贴画，单击鼠标右键，在弹出的快捷菜单中选择 设置图片格式(I)... 命令，弹出 设置图片格式 对话框。选择 大小 选项卡，设置图片大小为 60%；打开 版式 选项卡，在“环绕方式”栏中单击“浮于文字上方”按钮，如图 7.2.8 所示。

（10）单击 确定 按钮完成图片格式设置。以同样的方法，设置另一个剪贴画的大小和版式，并将这两个剪贴画拖放到文本框中的合适位置，效果如图 7.2.9 所示。

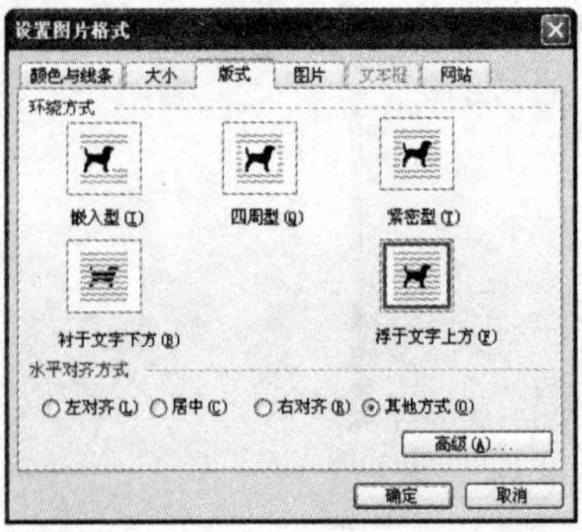

图 7.2.8 “设置图片格式”对话框

图 7.2.9 设置图片格式效果

（11）单击“绘图”工具栏上的 自选图形(U) 按钮，在弹出的下拉列表中选择 标注(C) → “云形标注”按钮，拖动鼠标在文档中绘制一个云形标注，输入文字：“今天晚上有时间吗？”，设置字体为“宋体”，字号为“五号”。

（12）单击“绘图”工具栏上的“矩形”按钮，在文档右下角剪贴画的电脑屏幕上绘制一个矩形。单击鼠标右键，在弹出的菜单中选择 添加文字(X) 命令，输入文字：“有，我们一起喝茶！”，设置字体为“宋体”，字号为“七号”。

（13）单击“绘图”工具栏上的 自选图形(U) 按钮，在弹出的列表中选择 基本形状(B) →“笑脸”按钮，在文档中绘制一幅“笑脸”，放置在电脑的屏幕上，效果如图 7.2.10 所示。

（14）单击“绘图”工具栏中的“插入艺术字”按钮，弹出 艺术字库 对话框，从中选择第三行第四种样式，如图 7.2.11 所示。

图 7.2.10　绘制“笑脸”

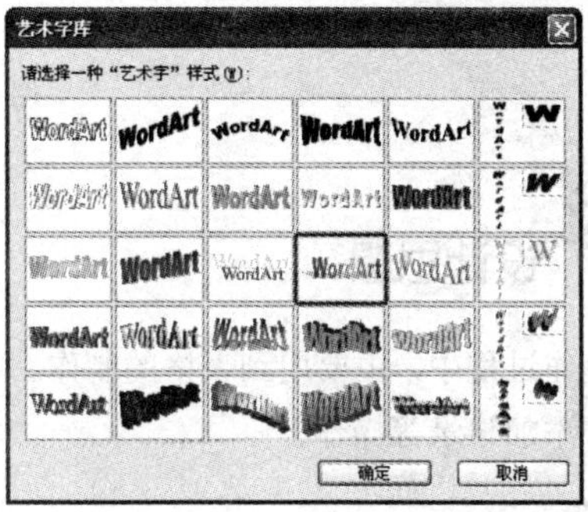

图 7.2.11　选择艺术字样式

（15）单击 确定 按钮，弹出 编辑“艺术字”文字 对话框，在文本框中输入字母“网络情丝”，设置字体为“华文彩云”，字号为“36”，如图 7.2.12 所示。

（16）单击 确定 按钮返回 Word 文档。单击插入的艺术字，在打开的“艺术字”工具栏中单击“文字环绕”按钮，从弹出的列表中选择 浮于文字上方(N) 命令，如图 7.2.13 所示。

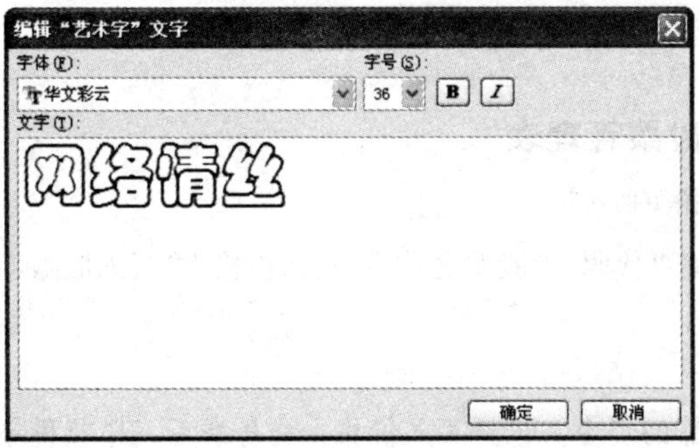

图 7.2.12　编辑艺术字

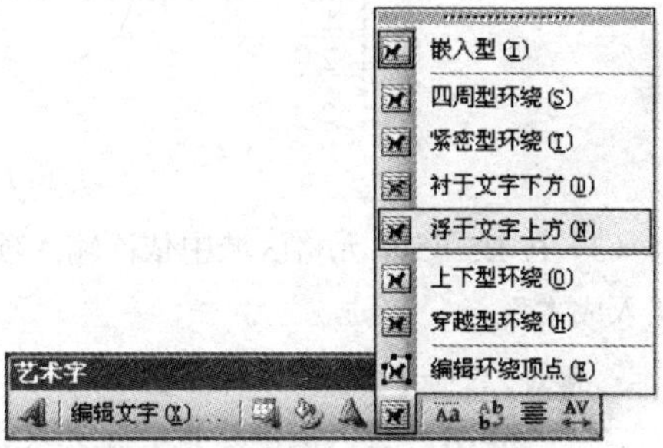

图 7.2.13　选择艺术字的环绕方式

（17）将艺术字拖放到文本框的合适位置，最终效果如图 7.2.1 所示。

综合实例 3　股票投资管理

实例内容

本例制作股票投资管理，最终效果如图 7.3.1 所示。

	A	B	C	D	E	F	G	H
1								
2								
3		股票管理表						
4								
5		代码	股票名称	买入价格	买入股数	买入成本	当日收盘价	当日盈亏
6		600054	黄山旅游	13.68	720.00	9,923.47	16.27	1878.79
7		600677	航天通信	8.99	1,500.00	13,586.14	9.04	75.56
8		600009	上海机场	13.09	500.00	6,594.09	13.01	-40.30
9		600006	东风汽车	3.44	3,000.00	10,397.40	3.49	151.13
10		600726	华电能源	2.68	2,000.00	5,400.20	2.72	80.60
11		600015	华夏银行	10.80	1,000.00	10,881.00	10.77	-30.22
12		600008	首创股份	5.19	2,000.00	10,457.85	5.15	-80.60
13		601901	方正证券	5.23	1,000.00	5,269.23	5.44	211.58

图 7.3.1 最终效果图

设计思想

在制作过程中，主要用到表格的制作、单元格格式的设置、公式的创建、公式的复制、自动填充单元格、添加记录等操作。

操作步骤

（1）单击“常用”工具栏中的“新建”按钮，新建一个工作簿。

（2）在 B3 单元格中输入“股票管理表”，选定 B3:F3 单元格区域，单击“常用”工具栏中的“合并及居中”按钮和“加粗”按钮，并设置“字号”为 16，如图 7.3.2 所示。

	A	B	C	D	E	F
1						
2						
3		股票管理表				

图 7.3.2 制作好的表头

（3）在 B5:F5 单元格区域中依次输入项目名称“代码”“股票名称”“买入价格”“买入股数”和“买入成本”。

提示： 买入成本是指实际买入股票所需的资金，包括买入价格、交易费用、印花税等，在此例中假定交易费用及印花税之和为买入或卖出价格的 0.75%。

（4）在 B6:E12 单元格中输入持有的股票代码、股票名称、买入价格、买入股数等数据资料，如图 7.3.3 所示。

	A	B	C	D	E	F
1						
2						
3		股票管理表				
4						
5		代码	股票名称	买入价格	买入股数	买入成本
6		600054	黄山旅游	13.68	720	
7		600677	航天通信	8.99	1500	
8		600009	上海机场	13.09	500	
9		600006	东风汽车	3.44	3000	
10		600726	华电能源	2.68	2000	
11		600015	华夏银行	10.80	1000	
12		600008	首创股份	5.19	2000	

图 7.3.3 输入数据

（5）在 F6 单元格中输入计算公式“=D6*E6*(1+0.75%)”，按回车键，将计算出该股票的买入成本，如图 7.3.4 所示。

F6 =D6*E6*(1+0.75%)

	A	B	C	D	E	F
1						
2						
3				股票管理表		
4						
5		代码	股票名称	买入价格	买入股数	买入成本
6		600054	黄山旅游	13.68	720	9923.472
7		600677	航天通信	8.99	1500	
8		600009	上海机场	13.09	500	
9		600006	东风汽车	3.44	3000	
10		600726	华电能源	2.68	2000	
11		600015	华夏银行	10.80	1000	
12		600008	首创股份	5.19	2000	

图 7.3.4 计算出该股票的买入成本

（6）选定 F6 单元格，将鼠标指针移至该单元格的右下方的填充柄上，当鼠标指针变为“十”字形状时，按住鼠标左键拖动至 F12 单元格，如图 7.3.5 所示。

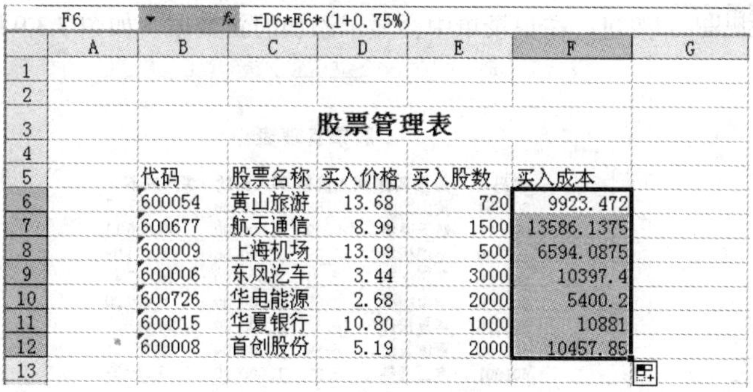

F6 =D6*E6*(1+0.75%)

	A	B	C	D	E	F	G
1							
2							
3				股票管理表			
4							
5		代码	股票名称	买入价格	买入股数	买入成本	
6		600054	黄山旅游	13.68	720	9923.472	
7		600677	航天通信	8.99	1500	13586.1375	
8		600009	上海机场	13.09	500	6594.0875	
9		600006	东风汽车	3.44	3000	10397.4	
10		600726	华电能源	2.68	2000	5400.2	
11		600015	华夏银行	10.80	1000	10881	
12		600008	首创股份	5.19	2000	10457.85	
13							

图 7.3.5 复制公式

（7）选定 F6:F12 单元格区域，并在其上单击鼠标右键，从弹出的快捷菜单中选择 设置单元格格式(F)... 命令，打开 单元格格式 对话框。

（8）选择 数字 选项卡，在“分类”列表框中选择“数值”选项，在“小数位数”数值框中输入 2，选中 ☑使用千位分隔符(,)(U) 复选框，在“负数”列表框中选择－1,234.10，如图 7.3.6 所示。

（9）单击 确定 按钮，单元格的数值格式设置完成，如图 7.3.7 所示。

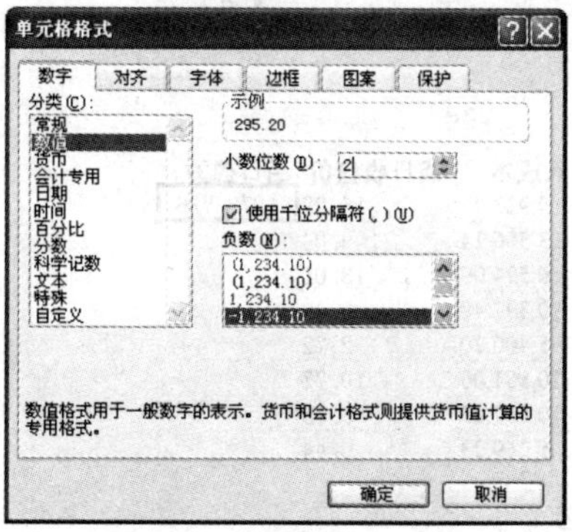

图 7.3.6 “单元格格式”对话框

	A	B	C	D	E	F
1						
2						
3				股票管理表		
4						
5		代码	股票名称	买入价格	买入股数	买入成本
6		600054	黄山旅游	13.68	720	9,923.47
7		600677	航天通信	8.99	1500	13,586.14
8		600009	上海机场	13.09	500	6,594.09
9		600006	东风汽车	3.44	3000	10,397.40
10		600726	华电能源	2.68	2000	5,400.20
11		600015	华夏银行	10.80	1000	10,881.00
12		600008	首创股份	5.19	2000	10,457.85

图 7.3.7 设置数值格式

（10）用同样的方法，将 E6:E12 单元格区域也进行数值格式设置。

（11）选中 B5:F5 单元格区域，在“格式”工具栏中单击“字体颜色”按钮 A ，从弹出的下拉列表中选择“蓝色”，并单击“加粗”按钮 B 。

（12）选定 B13 单元格，选择 数据(D) → 记录单(O)... 命令，在弹出的 Sheet1 对话框中单击 新建(W) 按钮，在记录单中添加新的数据，如图 7.3.8 所示。

图 7.3.8　Sheet1 对话框

（13）单击 关闭(L) 按钮，在记录单中会显示添加的新数据，如图 7.3.9 所示。

	A	B	C	D	E	F
1						
2						
3				股票管理表		
4						
5		代码	股票名称	买入价格	买入股数	买入成本
6		600054	黄山旅游	13.68	720.00	9,923.47
7		600677	航天通信	8.99	1,500.00	13,586.14
8		600009	上海机场	13.09	500.00	6,594.09
9		600006	东风汽车	3.44	3,000.00	10,397.40
10		600726	华电能源	2.68	2,000.00	5,400.20
11		600015	华夏银行	10.80	1,000.00	10,881.00
12		600008	首创股份	5.19	2,000.00	10,457.85
13		601901	方正证券	5.23	1,000.00	5,269.23

图 7.3.9　添加的记录数据

（14）分别在单元格 G5 和 H5 单元格中输入“当日收盘价”和“当日盈亏”，按回车键后，标题行格式会自动套用到该单元格区域。

（15）在 G6:G13 单元格区域中输入当天的数据，在 H6 单元格中输入公式“=G6*E6*(1+0.75%)-F6”，按回车键，计算出当日的盈亏，如图 7.3.10 所示。

H6　　fx =G6*E6*(1+0.75%)-F6

	A	B	C	D	E	F	G	H
1								
2								
3				股票管理表				
4								
5		代码	股票名称	买入价格	买入股数	买入成本	当日收盘价	当日盈亏
6		600054	黄山旅游	13.68	720.00	9,923.47	16.27	1878.786
7		600677	航天通信	8.99	1,500.00	13,586.14	9.04	
8		600009	上海机场	13.09	500.00	6,594.09	13.01	
9		600006	东风汽车	3.44	3,000.00	10,397.40	3.49	
10		600726	华电能源	2.68	2,000.00	5,400.20	2.72	
11		600015	华夏银行	10.80	1,000.00	10,881.00	10.77	
12		600008	首创股份	5.19	2,000.00	10,457.85	5.15	
13		601901	方正证券	5.23	1,000.00	5,269.23	5.44	

图 7.3.10　计算当日盈亏

提示： 在此假定：当日盈亏=当日收盘价×买入股数×（1+0.75%）－买入成本

（16）将计算公式复制至下面的单元格中，即计算出了各股票的当日盈亏。

（17）选定 H6:H13 单元格区域，单击“格式”工具栏上的“减少小数位数”按钮，使单元格中的数据小数位数保留两位，最终效果如图 7.3.1 所示。

综合实例 4　制作损益表

实例内容

本例为制作损益表的实例，最终效果如图 7.4.1 所示。

	A	B	C	D	E	F	G	H
1		项目	第一季度	第二季度	第三季度	第四季度	总计	
2	收入	营业额	45000	50000	80000	70000	245000	
3								
4		工资费用	21000	21500	21500	21000	85000	
5		财务费用	1500	1200	1000	1350	5050	
6	支出	房租	2400	2400	2400	2400	9600	
7		广告费用	3500	3000	2500	2300	11300	
8		购贷支出	18000	10000	15000	20000	63000	
9		合计	46400	38100	42400	47050	173950	
10	损益	季度损益	-1400	11900	37600	22950	71050	
11		年度损益	-1400	10500	48100	71050	142100	

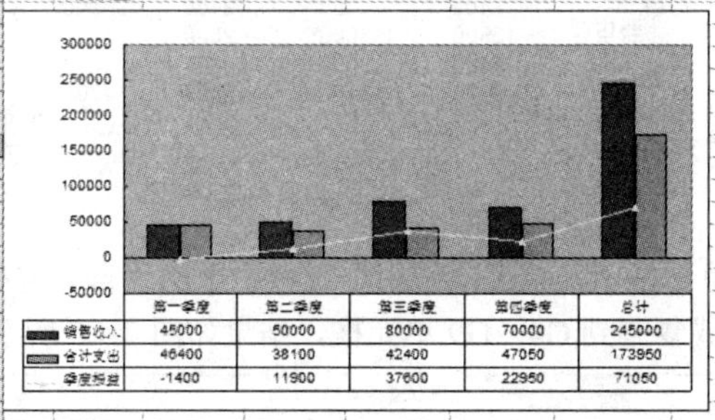

图 7.4.1　最终效果图

设计思想

在制作过程中，主要用到数据的求和、公式的描述、公式的复制和制作统计图等操作。

操作步骤

（1）启动 Excel 2003，单击工具栏上的“新建”按钮，新建一个工作簿。

（2）在工作表中输入相应数据，如图 7.4.2 所示。

	A	B	C	D	E	F	G
1		项目	第一季度	第二季度	第三季度	第四季度	总计
2	收入	营业额	45000	50000	80000	70000	
3							
4		工资费用	21000	21500	21500	21000	
5		财务费用	1500	1200	1000	1350	
6	支出	房租	2400	2400	2400	2400	
7		广告费用	3500	3000	2500	2300	
8		购贷支出	18000	10000	15000	20000	
9		合计					
10	损益	季度损益					
11		年度损益					

图 7.4.2　输入数据

（3）选中 C9 单元格，单击“常用”工具栏上的“自动求和”按钮Σ，按 Enter 键，结果如图 7.4.3 所示。

C9 =SUM(C4:C8)

	A	B	C	D	E	F	G
1		项目	第一季度	第二季度	第三季度	第四季度	总计
2	收入	营业额	45000	50000	80000	70000	
3							
4		工资费用	21000	21500	21500	21000	
5		财务费用	1500	1200	1000	1350	
6	支出	房租	2400	2400	2400	2400	
7		广告费用	3500	3000	2500	2300	
8		购贷支出	18000	10000	15000	20000	
9		合计	46400				
10	损益	季度损益					
11		年度损益					

图 7.4.3 求和结果

（4）选中 C9 单元格，拖动单元格黑色边框右下角的黑色小点至 F9 单元格，将求和公式复制到 D9～F9 单元格，结果如图 7.4.4 所示。

	A	B	C	D	E	F	G
1		项目	第一季度	第二季度	第三季度	第四季度	总计
2	收入	营业额	45000	50000	80000	70000	
3							
4		工资费用	21000	21500	21500	21000	
5		财务费用	1500	1200	1000	1350	
6	支出	房租	2400	2400	2400	2400	
7		广告费用	3500	3000	2500	2300	
8		购贷支出	18000	10000	15000	20000	
9		合计	46400	38100	42400	47050	
10	损益	季度损益					
11		年度损益					

图 7.4.4 复制公式

（5）将光标置于 G2 单元格中，单击“常用”工具栏上的“自动求和”按钮Σ，按 Enter 键，重复第（4）步操作，将公式复制到 G4～G9 单元格，结果如图 7.4.5 所示。

G4 =SUM(C4:F4)

	A	B	C	D	E	F	G	H
1		项目	第一季度	第二季度	第三季度	第四季度	总计	
2	收入	营业额	45000	50000	80000	70000	245000	
3								
4		工资费用	21000	21500	21500	21000	85000	
5		财务费用	1500	1200	1000	1350	5050	
6	支出	房租	2400	2400	2400	2400	9600	
7		广告费用	3500	3000	2500	2300	11300	
8		购贷支出	18000	10000	15000	20000	63000	
9		合计	46400	38100	42400	47050	173950	
10	损益	季度损益						
11		年度损益						

图 7.4.5 复制公式结果

（6）计算季度损益。季度损益等于销售收入减去支出合计，双击 C10 单元格，输入“=”，单击“C2”单元格再输入“－”，单击 C9 单元格，如图 7.4.6 所示，按 Enter 键，得出计算结果。

SUM =C2-C9

	A	B	C	D	E	F	G
1		项目	第一季度	第二季度	第三季度	第四季度	总计
2	收入	营业额	45000	50000	80000	70000	245000
3							
4		工资费用	21000	21500	21500	21000	85000
5		财务费用	1500	1200	1000	1350	5050
6	支出	房租	2400	2400	2400	2400	9600
7		广告费用	3500	3000	2500	2300	11300
8		购贷支出	18000	10000	15000	20000	63000
9		合计	46400	38100	42400	47050	173950
10	损益	季度损益	=C2-C9				
11		年度损益					

图 7.4.6 输入公式后得出的结果

（7）选中 C10 单元格，用鼠标拖动黑色边框右下角的黑色小点，将公式复制到 D10～G10 单元格，如图 7.4.7 所示。

C10 =C2-C9

	A	B	C	D	E	F	G	H
1		项目	第一季度	第二季度	第三季度	第四季度	总计	
2	收入	营业额	45000	50000	80000	70000	245000	
3								
4		工资费用	21000	21500	21500	21000	85000	
5		财务费用	1500	1200	1000	1350	5050	
6	支出	房租	2400	2400	2400	2400	9600	
7		广告费用	3500	3000	2500	2300	11300	
8		购贷支出	18000	10000	15000	20000	63000	
9		合计	46400	38100	42400	47050	173950	
10	损益	季度损益	-1400	11900	37600	22950	71050	
11		年度损益						
12								

图 7.4.7 计算季度损益

（8）计算年度损益。年度损益等于上季损益加上本季损益。双击 C11 单元格，输入“=”，单击“C10”单元格，如图 7.4.8 所示。按 Enter 键，计算出第一季度的年度损益。

C11 =C10

	A	B	C	D	E	F	G
1		项目	第一季度	第二季度	第三季度	第四季度	总计
2	收入	营业额	45000	50000	80000	70000	245000
3							
4		工资费用	21000	21500	21500	21000	85000
5		财务费用	1500	1200	1000	1350	5050
6	支出	房租	2400	2400	2400	2400	9600
7		广告费用	3500	3000	2500	2300	11300
8		购贷支出	18000	10000	15000	20000	63000
9		合计	46400	38100	42400	47050	173950
10	损益	季度损益	-1400	11900	37600	22950	71050
11		年度损益	-1400				

图 7.4.8 计算第一季度的年度损益

（9）双击 D11 单元格，输入“=”，单击“D10”单元格，再输入“+”，然后单击“C11”单元格，如图 7.4.9 所示。按 Enter 键，计算出第二季度的年度损益。

SUM =D10+C11

	A	B	C	D	E	F	G
1		项目	第一季度	第二季度	第三季度	第四季度	总计
2	收入	营业额	45000	50000	80000	70000	245000
3							
4		工资费用	21000	21500	21500	21000	85000
5		财务费用	1500	1200	1000	1350	5050
6	支出	房租	2400	2400	2400	2400	9600
7		广告费用	3500	3000	2500	2300	11300
8		购贷支出	18000	10000	15000	20000	63000
9		合计	46400	38100	42400	47050	173950
10	损益	季度损益	-1400	11900	37600	22950	71050
11		年度损益	-1400	=D10+C11			

图 7.4.9 计算第二季度的年度损益

（10）重复第（4）步操作，将 D11 单元格中的年度损益公式复制到 E11～G11 单元格，如图 7.4.10 所示。

G11 =G10+F11

	A	B	C	D	E	F	G	H
1		项目	第一季度	第二季度	第三季度	第四季度	总计	
2	收入	营业额	45000	50000	80000	70000	245000	
3								
4		工资费用	21000	21500	21500	21000	85000	
5		财务费用	1500	1200	1000	1350	5050	
6	支出	房租	2400	2400	2400	2400	9600	
7		广告费用	3500	3000	2500	2300	11300	
8		购贷支出	18000	10000	15000	20000	63000	
9		合计	46400	38100	42400	47050	173950	
10	损益	季度损益	-1400	11900	37600	22950	71050	
11		年度损益	-1400	10500	48100	71050	142100	
12								
13								

图 7.4.10 复制公式

（11）按住“Ctrl”键，选中 B1～G2，B9～G10 和 B10～G10 单元格，单击“常用”工具栏上的“图表向导”按钮，弹出图表向导 － 4 步骤之 1 － 图表类型对话框。选择自定义类型选项卡，在“图表类型”列表中选择“线－柱图”选项，如图 7.4.11 所示。

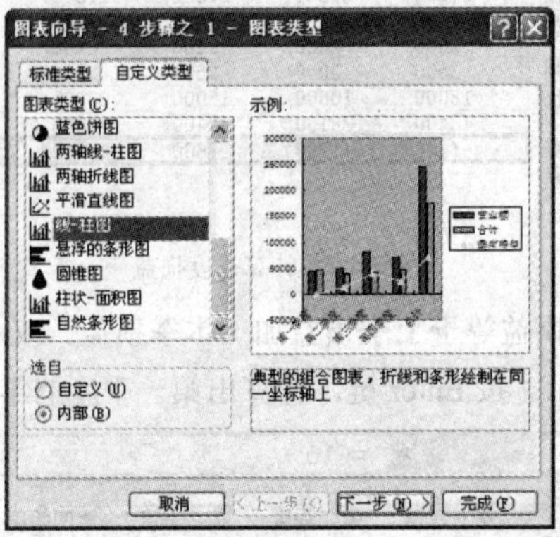

图 7.4.11　“图表向导－4 步骤之 1－图表类型”对话框

（12）单击下一步(N) >按钮，弹出图表向导 － 4 步骤之 2 － 图表源数据对话框。选择系列选项卡，在“系列”列表中选择“营业额”，将“名称”文本框中的内容改为“销售收入”；在“系列”列表中选择“合计”，将“名称”文本框中的内容改为“合计支出”，如图 7.4.12 所示。

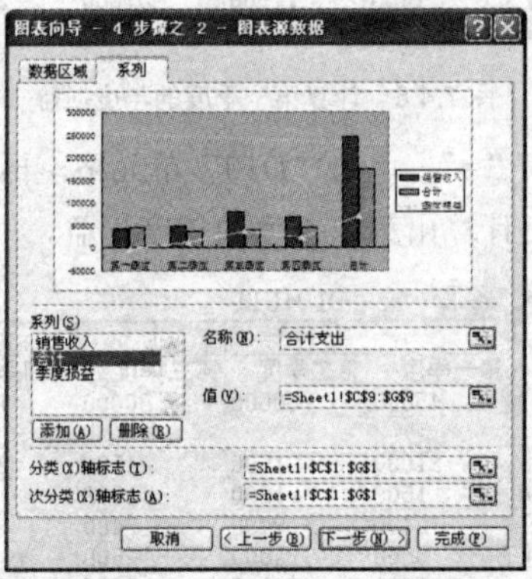

图 7.4.12　“图表向导－4 步骤之 2－图表源数据”对话框

（13）单击下一步(N) >按钮，弹出图表向导 － 4 步骤之 3 － 图表选项对话框。选择图例选项卡，取消显示图例(S)复选框。打开数据表选项卡，选中显示数据表(D)复选框，如图 7.4.13 所示。

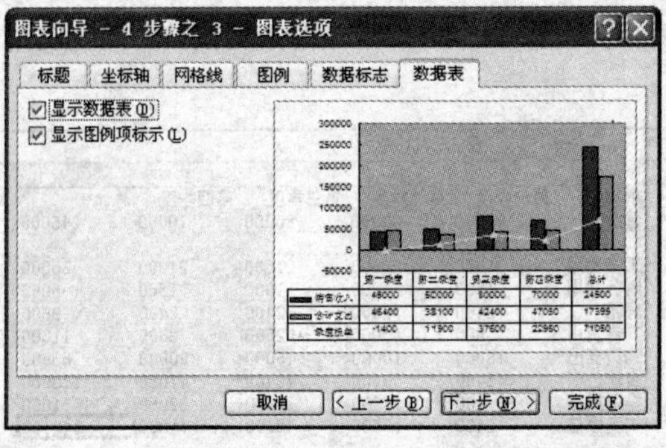

图 7.4.13　“图表向导－4 步骤之 3－图表选项”对话框

（14）单击下一步(N) >按钮，弹出图表向导 － 4 步骤之 4 － 图表位置对话框，如图 7.4.14 所示。

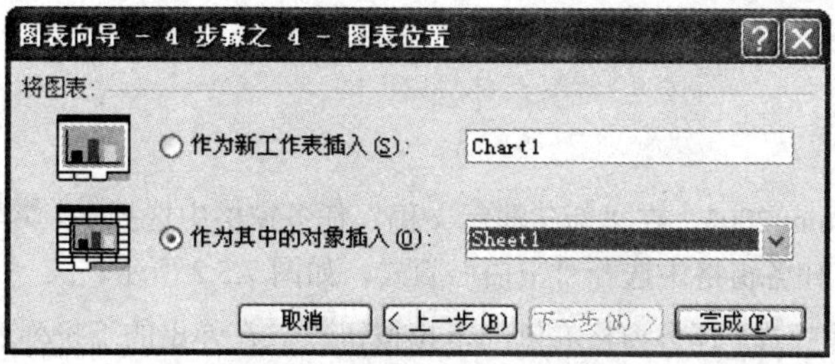

图 7.4.14 “图表向导 - 4 步骤之 4 - 图表位置”对话框

（15）单击 完成(F) 按钮，图表添加完成，效果如图 7.4.15 所示。

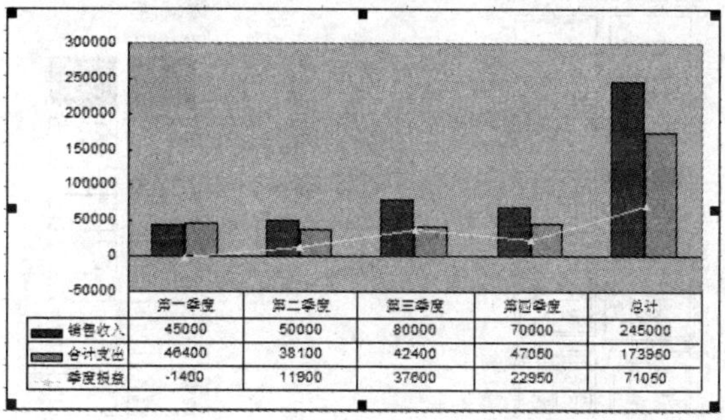

图 7.4.15　图表效果

（16）单击选中图表，按住鼠标左键，将图表移动到工作表的合适位置，效果如图 7.4.1 所示。

综合实例 5　制作“古诗欣赏”幻灯片

实例内容

本例为制作题为“古诗欣赏”的幻灯片，最终效果如图 7.5.1 所示。

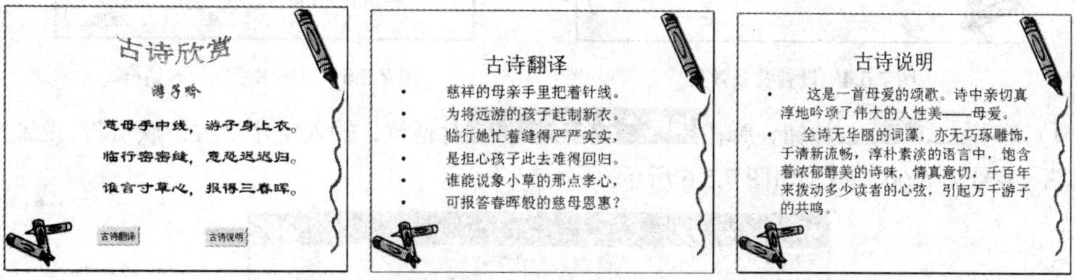

图 7.5.1　最终效果图

设计思想

在制作过程中，主要用到模板的运用、艺术字的插入、按钮的制作、超链接的设置、动画的运用等操作。

操作步骤

（1）启动 PowerPoint 2003，在“新建演示文稿”任务窗格中选择 根据设计模板 超链接，在弹出的“幻灯片版式”任务窗格中选择“空白”版式，如图 7.5.2 所示。

（2）单击“幻灯片版式”任务窗格右侧的下拉按钮，在弹出的下拉列表中选择“幻灯片设计”命令，打开“幻灯片设计”任务窗格，如图 7.5.3 所示。从中选择“Crayons”版式，如图 7.5.4 所示。

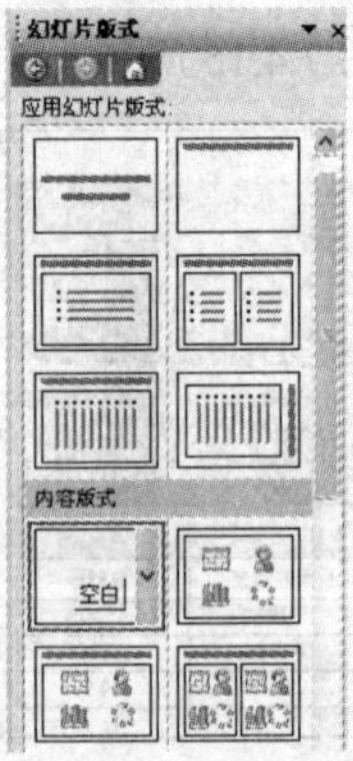

图 7.5.2　“幻灯片版式”任务窗格

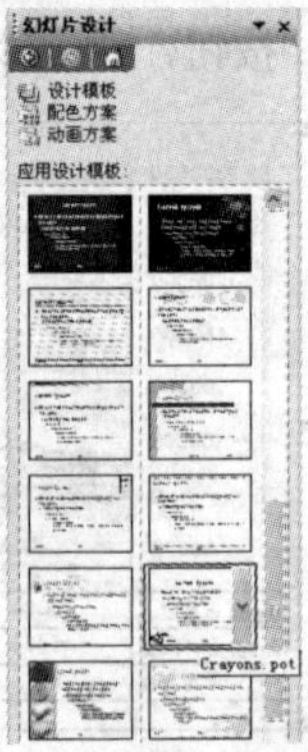

图 7.5.3　“幻灯片设计”任务窗格

（3）单击“绘图”工具栏中的“插入艺术字”按钮，弹出“艺术字”库对话框，选择第一行第五种艺术字样式，如图 7.5.5 所示。

图 7.5.4　设置背景效果

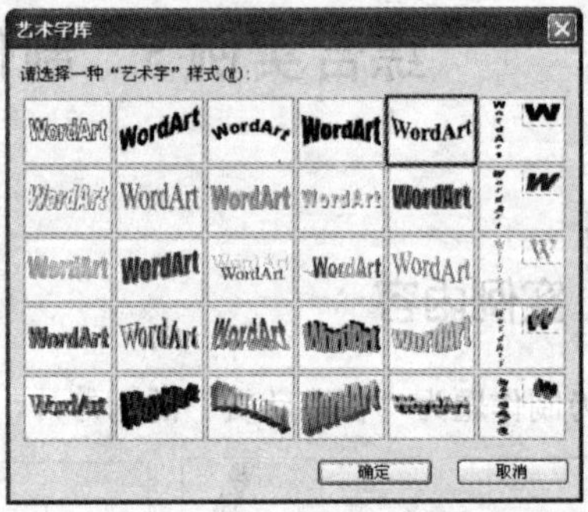

图 7.5.5　“艺术字库”对话框

（4）单击 确定 按钮，弹出编辑“艺术字”文字对话框，输入文字“古诗欣赏”，设置字体为“宋体”，字号为“60”磅，如图 7.5.6 所示。

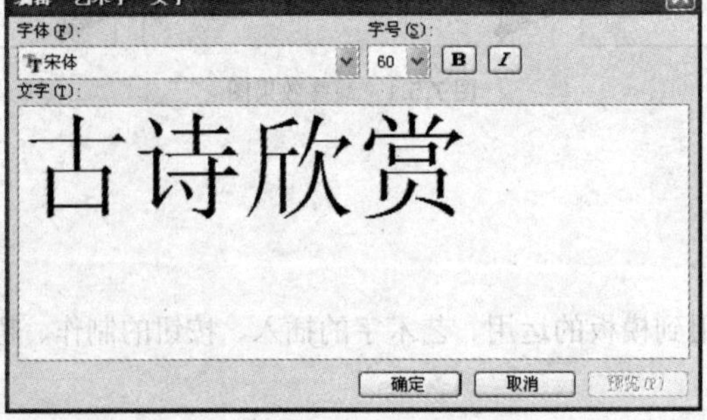

图 7.5.6　“编辑‘艺术字’文字”对话框

（5）单击 确定 按钮，即可在文档中插入艺术字，如图 7.5.7 所示。

图 7.5.7　插入艺术字效果

（6）选中艺术字“古诗欣赏”，单击鼠标右键，在弹出的快捷菜单中选择 设置艺术字格式(O)... 命令，弹出 设置艺术字格式 对话框。选择 颜色和线条 选项卡，在线条颜色下拉列表中选择“红色”，在填充颜色下拉列表中选择 填充效果(F)... 命令，如图 7.5.8 所示。

（7）这时弹出 填充效果 对话框，选择 渐变 选项卡，选中 双色(T) 单选按钮，设置“颜色 1”为“红色”，“颜色 2”为“黄色”，选中 水平(Z) 单选按钮，在“变形”中选择第一种样式，单击 确定 按钮，效果如图 7.5.9 所示。

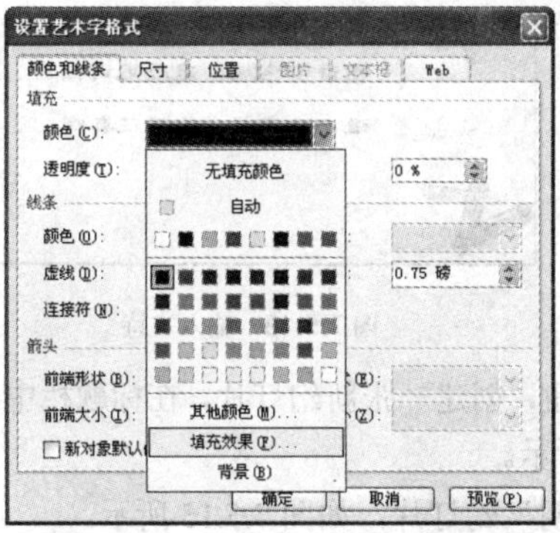

图 7.5.8　“设置艺术字格式”对话框

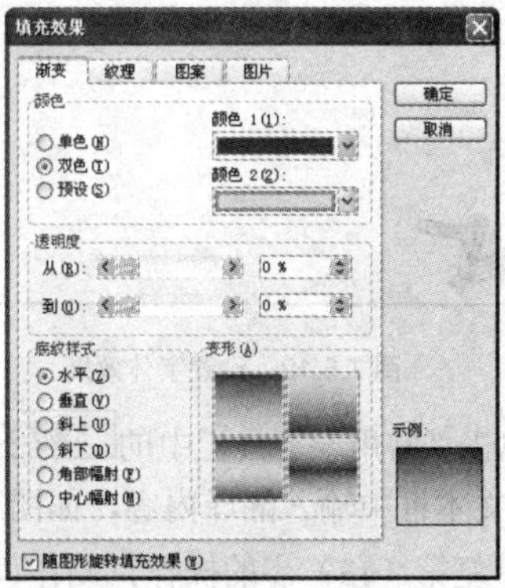

图 7.5.9　“填充效果”对话框

（8）单击 确定 按钮返回到 设置艺术字格式 对话框，再单击 确定 按钮，效果如图 7.5.10 所示。

图 7.5.10　设置的艺术字效果

（9）选择 插入(I) → 文本框(X) → 水平(H) 命令，在幻灯片中插入一个横排文本框，并输入文字“游子吟”。

（10）选中文本框中的文字，选择 格式(O) → A 字体(F)... 命令，弹出 字体 对话框。设置字体为“华文行楷”，字号为“36”磅，文字颜色为“紫色”，如图 7.5.11 所示。

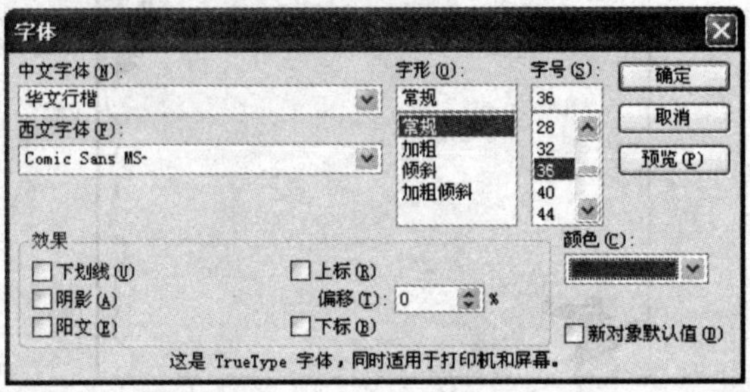

图 7.5.11 “字体”对话框

（11）单击 确定 按钮，效果如图 7.5.12 所示。

（12）重复第（9）～（11）步操作，在幻灯片中输入古诗作者和诗句，设置字体为“隶书”，字号为“36”磅，文字颜色为“蓝色”，效果如图 7.5.13 所示。

图 7.5.12 设置字体效果

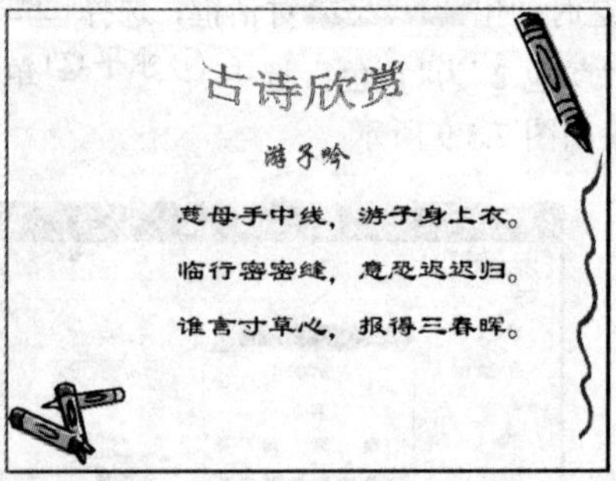

图 7.5.13 输入古诗

（13）单击“常用”工具栏中的 新幻灯片(N) 按钮，创建一张新幻灯片，在标题栏中输入文字“古诗翻译”，在文本框中输入翻译内容，如图 7.5.14 所示。

（14）重复第（13）步的操作，制作“古诗说明”幻灯片，如图 7.5.15 所示。

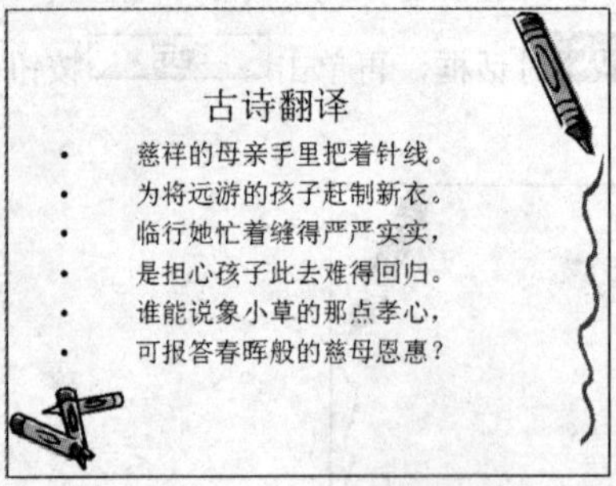

图 7.5.14 输入古诗翻译内容

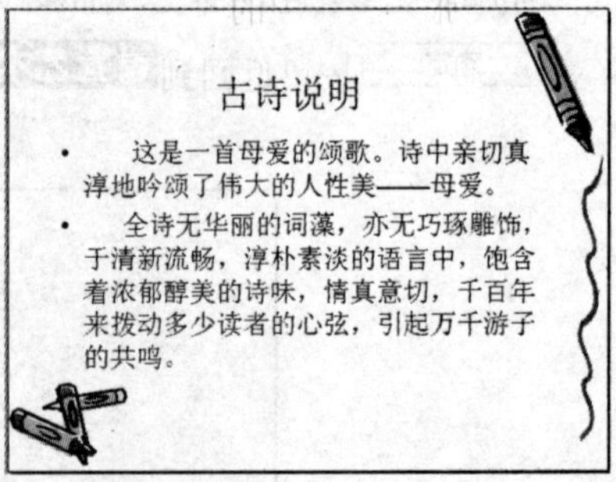

图 7.5.15 输入古诗说明内容

（15）选择第一张幻灯片，选择 幻灯片放映(D) → 动作按钮(I) → □ 命令，当鼠标变成“十”字时，在幻灯片上绘制按钮，系统自动弹出 动作设置 对话框，选中 ⊙超链接到(H): 单选按钮，如图 7.5.16 所示。

（16）在弹出的下拉菜单中选择“幻灯片...”，弹出 超链接到幻灯片 对话框。在“幻灯片标题”列表中选择“古诗翻译”，如图 7.5.17 所示。

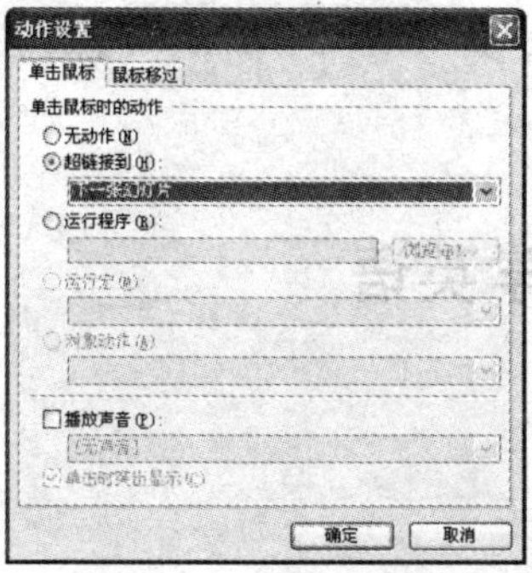

图 7.5.16　“动作设置”对话框

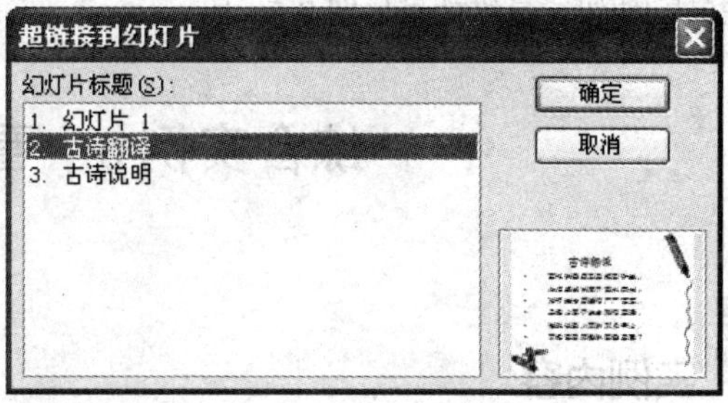

图 7.5.17　“超链接到幻灯片”对话框

（17）单击 确定 按钮返回到 动作设置 对话框，再单击 确定 按钮，即可在幻灯片中插入动作按钮。

（18）在新插入的按钮上单击鼠标右键，在弹出的快捷菜单中选择 添加文本(X) 命令。在按钮上输入文字“古诗翻译”，设置字体为“宋体”，字号为“18”磅，如图 7.5.18 所示。

（19）重复第（15）～（18）步操作，制作“古诗说明”按钮，如图 7.5.19 所示。

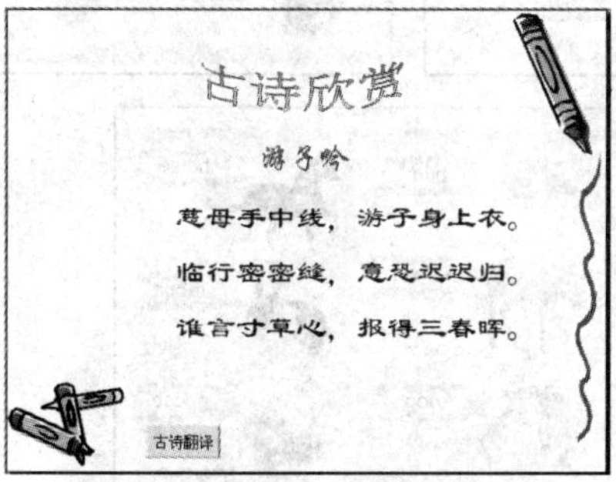

图 7.5.18　制作“古诗翻译”按钮

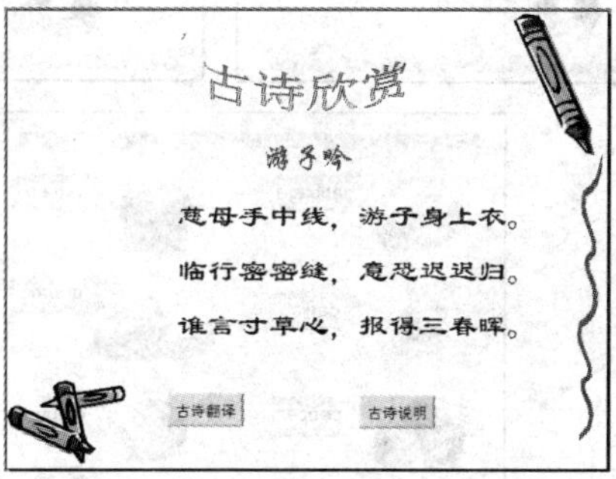

图 7.5.19　制作“古诗说明”按钮

（20）选择 幻灯片放映(D) → 自定义动画(M)... 命令，打开“自定义动画”任务窗格。单击“自定义动画”任务窗格中的 添加效果 按钮，为幻灯片各部分设置动态效果。

（21）选中第一张幻灯片中的文字“古诗欣赏”，设置“进入”动态效果为 6. 螺旋飞入。

（22）选中第一张幻灯片中的古诗内容，设置“进入”动态效果为 颜色打字机。

（23）选中第二张幻灯片中的文字“古诗翻译”，设置“进入”动态效果为 升起。

（24）选中第二张幻灯片中的翻译文字，设置“进入”动态效果为 滑翔。

（25）重复上述操作，设置第三张幻灯片动态效果。设置好动态效果的幻灯片如图 7.5.20 所示。

图 7.5.20　设置动态效果的幻灯片

（26）执行 幻灯片放映(D) → 幻灯片切换(T)... 命令，弹出“幻灯片切换”任务窗格。在“应用于所选幻灯片”列表中选择“无切换”，在“换片方式”栏选中 每隔 00:00 复选框，再单击 应用于所有幻灯片 按钮，最终效果如图 7.5.1 所示。

综合实例 6　看图学英语

实例内容

本例利用 PowerPoint 2003 制作看图学英语幻灯片，最终效果如图 7.6.1 所示。

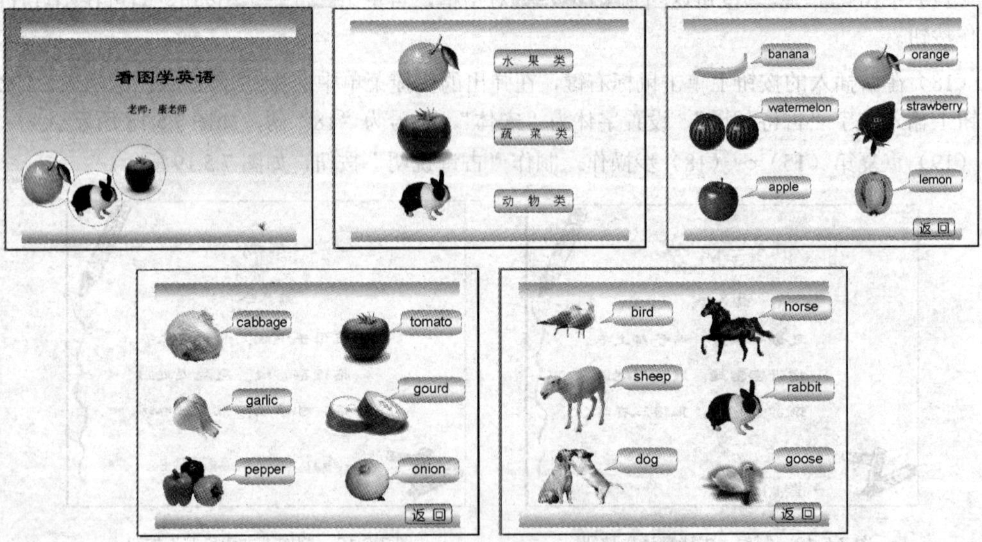

图 7.6.1　最终效果图

设计思想

本实例将生涩的英文单词与对应的实物图片关联起来，摆脱了常规教学中老师带领学生重复念生词的空洞教学方式，让学生在欣赏图片的同时，对学习英语产生兴趣。

本实例将每个单词及声音的出现时间都定义在点击相应的图片后，这样可以让学生自由选择学习的进度及先后顺序，体现了多媒体课件在教学互动上的优势，在制作的过程中主要用到以下知识点：

（1）修改幻灯片母版。

（2）利用触发器，制作单击图片弹出文本框并播放声音效果。

（3）为超链接设置屏幕提示，在鼠标移动到链接时给观众提示性文字。

（4）制作“返回”按钮。

操作步骤

（1）启动 PowerPoint 2003，新建一个空白演示文稿，选中幻灯片中的占位符，并将其删除。

（2）按住“Shift”键的同时，单击窗口右下角的“普通视图”按钮，快速打开幻灯片母版，如图 7.6.2 所示。

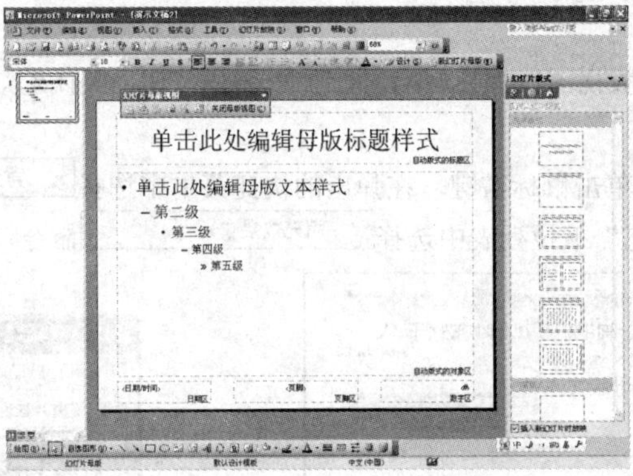

图 7.6.2 打开幻灯片母版

（3）在幻灯片母版视图中绘制一个矩形并单击鼠标右键，在弹出的快捷菜单中选择 设置自选图形格式(O)... 命令，弹出 **设置自选图形格式** 对话框。打开 尺寸 选项卡，将高度设为“1.4 厘米”，宽度设为“22.81 厘米”，如图 7.6.3 所示。

（4）打开 颜色和线条 选项卡，在填充下拉列表中选择 填充效果(F)... 命令，弹出 **填充效果** 对话框。打开 渐变 选项卡，将填充色设置为由草绿到白色的渐变色，在“底纹样式”栏中选中 ⊙水平(Z) 单选按钮，如图 7.6.4 所示。

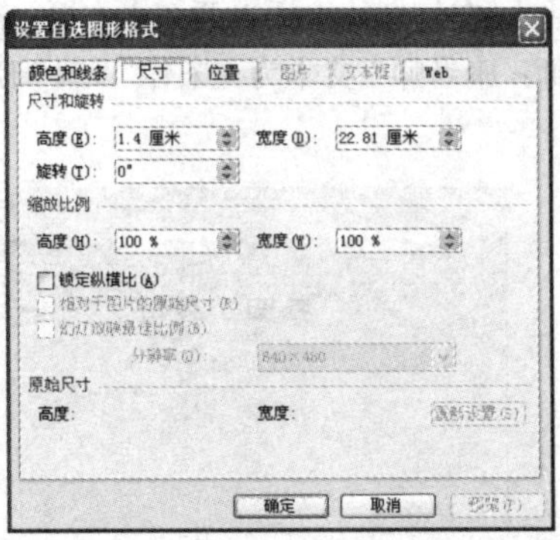

图 7.6.3 设置矩形的大小

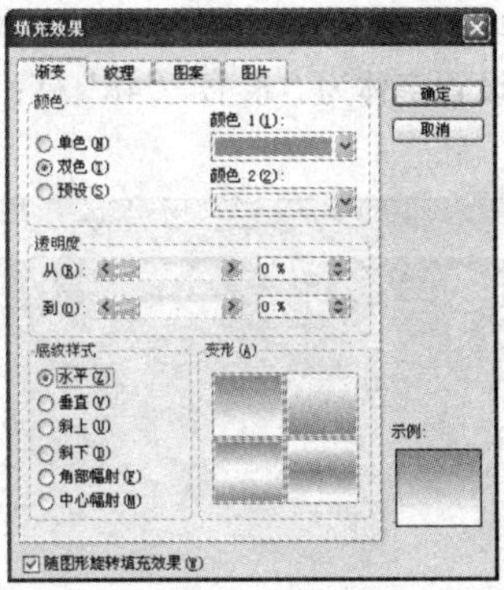

图 7.6.4 填充矩形效果

（5）单击 确定 按钮返回到 **设置自选图形格式** 对话框中，设置线条颜色为无线条颜色。

（6）单击 确定 按钮，把设置好的矩形放在页面的顶端，如图 7.6.5 所示。

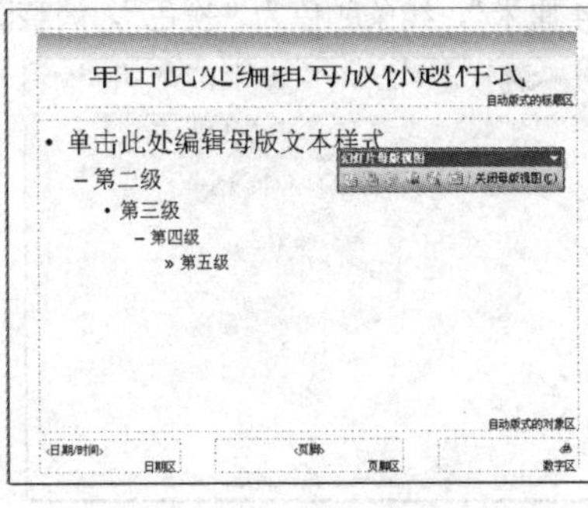

图 7.6.5 设置的填充效果

（7）复制一个相同的矩形，将它放在页面的底端。选中复制的矩形，单击“绘图”工具栏的[绘图(R)▾]按钮，在弹出的下拉列表中选择[旋转或翻转(P)]→[垂直翻转(V)]命令，效果如图 7.6.6 所示。

（8）单击“幻灯片母版视图”工具栏上的[关闭母版视图(C)]按钮，关闭幻灯片母版视图，返回到普通视图。

（9）在幻灯片空白处单击鼠标右键，在弹出的快捷菜单中选择[背景(K)...]命令，弹出背景对话框，在“背景填充”下拉列表中选择[填充效果(F)...]命令，如图 7.6.7 所示。

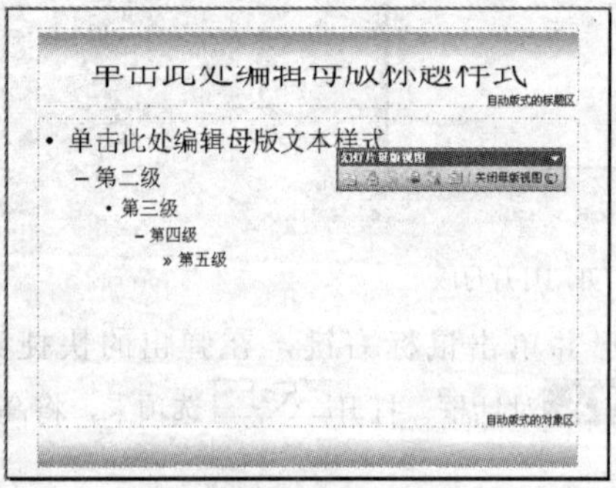

图 7.6.6 调整矩形形状

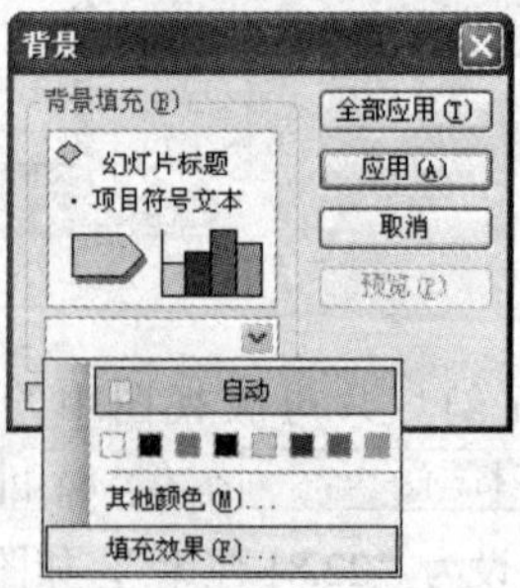

图 7.6.7 “背景”对话框

（10）这时弹出填充效果对话框，将背景色设为与图 7.6.4 所示一样的效果，单击[应用(A)]按钮，效果如图 7.6.8 所示。

（11）单击“绘图”工具栏中的“文本框”按钮，在幻灯片中插入两个文本框，输入文本“看图学英语”，设置字体为“隶书”“48”磅；设置“老师：康老师”文本为“宋体”“24”磅，如图 7.6.9 所示。

图 7.6.8 设置幻灯片背景效果

图 7.6.9 设置文本格式

（12）在“绘图”工具栏中单击“椭圆”按钮，按住“Shift”键，在页面上绘制 3 个大小相同的圆，设置高度和宽度均为“4.4 厘米”，线条颜色为“橙色”，调整圆的位置，效果如图 7.6.10 所示。

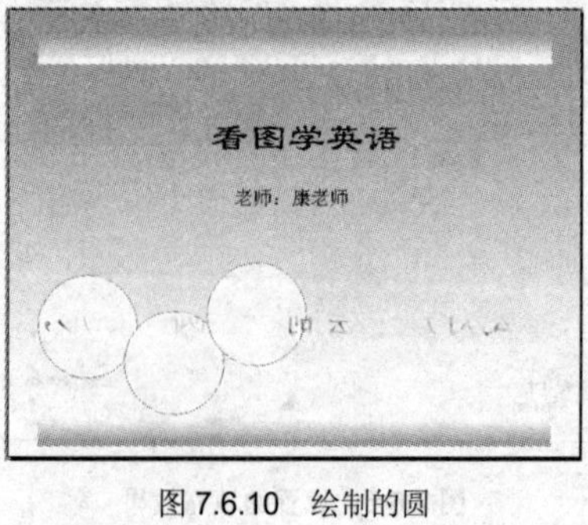

图 7.6.10 绘制的圆

（13）选中其中的一个圆形，单击“填充颜色”按钮右侧的下拉箭头，选择 填充效果(F)... 命令，如图 7.6.11 所示。

（14）这时弹出 填充效果 对话框，打开 图片 选项卡，单击 选择图片(L)... 按钮，打开 选择图片 对话框，选中所需的“橙子”图片，如图 7.6.12 所示。

图 7.6.11　选择“填充效果”命令

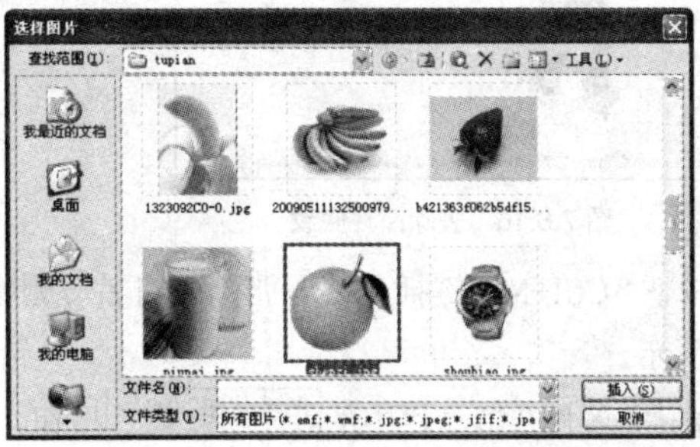

图 7.6.12　选择插入的图片

（15）单击 插入(S) 按钮返回到 填充效果 对话框中，再单击 确定 按钮就可将“橙子”图片填充到图形中了。

（16）同样的，将“兔子”和“西红柿”的图片填充到另外两个图形中，如图 7.6.13 所示。

（17）选择 插入(I) → 影片和声音(V) → 文件中的影片(F)... 命令，弹出 插入声音 对话框，将选择的背景音乐插入到当前幻灯片中，如图 7.6.14 所示。

图 7.6.13　填充图形

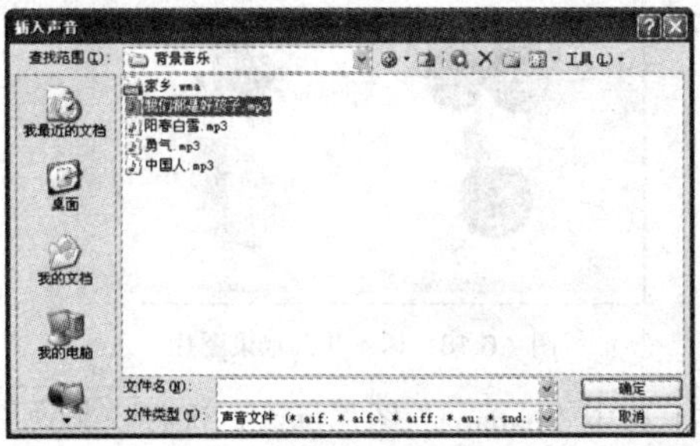

图 7.6.14　插入背景音乐

（18）单击 确定 按钮，弹出询问对话框（见图 7.6.15），单击 自动(A) 按钮。

图 7.6.15　询问对话框

（19）按下“Ctrl+M”键插入一张新幻灯片，删除占位符。将刚才插入的“橙子”“西红柿”和“兔子”的图片插入到幻灯片中。

（20）选中插入的 3 张图片，单击“图片”工具栏中的“设置透明色”按钮，在图片上单击，去掉图片的底纹，调整图片的大小和位置，如图 7.6.16 所示。

（21）单击“绘图”工具栏中的 自选图形(U) 按钮，在弹出的下拉列表中选择 基本形状(B) 命令，单击“圆角矩形”按钮，在幻灯片中绘制一个圆角矩形，调整其大小。

（22）重复步骤（3）（4）的操作，设置圆角矩形的填充色为“草绿－白色－草绿”，线条颜色为“蓝色”。将绘制好的圆角矩形再复制两个，移到合适的位置，分别输入文字“水果类”“蔬菜类”和“动物类”如图 7.6.17 所示。

图 7.6.16　去除图片底纹

图 7.6.17　绘制圆角矩形

（23）按下“Ctrl+M”键插入下一张新幻灯片，删除占位符，将其余的水果图片插入到幻灯片中，如图 7.6.18 所示。

（24）单击“绘图”工具栏中的 自选图形(U) 按钮，在弹出的下拉列表中选择 标注(C) 下的“圆角矩形标注”按钮，设置圆角矩形标注的填充色为“草绿－白色－草绿”，线条颜色为“橙色”。

（25）将绘制好的圆角矩形标注复制到每个水果图旁边，分别输入对应的英文名字，如图 7.6.19 所示。

图 7.6.18　插入其余水果图片

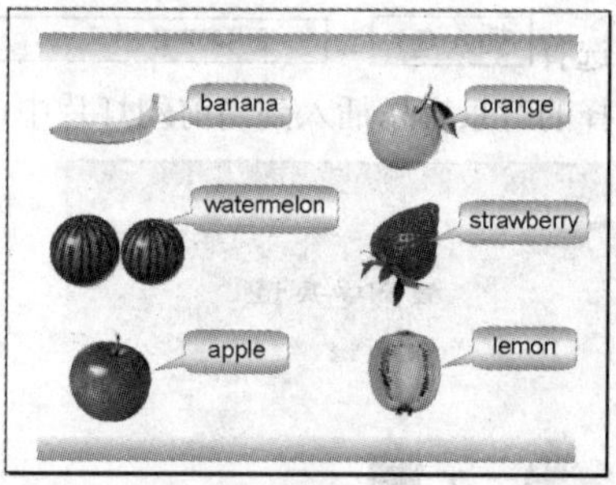

图 7.6.19　给图形添加标注

（26）选中“banana”图形标注，选择 幻灯片放映(D) → 自定义动画(M)... 命令，打开“自定义动画”任务窗格，单击 添加效果 按钮，选择 进入(E) → 其他效果(M)... 命令，弹出 添加进入效果 对话框，从中选择“百叶窗”效果，如图 7.6.20 所示。

（27）在“自定义动画”任务窗格中，使用鼠标右键单击设置的动画，在弹出的快捷菜单中选择 效果选项(E)... 命令，弹出 百叶窗 对话框，在“声音”下拉列表中选择“其他声音”选项，如图 7.6.21 所示。

图 7.6.20　添加进入动画效果

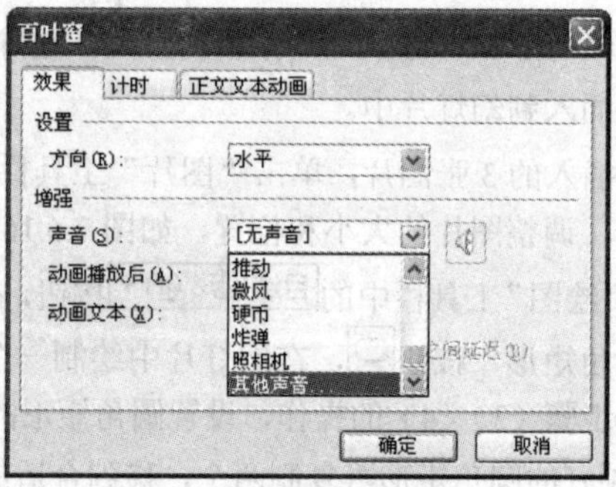

图 7.6.21　设置百叶窗效果

（28）在添加声音对话框中，选择 banana.wav 声音文件，单击确定按钮返回到百叶窗对话框。打开计时选项卡，单击触发器(T)按钮，再单击◎单击下列对象时启动效果(C)：按钮，选中下拉列表中的“香蕉”，如图 7.6.22 所示。

（29）单击确定按钮完成设置。按“Shift+F5”键切换幻灯片到放映视图，当单击香蕉图片时，即可出现“banana”标注框，并播放“banana”声音文件。依次设置其他图片的触发器效果，如图 7.6.23 所示。

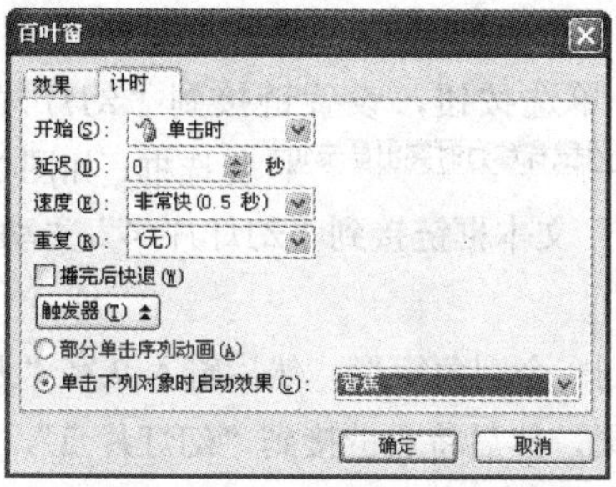

图 7.6.22 设置触发器效果

图 7.6.23 为各图片设置触发器效果

（30）按下“Ctrl+M”键插入下一张新幻灯片，删除占位符，将蔬菜类图片插入到幻灯片中，并设置其他图片的触发器效果，如图 7.6.24 所示。

（31）按下“Ctrl+M”键插入下一张新幻灯片，删除占位符，将动物类图片插入到幻灯片中，并设置其他图片的触发器效果，如图 7.6.25 所示。

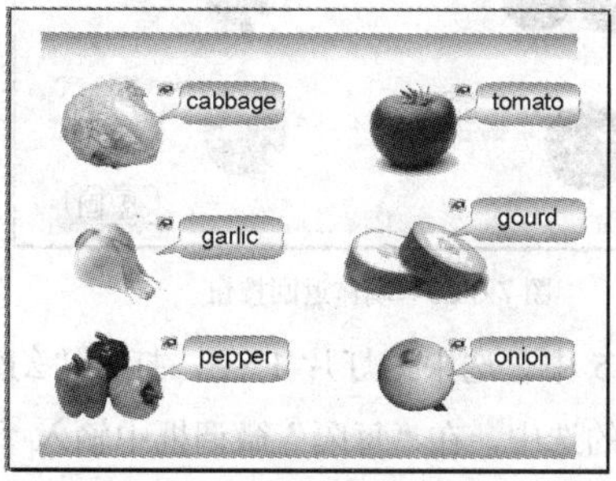

图 7.6.24 蔬菜类幻灯片制作完成

图 7.6.25 动物类幻灯片制作完成

（32）选中第 2 张幻灯片中的“橙子”图片，单击鼠标右键，在弹出的快捷菜单中选择超链接(H)...命令，打开插入超链接对话框。在“链接到”栏中单击本文档中的位置(A)按钮，在“请选择文档中的位置”列表中单击“3.幻灯片 3”，如图 7.6.26 所示。

（33）单击屏幕提示(P)...按钮，弹出设置超链接屏幕提示对话框，在显示文字框中输入“水果类”，如图 7.6.27 所示。

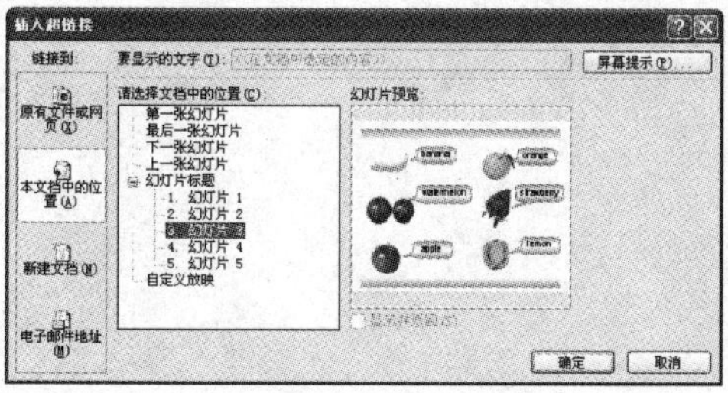

图 7.6.26 插入超链接

图 7.6.27 设置屏幕提示

（34）单击 确定 按钮完成超链接设置。按下“Shift+F5”键切换到幻灯片放映视图，当鼠标指针移动到橙子图片上停留片刻，即可显示出“水果类”提示文字，单击鼠标左键即可跳转到幻灯片 3 中。

（35）使用同样的方法，将“西红柿”图片链接到第四张幻灯片，设置提示文字为“蔬菜类”；将“兔子”图片链接到第五张幻灯片，设置提示文字为“动物类”。

（36）在“水果类”文本框上单击鼠标右键，在弹出的快捷菜单中选择 动作设置(A)... 命令，弹出 动作设置 对话框。

（37）打开 单击鼠标 选项卡，单击 超链接到(H): 单选按钮，设置链接到“幻灯片 3”，选中 单击时突出显示(C) 复选框；打开 鼠标移过 选项卡，选中 鼠标移过时突出显示(O) 复选框，如图 7.6.28 所示。

（38）重复步骤（35）（36）的操作，将“蔬菜类”文本框链接到“幻灯片 4”，“动物类”文本框链接到“幻灯片 5”。

（39）使用“圆角矩形”工具，在幻灯片 3 中绘制一个圆角矩形，然后输入文字“返回”。将该圆角矩形的应用与幻灯片 2 中圆角矩形相同的填充效果，然后将它链接到“幻灯片 2”，提示文字设置为“返回目录页”，如图 7.6.29 所示。

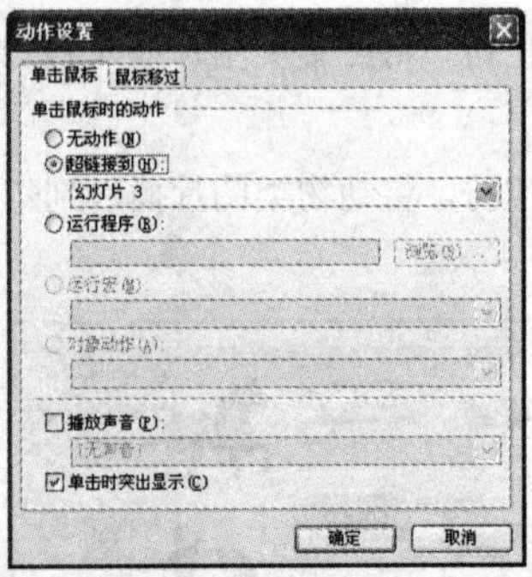

图 7.6.28 动作设置

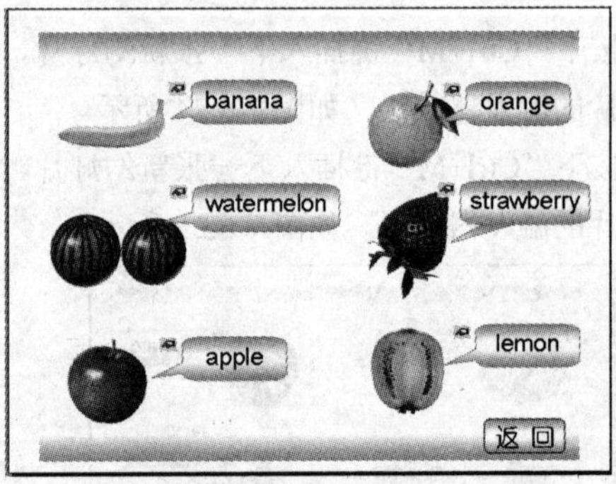

图 7.6.29 制作返回按钮

（40）将“返回”按钮复制到幻灯片 4 和幻灯片 5 中。选中幻灯片 1～5，打开“幻灯片切换”任务窗格，在“换片方式”中取消 单击鼠标时 复选框的选中，在“每隔”微调框中输入“00:02”秒，单击 应用于所有幻灯片 按钮。

（41）单击幻灯片放映按钮，即可播放该幻灯片，最终效果如图 7.6.1 所示。

第 8 章　上 机 实 训

本章通过上机实训培养读者的实际操作能力，使读者达到巩固并检验前面所学知识的目的。

知识要点

- 制作扇子
- 用 Word 2003 制作票据
- 制作横幅标语
- 英语词汇助记单
- 制作活动日历
- 制作工资汇总表
- 制作“公告”幻灯片
- 制作“名言”幻灯片
- 设置电子邮件
- 城市天气播报
- 读书网页

实训 1　制 作 扇 子

1．实训内容

本例为制作扇子的实例，效果如图 8.1.1 所示。

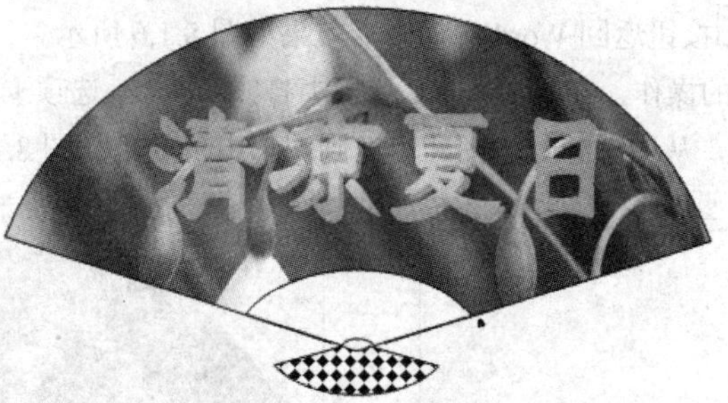

图 8.1.1　效果图

2．实训目的

掌握自选图形和艺术字的插入、翻转以及填充颜色的设置等操作。

3．操作步骤

（1）启动 Word 2003，单击常用工具栏上的“新建”按钮，创建一个新文档。

（2）单击绘图工具栏上的 自选图形(U) 按钮，选择 基本形状(B) 命令，在弹出的下拉列表中单击“空心弧”按钮，在文档中插入一个空心弧图形，如图 8.1.2 所示。

（3）单击空心弧图形上的黄色棱形手柄，拖动鼠标调整空心弧形状，如图 8.1.3 所示。

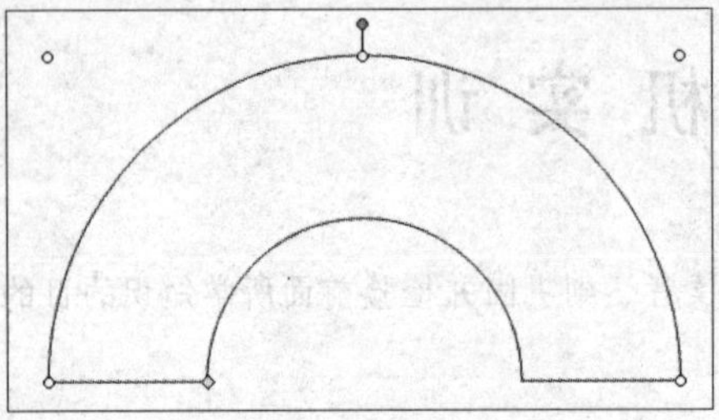

图 8.1.2 插入空心弧图形

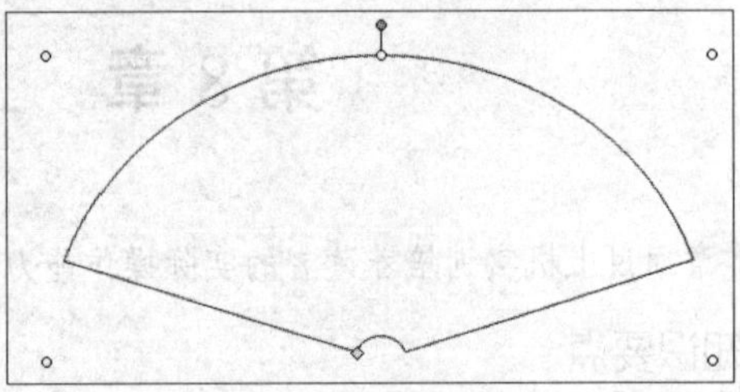

图 8.1.3 调整图形形状

（4）重复第（2）～（3）步操作，在第一个空心弧形下面再插入两个小扇形，调整它们的位置和大小，如图 8.1.4 所示。

（5）选中小扇形，单击鼠标右键，在弹出的快捷菜单中选择 设置自选图形格式(O)... 命令，弹出 设置自选图形格式 对话框。选择 颜色与线条 选项卡，在填充颜色下拉列表中选择 填充效果(F)... 命令，弹出 填充效果 对话框。选择 图案 选项卡，选择“实心菱形”填充图案，如图 8.1.5 所示。

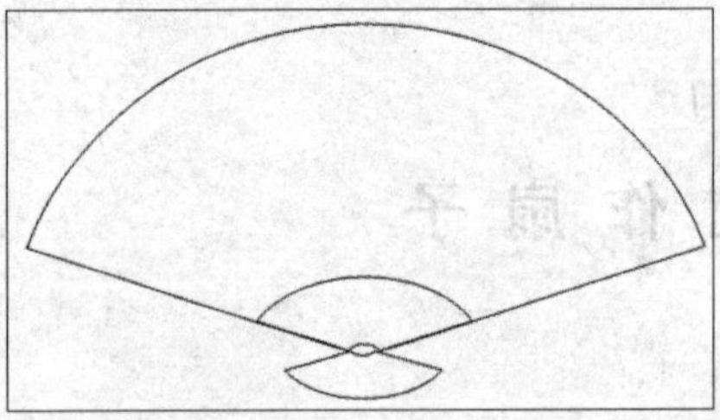

图 8.1.4 插入小扇形

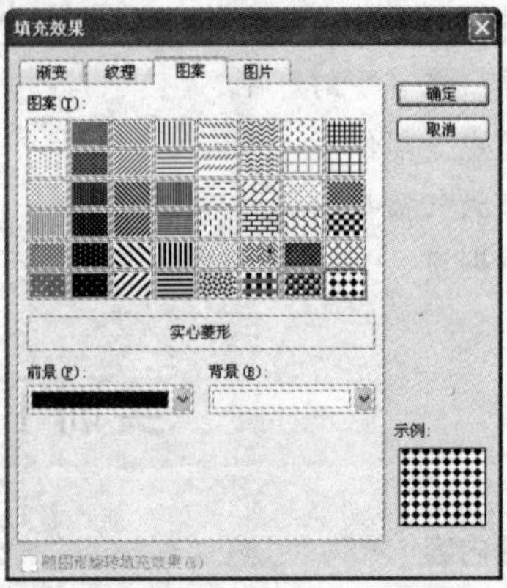

图 8.1.5 “填充效果”对话框

（6）单击 确定 按钮返回 Word 文档中，效果如图 8.1.6 所示。

（7）重复步骤（5）的操作，在 填充效果 对话框中打开 图片 选项卡，单击 选择图片(L)... 按钮，弹出 选择图片 对话框，从中选择一幅图片填充到图形中，效果如图 8.1.7 所示。

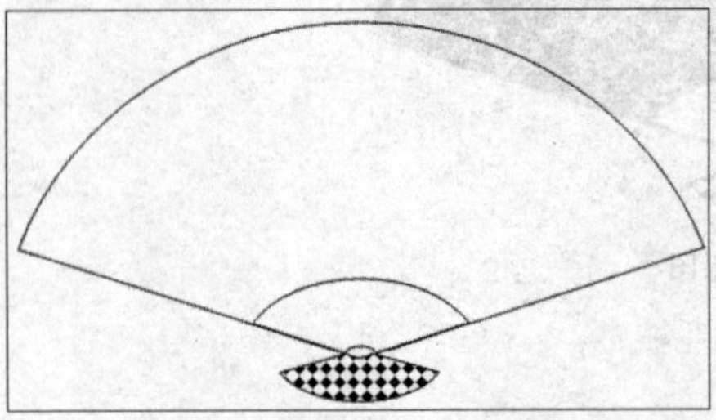

图 8.1.6 设置小扇形填充效果

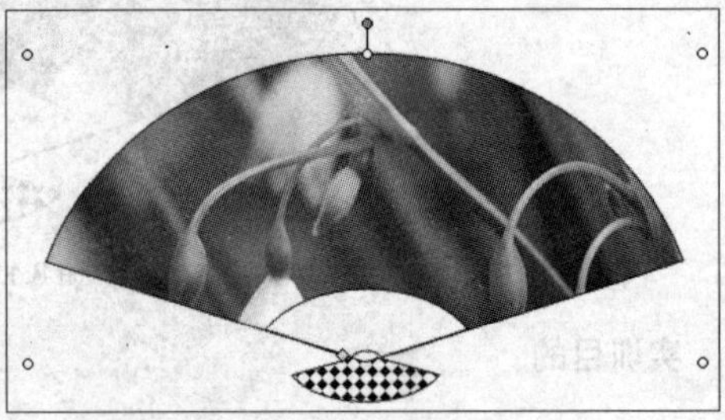

图 8.1.7 填充图形效果

（8）单击“绘图”工具栏中的“插入艺术字”按钮，弹出 艺术字库 对话框，从中选择第三行第一种样式，如图 8.1.8 所示。

（9）单击 确定 按钮，弹出 编辑“艺术字”文字 对话框，在文本框中输入文字“清凉夏日”，设置字体为“隶书”，字号为“48”，如图 8.1.9 所示。

图 8.1.8　选择艺术字样式

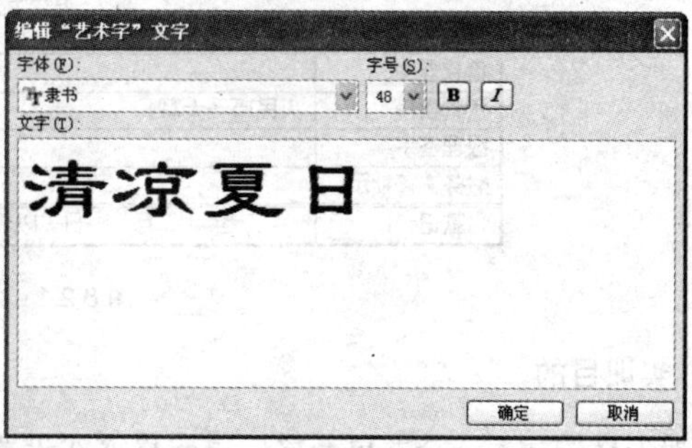

图 8.1.9　编辑艺术字

（10）单击 确定 按钮，效果如图 8.1.10 所示。

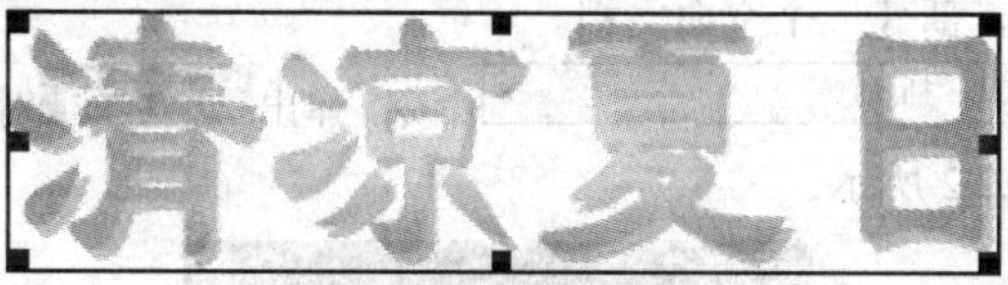

图 8.1.10　插入的艺术字

（11）单击插入的艺术字，在弹出的快捷菜单中选择 设置艺术字格式(O)... 命令，弹出 **设置艺术字格式** 对话框。单击 版式 选项卡，在"环绕方式"栏中单击"浮于文字上方"按钮，如图 8.1.11 所示。

（12）单击 确定 按钮返回 Word 文档中，将艺术字拖放到扇面的合适位置。

（13）单击"绘图"工具栏上的"选择对象"的按钮，当鼠标指针变为形状时，从右下角向上拖动鼠标选中所有的图形，如图 8.1.12 所示。

图 8.1.11　设置艺术字格式

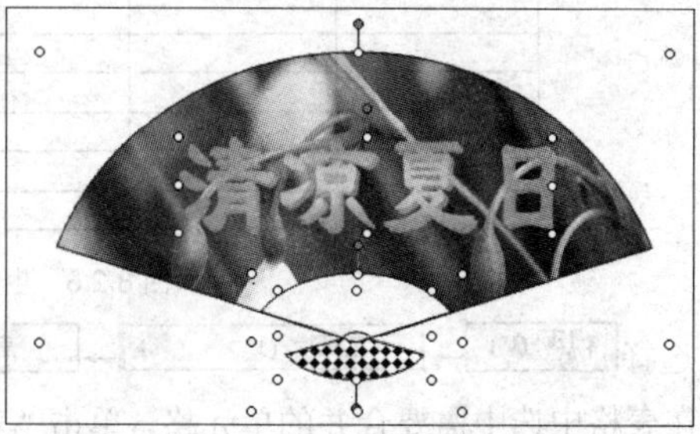

图 8.1.12　选择所有图形

（14）单击"绘图"工具栏上的 绘图(D) → 组合(G) 命令，将图形组合为一个整体，最终效果如图 8.1.1 所示。

实训 2　用 Word 2003 制作票据

1. 实训内容

利用 Word 2003 来制作"借款单"，效果如图 8.2.1 所示。

借款单

借款部门		借款时间	年　月　日	
借款理由				
借款数额	人民币（大写）		￥：	
经理签字：		借款人签字：		
财务主管批示：		出纳签字：		
付款记录：	年　月　日　以现金/支票（号码：　）给付			

图 8.2.1　效果图

2．实训目的

掌握表格的插入、合并单元格、单元格格式设置等操作。

3．操作步骤

（1）启动 Word 2003，新建一个空白文档。

（2）选择 表格(A) → 插入(I) ▸ 命令，弹出 插入表格 对话框。设置“行数”为“6”，“列数”为“5”，如图 8.2.2 所示。

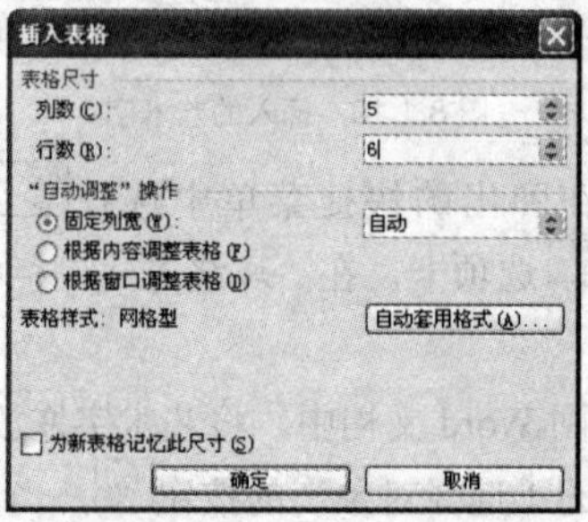

图 8.2.2　“插入表格”对话框

（3）单击 确定 按钮即可自动生成一个 6 行 5 列的规则表格，如图 8.2.3 所示。

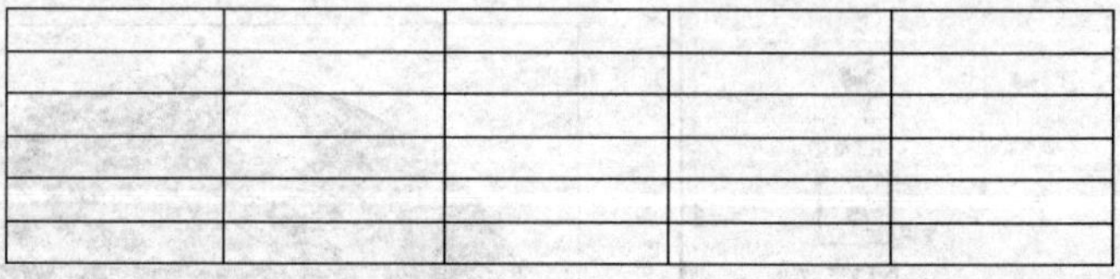

图 8.2.3　生成的表格

（4）选择 视图(V) → 工具栏(T) ▸ → 表格和边框 命令，打开“表格和边框”工具栏。

（5）在表格中选中需要合并的单元格，单击“表格和边框”工具栏上的“合并单元格”按钮，将它们合并成一个单元格，如图 8.2.4 所示。

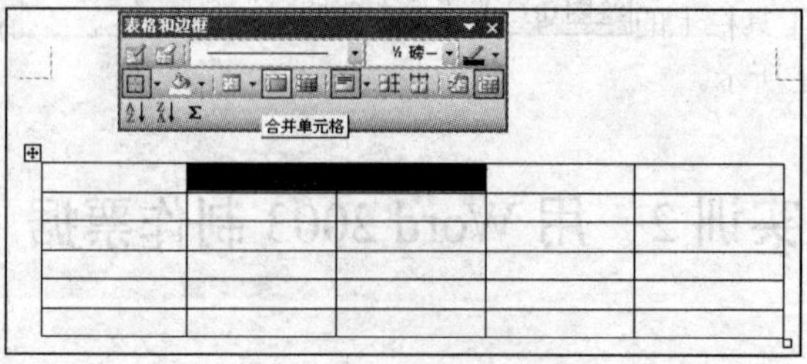

图 8.2.4　合并单元格

（6）依照同样的方法，合并其他需要合并的单元格，效果如图 8.2.5 所示。

图 8.2.5 合并后的单元格

（7）输入标题及在表格中相应位置输入文本，如“借款部门”“借款时间”“借款理由”“借款数额”等。

（8）输入完成后，选中标题，单击常用工具栏中的“居中”按钮，使标题居中显示，如图 8.2.6 所示。

借款单

借款部门		借款时间	年 月 日
借款理由			
借款数额	人民币（大写）	￥：	
经理签字：		借款人签字：	
财务主管批示：		出纳签字：	
付款记录：	年 月 日 以现金/支票（号码： ）给付		

图 8.2.6 输入文本

（9）选定需要调整的各单元格，按住“Alt”键，当鼠标指针变成形状时，用鼠标拖动其边线，可以改变单元格的宽度，一直调到合适为止，如图 8.2.7 所示。

借款单

借款部门		借款时间	年 月 日
借款理由			
借款数额	人民币（大写）	￥：	
经理签字：		借款人签字：	
财务主管批示：		出纳签字：	
付款记录：	年 月 日 以现金/支票（号码： ）给付		

图 8.2.7 调整列宽

（10）单击表格左上角的按钮，选中整个表格。单击鼠标右键，从弹出的快捷菜单中选择 边框和底纹(B)... 命令，弹出 边框和底纹 对话框，打开 边框(B) 选项卡。

（11）在设置列表中单击“自定义”按钮，在“宽度”下拉列表中选择 1.5 磅的粗线，分别单击预览框中的表格边框，可以看到预览效果，如图 8.2.8 所示。

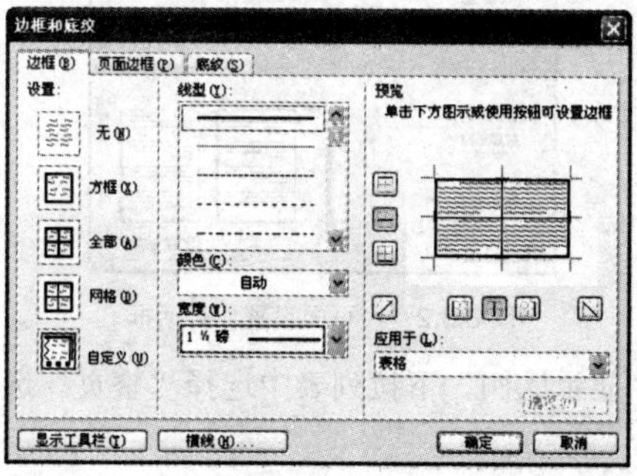

图 8.2.8 设置表格框线

（12）单击 确定 按钮返回到 Word 文档中。用同样的方法，将表格最后一行的上框线设置为双线，最终效果如图 8.2.1 所示。

实训 3　制作横幅标语

1．实训内容

本例为制作横幅标语“关爱生命”，效果如图 8.3.1 所示。

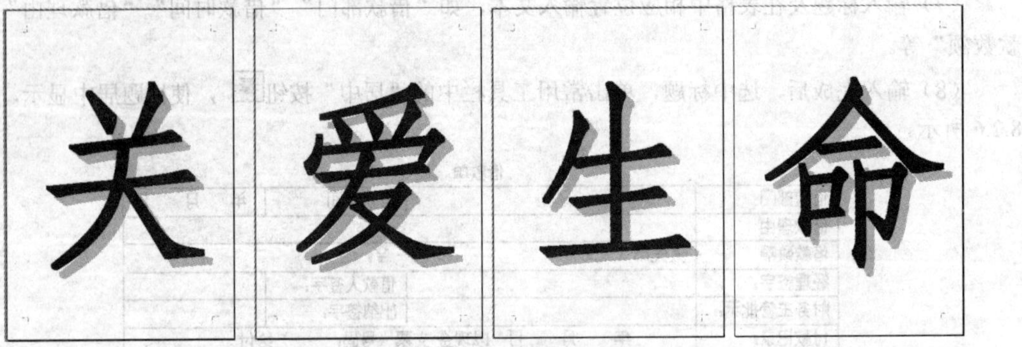

图 8.3.1　效果图

2．实训目的

掌握 Word 2003 的“增加字号”功能和文字阴影设置等操作。

3．操作步骤

（1）启动 Word 2003，单击常用工具栏上的“新建文档”按钮，新建一个 Word 文档。

（2）选择 文件(F) → 页面设置(U)... 命令，弹出 页面设置 对话框。打开 页边距 选项卡，设置上、下、左、右页边距均为“2.0 厘米”；打开 纸张 选项卡，在“纸张大小”下拉列表框中选择打印纸张的类型，如 A4，如图 8.3.2 所示。

图 8.3.2　“页面设置”对话框

（3）在常用工具栏中的“显示比例”下拉列表中选择“整页”选项，可看到文档的整个页面效果，如图 8.3.3 所示。

（4）在文档中输入并选中文字“关”，在字号文本框中直接输入“600”（单位为磅），效果如图 8.3.4 所示。

（5）从图 8.3.4 中可以看出，当选用了“600”磅字以后，输入的“关”字超出了页边距，这样将不能充分打印出来。

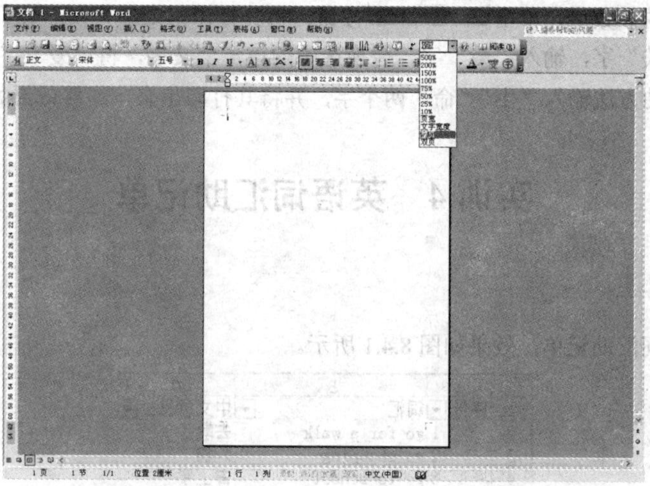

图 8.3.3　整页显示文档效果

（6）选中“关”字，单击常用工具栏中的“缩小字体”按钮 A ，缩小字号，直到文字完全位于页边距内为止，如图 8.3.5 所示。

图 8.3.4　文字效果

图 8.3.5　微调后的文字效果

（7）选中文字，选择 格式(O) → A 字体(F)... 命令，弹出 字体 对话框。选择 字体(N) 选项卡，在“中文字体”列表中选择“华文仿宋”，在“字形”列表中选择“加粗”选项，在“字体颜色”下拉列表中选择“深红”，选中 阴影(W) 复选框，效果如图 8.3.6 所示。

（8）单击 确定 按钮完成对“关”字的设置，如图 8.3.7 所示。

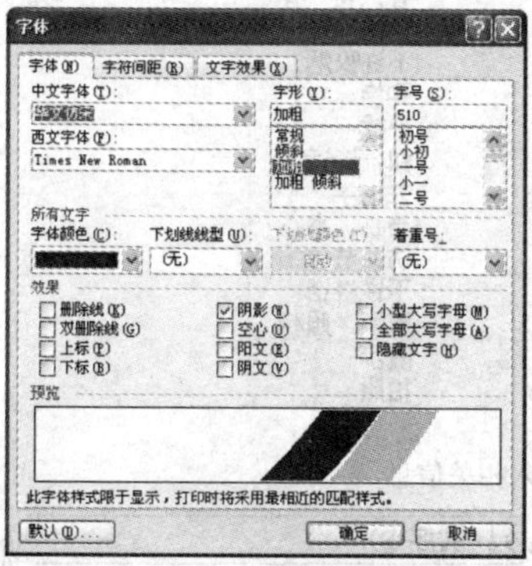

图 8.3.6　“字体”对话框

图 8.3.7　设置文字效果

（9）选择 文件(F) → 打印(P)... Ctrl+P 命令，弹出 打印 对话框。设置好

“打印”对话框中的参数后，单击 确定 按钮，将其打印出来。

（10）选中“关”字，输入“爱”字，替换选中的第一个文字，将“爱”字打印出来。

（11）用同样的方法输入“生”“命”两个字，并将其打印出来，最终效果如图 8.3.1 所示。

实训 4　英语词汇助记单

1. 实训内容

本例制作英语词汇助记单，效果如图 8.4.1 所示。

	A	B	C
1	序号	词汇	中文意思
2	1	go for a walk	去散步
3	2	go shopping	购物
4	3	go to school	去上学
5	4	look after	照顾、照料
6	5	look at	看，朝…看
7	6	look for	寻找
8	7	look out	当心、小心
9	8	no smoking	不许吸烟
10	9	no talking	不许讲话
11	10	take a photo	拍照
12	11	take a walk	散步
13	12	talk about	谈论、讨论
14	13	talk show	访谈节目
15	14	talk with	和…谈话

图 8.4.1　效果图

2. 实训目的

掌握表格的制作、数据的排序、自定义筛选等操作。

3. 操作步骤

（1）单击“常用”工具栏中的“新建”按钮，新建一个工作簿。

（2）在 A1:C1 单元格中分别输入“序号”“词汇”和“中文意思”，在工作表中的其他单元格中输入相关信息，如图 8.4.2 所示。

	A	B	C
1	序号	词汇	中文意思
2	1	go for a walk	去散步
3	2	look at	看，朝…看
4	3	talk about	谈论、讨论
5	4	no smoking	不许吸烟
6	5	go shopping	购物
7	6	look for	寻找
8	7	talk with	和…谈话
9	8	go to school	去上学
10	9	look out	当心、小心
11	10	talk show	访谈节目
12	11	no talking	不许讲话
13	12	look after	照顾、照料
14	13	take a walk	散步
15	14	take a photo	拍照

图 8.4.2　输入相关信息

（3）选定 A1:C15 单元格区域，选择 数据(D) → 排序(S)... 命令，弹出 排序 对话框。在“主要关键字”下拉列表框中选择“词汇”选项，并选中 升序(A) 单选按钮，在“我的数据区域”选项区中选中 有标题行(R) 单选按钮，如图 8.4.3 所示。

（4）单击 确定 按钮，关闭 排序 对话框，效果如图 8.4.4 所示。

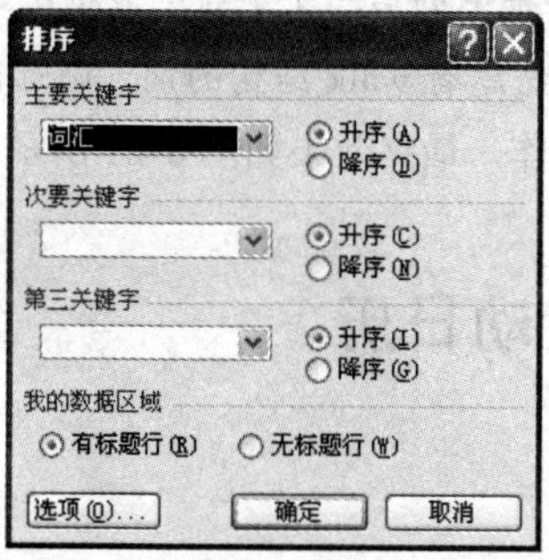

图 8.4.3 设置排序方式

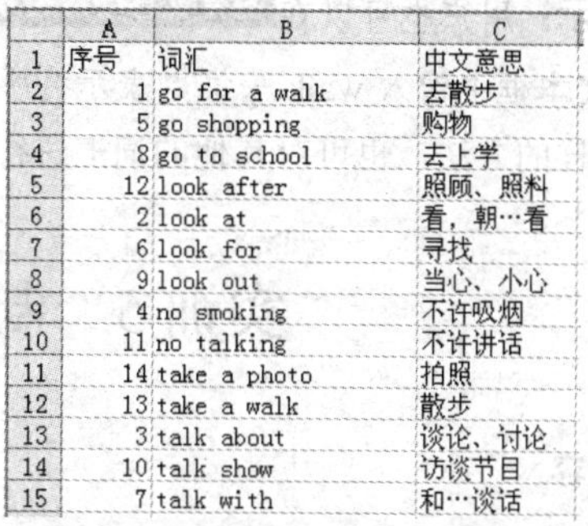

	A	B	C
1	序号	词汇	中文意思
2	1	go for a walk	去散步
3	5	go shopping	购物
4	8	go to school	去上学
5	12	look after	照顾、照料
6	2	look at	看，朝…看
7	6	look for	寻找
8	9	look out	当心、小心
9	4	no smoking	不许吸烟
10	11	no talking	不许讲话
11	14	take a photo	拍照
12	13	take a walk	散步
13	3	talk about	谈论、讨论
14	10	talk show	访谈节目
15	7	talk with	和…谈话

图 8.4.4 按“词汇”列排序

（5）在 A1:A15 单元格区域中重新输入序号。将光标置于数据区域内的任意一个单元格中，选择 数据(D) → 筛选(F) → 自动筛选(F) 命令，将会在表头的每个字段名称后出现一个下拉按钮，如图 8.4.5 所示。

（6）单击“词汇”字段后的下拉按钮，在弹出的下拉列表中选择“自定义...”选项，如图 8.4.6 所示。

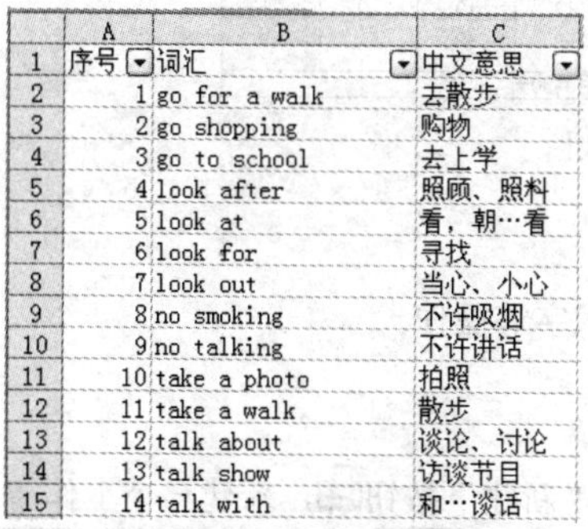

	A	B	C
1	序号	词汇	中文意思
2	1	go for a walk	去散步
3	2	go shopping	购物
4	3	go to school	去上学
5	4	look after	照顾、照料
6	5	look at	看，朝…看
7	6	look for	寻找
8	7	look out	当心、小心
9	8	no smoking	不许吸烟
10	9	no talking	不许讲话
11	10	take a photo	拍照
12	11	take a walk	散步
13	12	talk about	谈论、讨论
14	13	talk show	访谈节目
15	14	talk with	和…谈话

图 8.4.5 标题栏的字段后出现下拉按钮

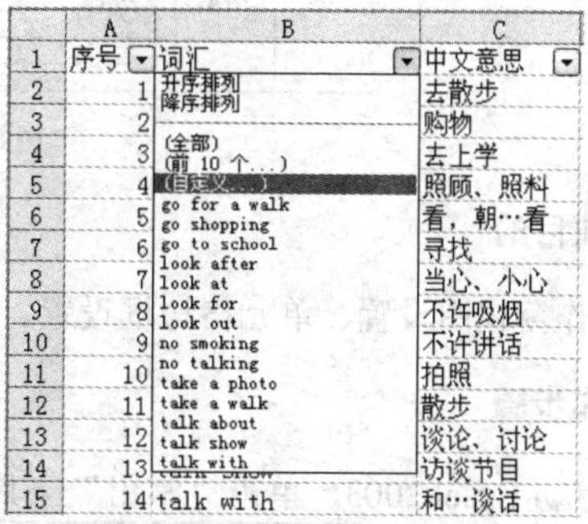

图 8.4.6 选择“自定义…”选项

（7）这时打开 自定义自动筛选方式 对话框，在“显示行”选项区的“词汇”下拉列表中选择“等于”，在其右侧的文本框中输入“* walk”，如图 8.4.7 所示。

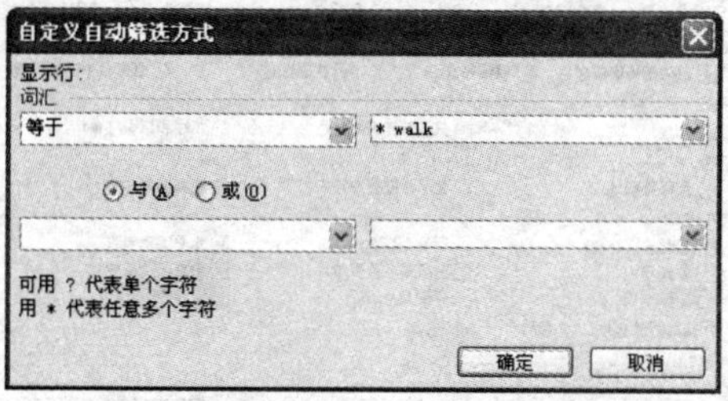

图 8.4.7 “自定义自动筛选方式”对话框

（8）单击 确定 按钮，返回工作表中，结果如图 8.4.8 所示。

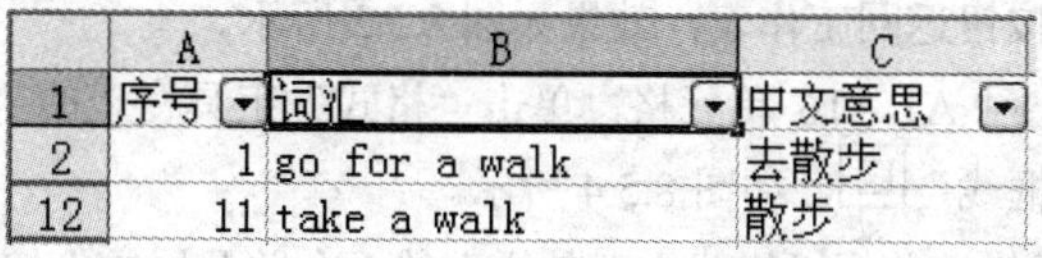

	A	B	C
1	序号	词汇	中文意思
2	1	go for a walk	去散步
12	11	take a walk	散步

图 8.4.8 自动筛选符合条件的词汇

提示：用户也可以在**自定义自动筛选方式**对话框中的第一个下拉列表框中选择“止于”选项，在右侧的文本框中输入 walk 一词，表示将所有词组结尾有 walk 结构的词汇筛选出来。

（9）用同样的方法，也可对其他的词汇进行筛选操作，最终效果如图 8.4.1 所示。

实训 5　制作活动日历

1. 实训内容

本例为制作活动日历，效果如图 8.5.1 所示。

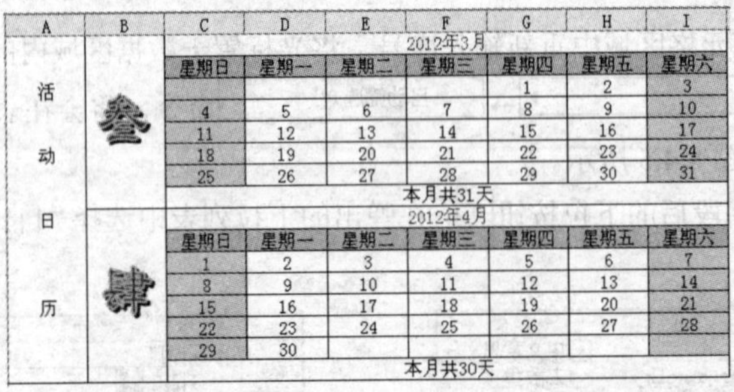

图 8.5.1　效果图

2. 实训目的

掌握工作簿视图设置、单元格边框设置、插入艺术字等操作。

3. 操作步骤

（1）启动 Excel 2003，单击“常用”工具栏中的“新建”按钮，新建一个工作簿。

（2）选择 工具(T) → 选项(O)... 命令，弹出**选项**对话框。选择 视图 选项卡，取消 网格线(G) 复选框的选中，如图 8.5.2 所示。

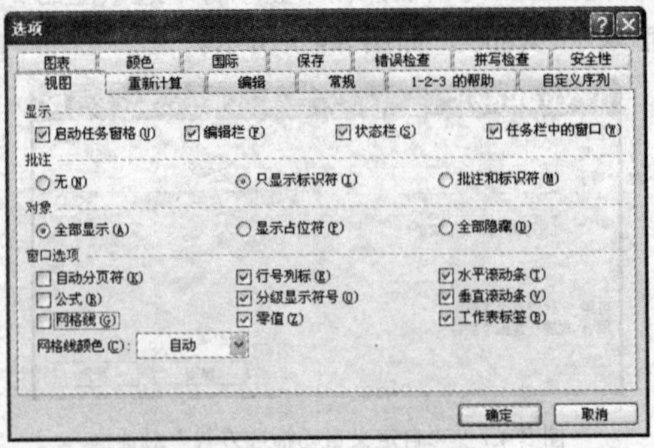

图 8.5.2　“选项”对话框

（3）单击 确定 按钮返回工作表，效果如图 8.5.3 所示。

（4）选中工作表第一列 A1:A16 单元格，单击“格式”工具栏上的“边框”按钮，在弹出的下拉列表中选择“外侧框线”，如图 8.5.4 所示。

（5）选中 B1:B8 单元格，单击“格式”工具栏上的“合并及居中”按钮，合并单元格。依同样的方法，合并单元格 B9:B16。

图 8.5.3　取消网格线

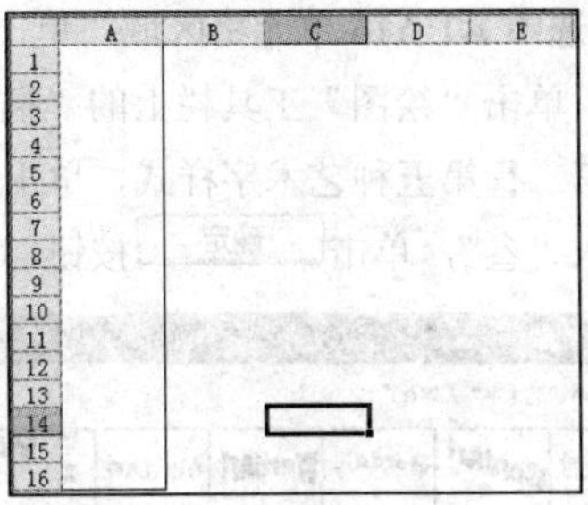

图 8.5.4　添加外部边框

（6）按住“Ctrl”键，选中 C1:I8 和 C9:I16 单元格，单击“格式”工具栏上的“边框”按钮，在弹出的下拉列表中选择“所有框线”，为单元格添加边框线。同样为 B1:B8 和 B9:B16 单元格添加外边框效果，如图 8.5.5 所示。

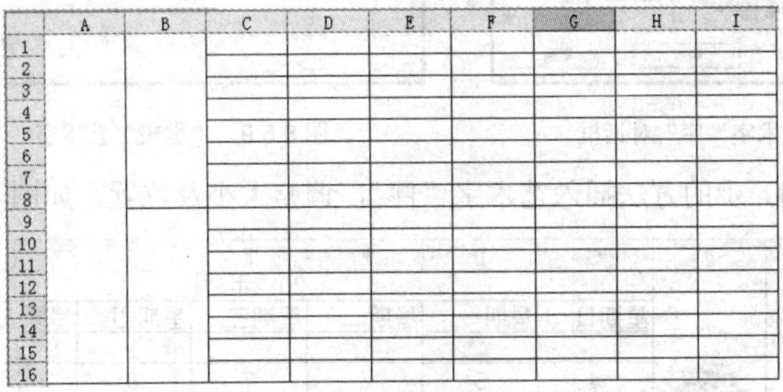

图 8.5.5　添加边框效果

（7）重复步骤（5）的操作，合并 C1～I1，C8～I8，C9～I9 和 C16～I16 单元格，效果如图 8.5.6 所示。

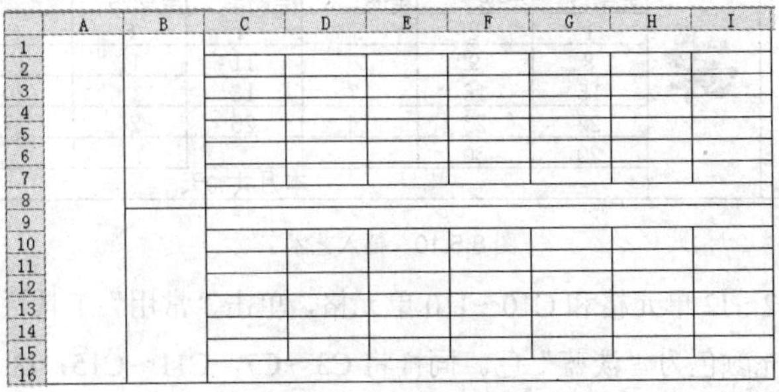

图 8.5.6　合并单元格

（8）在表格中输入数据，如图 8.5.7 所示。

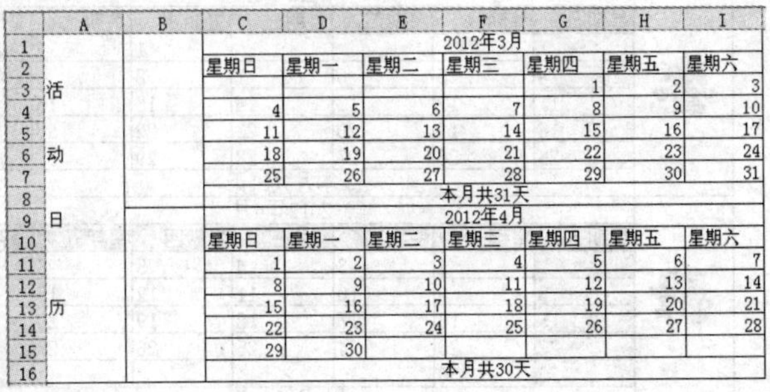

	A	B	C	D	E	F	G	H	I
1			2012年3月						
2			星期日	星期一	星期二	星期三	星期四	星期五	星期六
3	活						1	2	3
4			4	5	6	7	8	9	10
5			11	12	13	14	15	16	17
6	动		18	19	20	21	22	23	24
7			25	26	27	28	29	30	31
8			本月共31天						
9	日		2012年4月						
10			星期日	星期一	星期二	星期三	星期四	星期五	星期六
11			1	2	3	4	5	6	7
12			8	9	10	11	12	13	14
13	历		15	16	17	18	19	20	21
14			22	23	24	25	26	27	28
15			29	30					
16			本月共30天						

图 8.5.7　输入数据

（9）选中 A1:A16 单元格区域，单击“常用”工具栏中的“居中”按钮，使列标题居中。

（10）单击“绘图”工具栏上的“插入艺术字”按钮，弹出“艺术字”库对话框，如图 8.5.8 所示。选择第二行第五种艺术字样式，单击确定按钮，弹出编辑“艺术字”文字对话框，如图 8.5.9 所示。输入“叁”，单击确定按钮，插入艺术字“叁”到工作簿中。

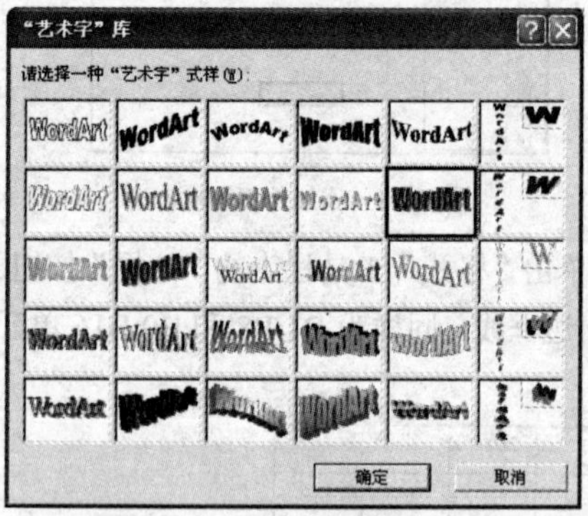

图 8.5.8 “‘艺术字’库”对话框

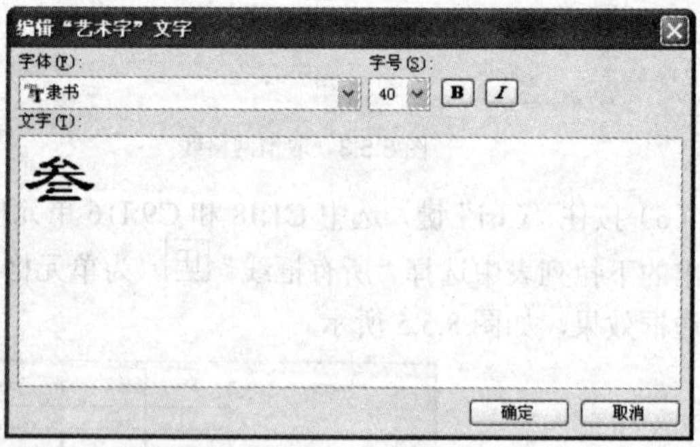

图 8.5.9 “编辑‘艺术字’文字”对话框

（11）按照第（10）步的方法插入艺术字“肆”，调整大小及位置，如图 8.5.10 所示。

	A	B	C	D	E	F	G	H	I
1			2012年3月						
2			星期日	星期一	星期二	星期三	星期四	星期五	星期六
3	活						1	2	3
4		叁	4	5	6	7	8	9	10
5			11	12	13	14	15	16	17
6	动		18	19	20	21	22	23	24
7			25	26	27	28	29	30	31
8			本月共31天						
9	日		2012年4月						
10			星期日	星期一	星期二	星期三	星期四	星期五	星期六
11			1	2	3	4	5	6	7
12		肆	8	9	10	11	12	13	14
13	历		15	16	17	18	19	20	21
14			22	23	24	25	26	27	28
15			29	30					
16			本月共30天						

图 8.5.10 插入艺术字

（12）分别选中 C2～I2 单元格和 C10～I10 单元格，单击“常用”工具栏上的“填充颜色”按钮，设置单元格的填充颜色为“淡蓝”色。同样将 C3～C7，C11～C15，I3～I7 和 I11～I15 单元格区域填充为“茶色”，效果如图 8.5.11 所示。

A	B	C	D	E	F	G	H	I
		2012年3月						
		星期日	星期一	星期二	星期三	星期四	星期五	星期六
活						1	2	3
	叁	4	5	6	7	8	9	10
		11	12	13	14	15	16	17
动		18	19	20	21	22	23	24
		25	26	27	28	29	30	31
		本月共31天						
日		2012年4月						
		星期日	星期一	星期二	星期三	星期四	星期五	星期六
		1	2	3	4	5	6	7
	肆	8	9	10	11	12	13	14
历		15	16	17	18	19	20	21
		22	23	24	25	26	27	28
		29	30					
		本月共30天						

图 8.5.11 设置填充颜色

（13）选中 C1 和 C9 单元格，单击“常用”工具栏上的“字体颜色”按钮A，将其字体设置为“红色”。

（14）选中 C2:I7 和 C10:I15 单元格区域，单击“常用”工具栏中的“居中”按钮，最终效果如图 8.5.1 所示。

实训 6　制作工资汇总表

1．实训内容

本例是制作工资汇总表实例，效果如图 8.6.1 所示。

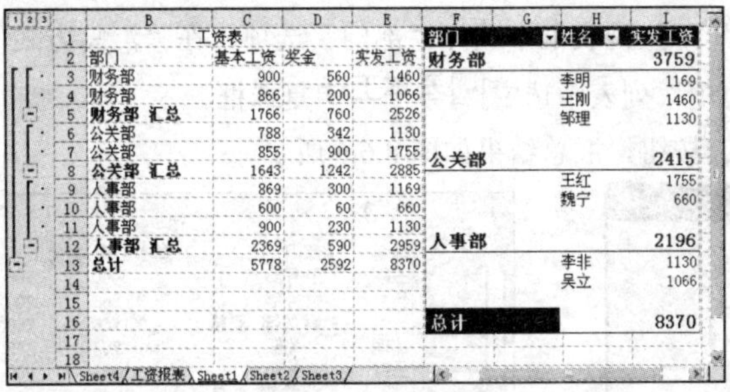

图 8.6.1　效果图

2．实训目的

使用 Excel 2003 的排序、分类汇总以及数据透视表的功能，制作工资汇总表。

3．操作步骤

（1）启动 Excel 2003，新建一个工作簿。

（2）选择 文件(F) → 打开(O)... Ctrl+O 命令，弹出 打开 对话框，在该对话框中打开需要汇总的工资工作表，如图 8.6.2 所示。

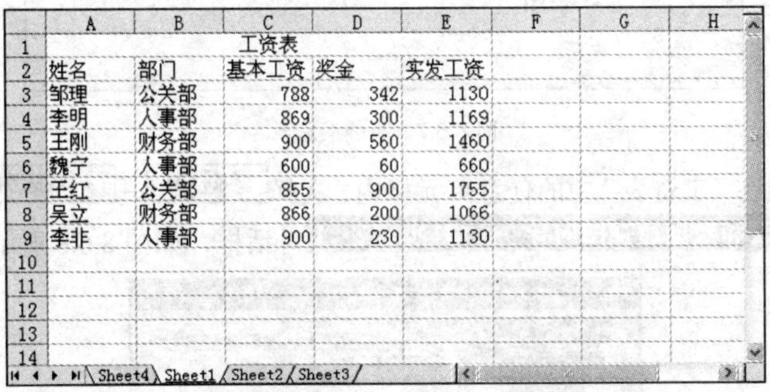

	A	B	C	D	E
1			工资表		
2	姓名	部门	基本工资	奖金	实发工资
3	邹理	公关部	788	342	1130
4	李明	人事部	869	300	1169
5	王刚	财务部	900	560	1460
6	魏宁	人事部	600	60	660
7	王红	公关部	855	900	1755
8	吴立	财务部	866	200	1066
9	李非	人事部	900	230	1130

图 8.6.2　打开的工资工作表

（3）把光标定位在工作表中的任意单元格，选择 数据(D) → 排序(S)... 命令，弹出 排序 对话框，如图 8.6.3 所示。

（4）在“主要关键字”下拉列表框中选择“部门”选项，并选中 升序(A) 单选按钮，单击 确定 按钮，排序效果如图 8.6.4 所示。

图 8.6.3 “排序”对话框

	A	B	C	D	E	F
1			工资表			
2	姓名	部门	基本工资	奖金	实发工资	
3	王刚	财务部	900	560	1460	
4	吴立	财务部	866	200	1066	
5	邹理	公关部	788	342	1130	
6	王红	公关部	855	900	1755	
7	李明	人事部	869	300	1169	
8	魏宁	人事部	600	60	660	
9	李非	人事部	900	230	1130	
10						
11						
12						
13						
14						

图 8.6.4 排序效果

（5）把光标定位在工作表中的任意单元格内，选择 数据(D) → 分类汇总(B)... 命令，弹出 分类汇总 对话框，如图 8.6.5 所示。

（6）在“分类字段”下拉列表框中选择“部门”选项，在“汇总方式”下拉列表框中选择“求和”选项，在“选定汇总项”列表中选中 ☑基本工资 复选框。

（7）单击 确定 按钮，汇总结果如图 8.6.6 所示。

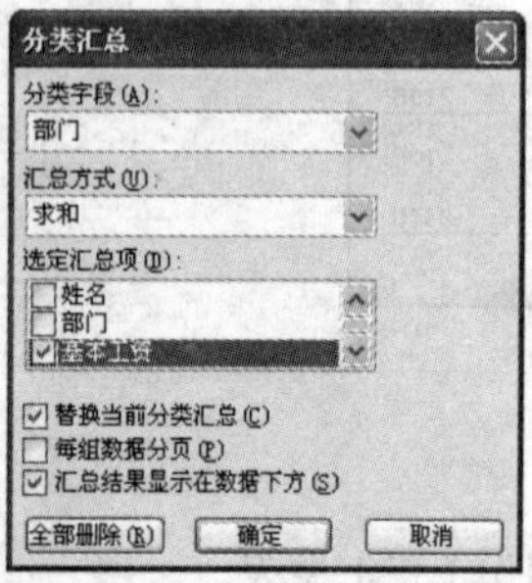

图 8.6.5 “分类汇总”对话框

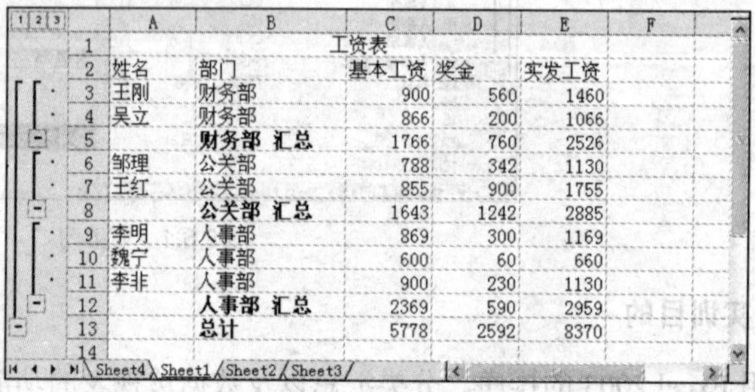

	A	B	C	D	E	F
1			工资表			
2	姓名	部门	基本工资	奖金	实发工资	
3	王刚	财务部	900	560	1460	
4	吴立	财务部	866	200	1066	
5		财务部 汇总	1766	760	2526	
6	邹理	公关部	788	342	1130	
7	王红	公关部	855	900	1755	
8		公关部 汇总	1643	1242	2885	
9	李明	人事部	869	300	1169	
10	魏宁	人事部	600	60	660	
11	李非	人事部	900	230	1130	
12		人事部 汇总	2369	590	2959	
13		总计	5778	2592	8370	
14						

图 8.6.6 分类汇总结果

（8）单击分类汇总结果左边的 [-] 按钮，则可以折叠该汇总表，如图 8.6.7 所示。

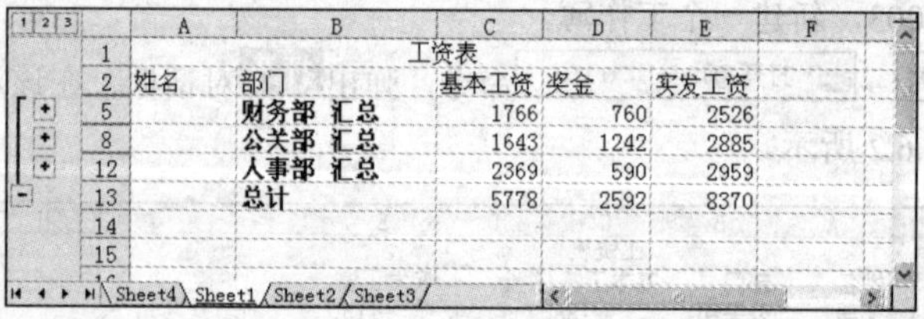

	A	B	C	D	E	F
1			工资表			
2	姓名	部门	基本工资	奖金	实发工资	
5		财务部 汇总	1766	760	2526	
8		公关部 汇总	1643	1242	2885	
12		人事部 汇总	2369	590	2959	
13		总计	5778	2592	8370	
14						
15						

图 8.6.7 折叠汇总表

（9）把光标定位在“工资表”中的任意单元格内，选择 数据(D) → 数据透视表和数据透视图(P)... 命令，弹出 数据透视表和数据透视图向导 -- 3 步骤之 1 对话框，如图 8.6.8 所示。

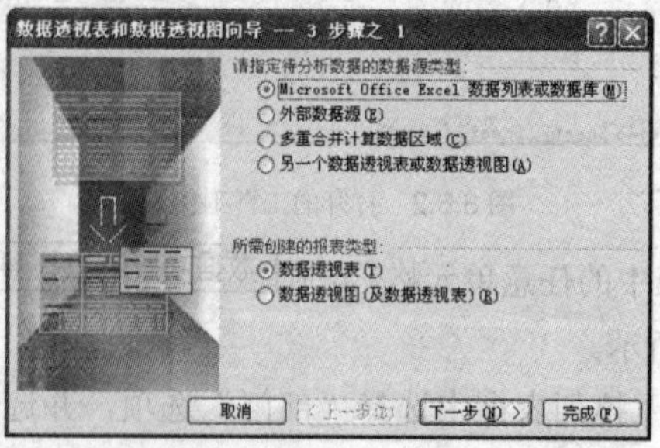

图 8.6.8 “数据透视表和数据透视图向导--3 步骤之 1”对话框

（10）选中 Microsoft Office Excel 数据列表或数据库(M) 单选按钮，在“所需创建的报表类型”选区中选中 数据透视表(T) 单选按钮。

（11）单击 下一步(N) > 按钮，弹出 数据透视表和数据透视图向导 -- 3 步骤之 2 对话框，如图 8.6.9 所示。

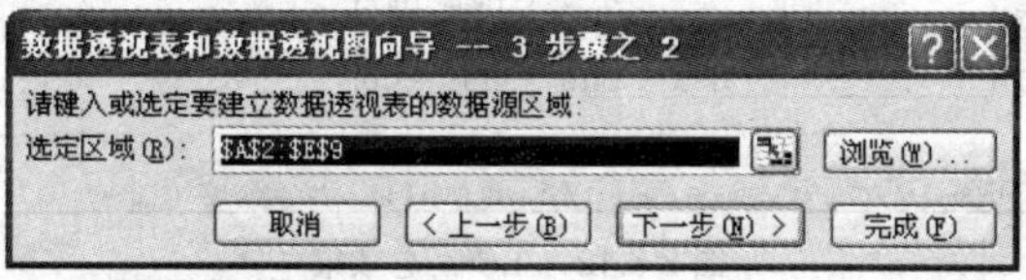

图 8.6.9　“数据透视表和数据透视图向导--3 步骤之 2”对话框

（12）单击“选定区域”右侧的按钮，可以选定指定的区域，或者单击 浏览(W)... 按钮，在弹出的 浏览 对话框中选择其他工作表中的数据区域。

（13）单击 下一步(N) > 按钮，弹出 数据透视表和数据透视图向导 -- 3 步骤之 3 对话框，如图 8.6.10 所示。

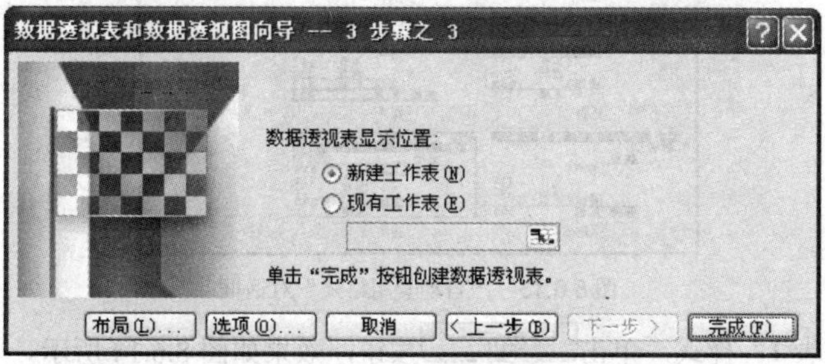

图 8.6.10　“数据透视表和数据透视图向导--3 步骤之 3”对话框

（14）在“数据透视表显示位置”选区中选中 新建工作表(N) 单选按钮。

（15）单击 完成(F) 按钮，则新建一个工作表，同时打开“数据透视表字段列表”面板和“数据透视表”工具栏，如图 8.6.11 所示。

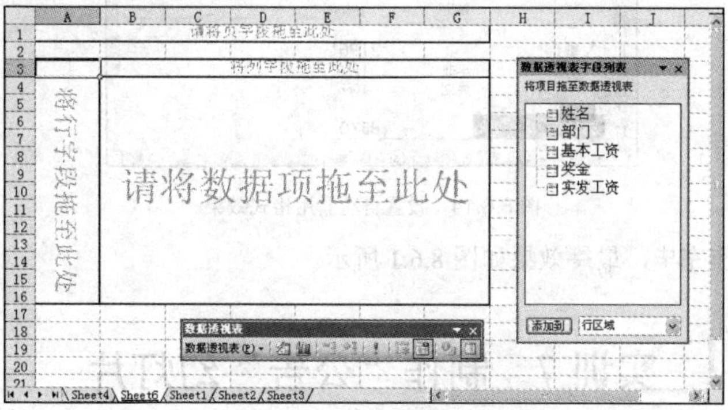

图 8.6.11　创建的新工作表

（16）拖动“数据透视表字段列表”面板中的“姓名”“部门”和“实发工资”到合适的位置，效果如图 8.6.12 所示。

（17）选中“Sheet6”工作表标签，单击鼠标右键，在弹出的快捷菜单中选择 重命名(R) 命令，然后输入“工资报表”。

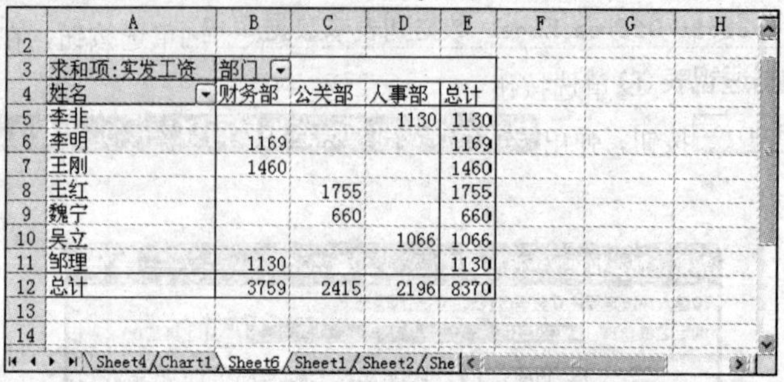

求和项:实发工资	部门			
姓名	财务部	公关部	人事部	总计
李非			1130	1130
李明	1169			1169
王刚	1460			1460
王红		1755		1755
魏宁		660		660
吴立			1066	1066
邹理	1130			1130
总计	3759	2415	2196	8370

图 8.6.12 工资汇总效果

（18）单击“数据透视表”工具栏中的“设置报表格式”按钮，弹出**自动套用格式**对话框，如图 8.6.13 所示。

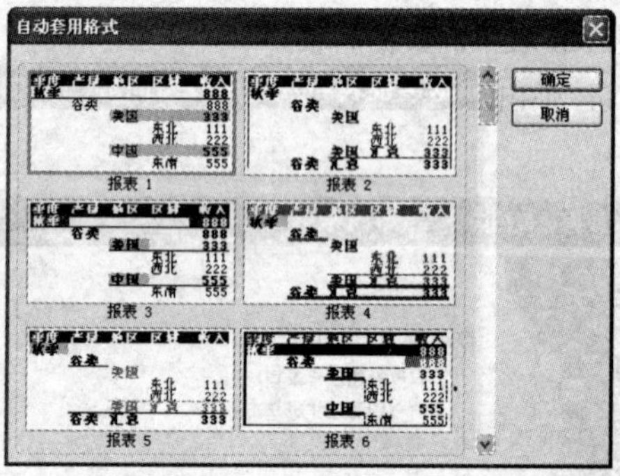

图 8.6.13 “自动套用格式”对话框

（20）选择“报表 1”样式，单击 确定 按钮，效果如图 8.6.14 所示。

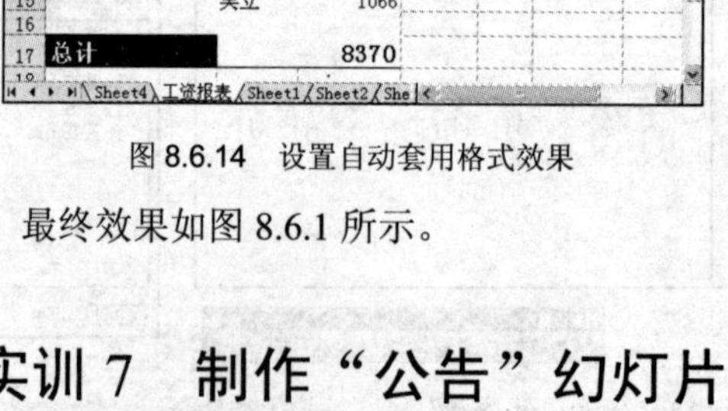

部门	姓名	实发工资
财务部		3759
	李明	1169
	王刚	1460
	邹理	1130
公关部		2415
	王红	1755
	魏宁	660
人事部		2196
	李非	1130
	吴立	1066
总计		8370

图 8.6.14 设置自动套用格式效果

（21）本实例制作完毕，最终效果如图 8.6.1 所示。

实训 7 制作“公告”幻灯片

1．实训内容

本例为制作“公告”幻灯片，效果如图 8.7.1 所示。

2．实训目的

掌握在 PowerPoint 2003 中的图片插入、文本动态效果设置等操作。

图 8.7.1　效果图

3. 操作步骤

（1）启动 Microsoft PowerPoint 2003。

（2）单击“格式”工具栏上的 新幻灯片(N) 命令，弹出“幻灯片版式”任务窗格，如图 8.7.2 所示。在“应用幻灯片版式”列表中选择“标题和文本”模板，如图 8.7.3 所示。

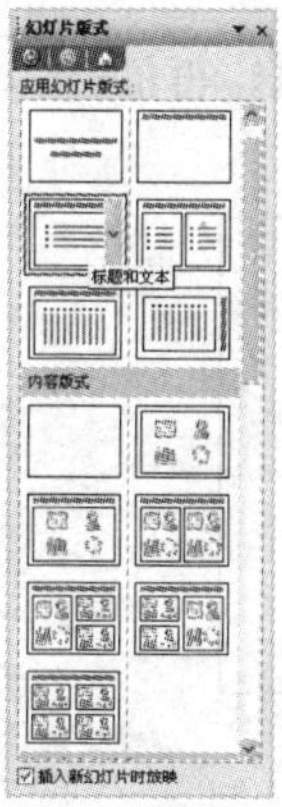

图 8.7.2　“幻灯片版式”任务窗格

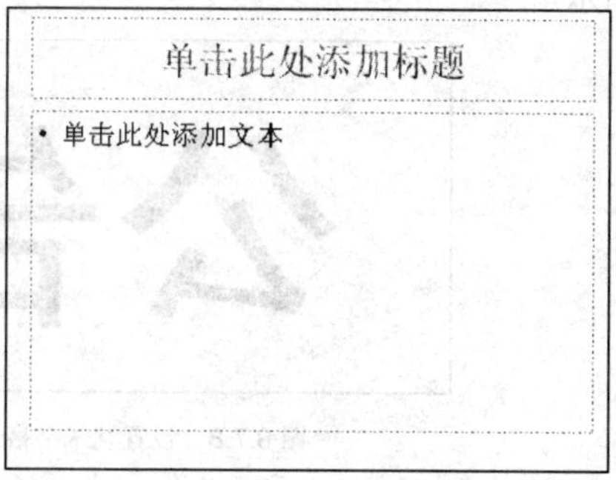

图 8.7.3　标题和文本版式

（3）将光标置于标题文本框中，单击“绘图”工具栏上的“插入艺术字”按钮，弹出 “艺术字”库 对话框，选择第一行第一种样式，如图 8.7.4 所示。

（4）单击 确定 按钮，弹出 编辑“艺术字”文字 对话框，在文字框中输入文本“公告”，设置字体为“黑体”，字号为“40”磅，单击 确定 按钮，如图 8.7.5 所示。

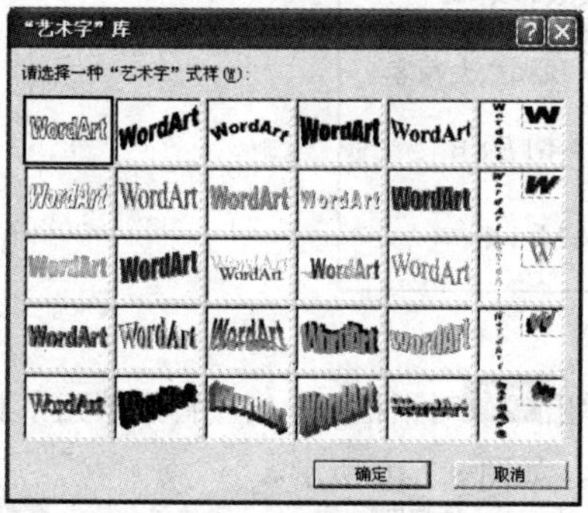

图 8.7.4　“‘艺术字’库”对话框

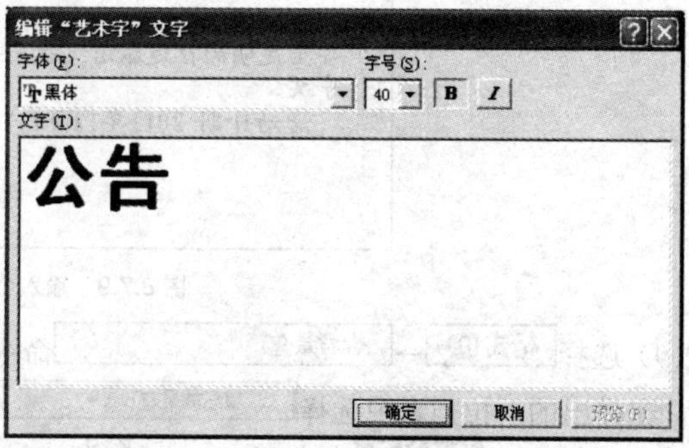

图 8.7.5　“编辑‘艺术字’文字”对话框

（5）在艺术字上单击鼠标右键，在弹出的快捷菜单中选择 设置艺术字格式(O)... 命令，弹出设置艺术字格式对话框。选择尺寸选项卡，设置高度为“2.2 厘米”，宽度为“5 厘米”，如图 8.7.6 所示。

（6）选择颜色和线条选项卡，在线条颜色下拉菜单中选择填充效果(F)...命令，弹出填充效果对话框。选中单色(N)单选按钮，在颜色下拉列表中选择“蓝色”，如图 8.7.7 所示。

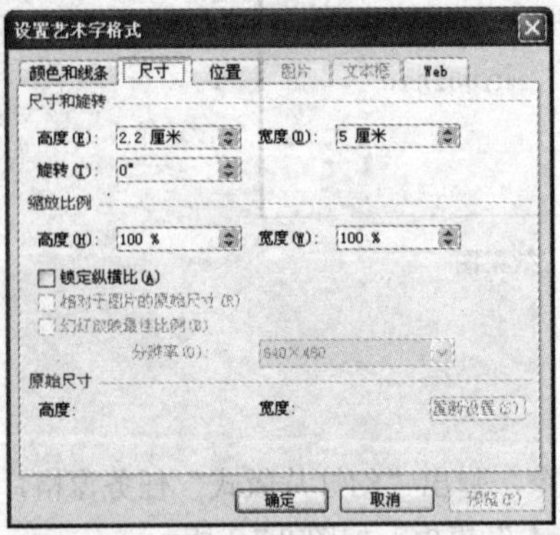

图 8.7.6 设置艺术字的尺寸

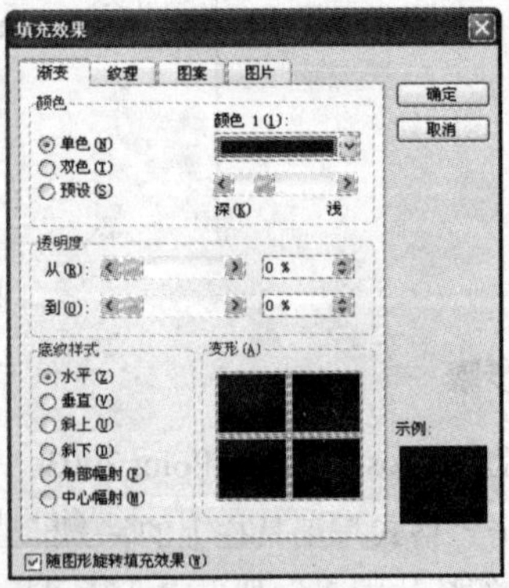

图 8.7.7 设置艺术字的填充效果

（7）设置完成后，单击确定按钮返回设置艺术字格式对话框，再单击确定按钮返回幻灯片，如图 8.7.8 所示。

图 8.7.8 设置艺术字格式效果

（8）在下面的文本框中输入公告内容，设置其字体为“楷体”，字号为“28”磅，字体“加粗”，如图 8.7.9 所示。

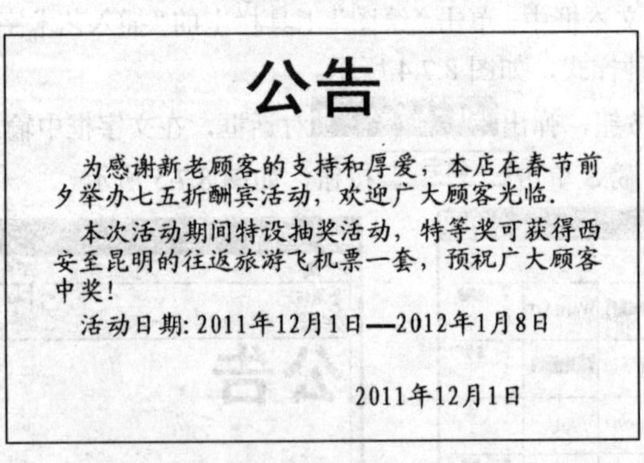

图 8.7.9 输入公告内容

（9）选择格式(O)→背景(K)...命令，弹出背景对话框。单击“背景填充”下拉按钮，在弹出的下拉列表中选择填充效果(F)...命令，如图 8.7.10 所示。

（10）这时弹出填充效果对话框，选择图片选项卡，单击选择图片(L)...按钮，弹出选择图片对话框，从中选择所需图片，单击插入(S)按钮，效果如图 8.7.11 所示。

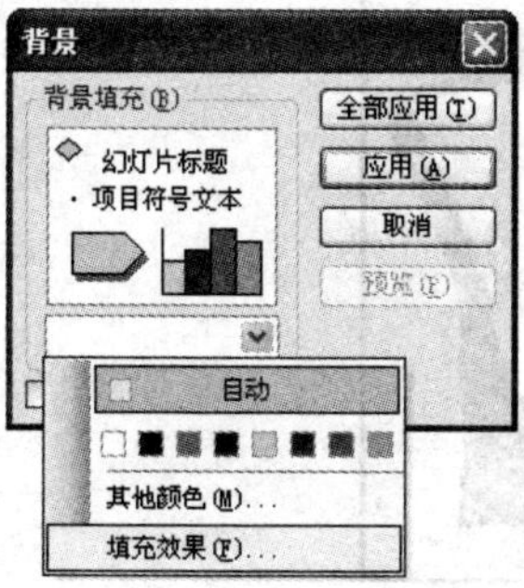

图 8.7.10　选择填充效果命令

图 8.7.11　插入背景图片

（11）添加动态效果。选择 幻灯片放映(D) → 自定义动画(M)... 命令，打开“自定义动画”任务窗格。

（12）为标题“公告”设置动态效果。选中标题，单击“自定义动画”任务窗格中的 添加效果 按钮，在弹出下拉菜单中选择 进入(E) → 3. 盒状 命令。

（13）选中公告内容，单击“自定义动画”任务窗格中的 添加效果 按钮，在弹出下拉菜单中选择 进入(E) → 其他效果(M)... 命令，弹出 添加进入效果 对话框，从中选择 颜色打字机 动画，如图 8.7.12 所示。

图 8.7.12　“添加进入效果”对话框

（14）单击 确定 按钮，为文本添加了“颜色打字机”动画的效果。

（15）选择 幻灯片放映(D) → 幻灯片切换(T)... 命令，打开“幻灯片切换”任务窗格，在“应用于所选幻灯片”列表框中选择“无切换”。在“换片方式”中，选中 每隔 00:00 复选框。

（16）单击幻灯片页面左下角的“幻灯片放映”按钮，即可放映该幻灯片。

（17）单击“常用”工具栏上的“保存”按钮，将该幻灯片保存为“公告”，最终效果如图 8.7.1 所示。

实训 8　制作“名言”幻灯片

1. 实训内容

本例制作“名言”的幻灯片，效果如图 8.8.1 所示。

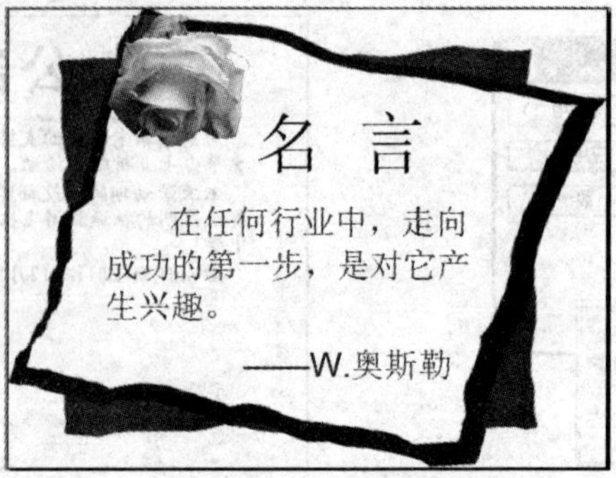

图 8.8.1 效果图

2．实训目的

掌握 PowerPoint 2003 中背景的设置、图片插入、动画的运用等操作。

3．操作步骤

（1）启动 PowerPoint 2003，在“新建演示文稿”任务窗格中选择 空演示文稿 超链接，在弹出的“幻灯片版式”任务窗格中选择“空白”版式，如图 8.8.2 所示。

（2）选择 格式(O) → 背景(K)... 命令，弹出 背景 对话框。单击“填充背景”下拉箭头，在弹出的下拉菜单中选择 填充效果(F)... 命令，如图 8.8.3 所示。

图 8.8.2 “幻灯片版式”任务窗格

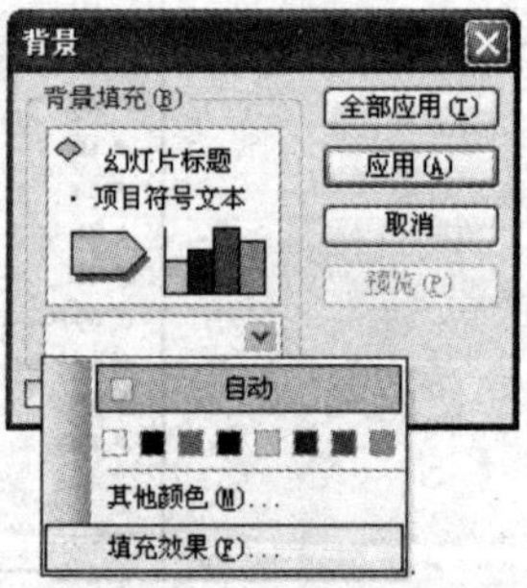

图 8.8.3 选择“填充效果”命令

（3）这时弹出 填充效果 对话框，选择 图片 选项卡，单击 选择图片(L)... 按钮，弹出 选择图片 对话框，从中选择所需图片，单击 插入(S) 按钮，返回 填充效果 对话框，如图 8.8.4 所示。

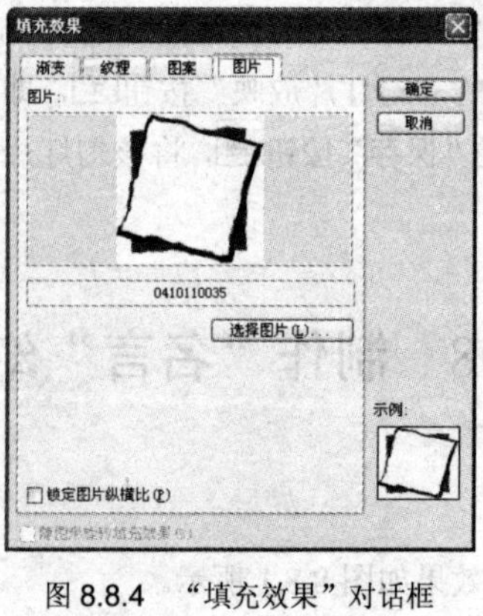

图 8.8.4 “填充效果”对话框

（4）单击确定按钮，返回背景对话框，单击全部应用(T)按钮，效果如图 8.8.5 所示。

（5）选择插入(I)→图片(P)→来自文件(F)...命令，弹出插入图片对话框，从中选择所需图片。单击插入(S)按钮，在幻灯片插入一张图片，效果如图 8.8.6 所示。

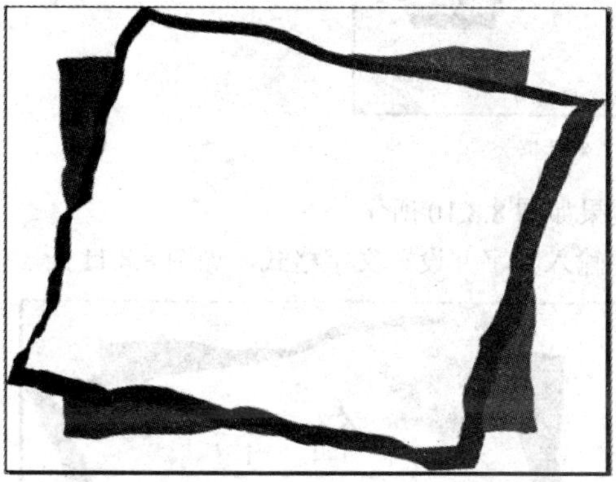

图 8.8.5　设置的背景

图 8.8.6　插入图片效果

（6）选择视图(V)→工具栏(T)→图片命令，打开“图片”工具栏，如图 8.8.7 所示。

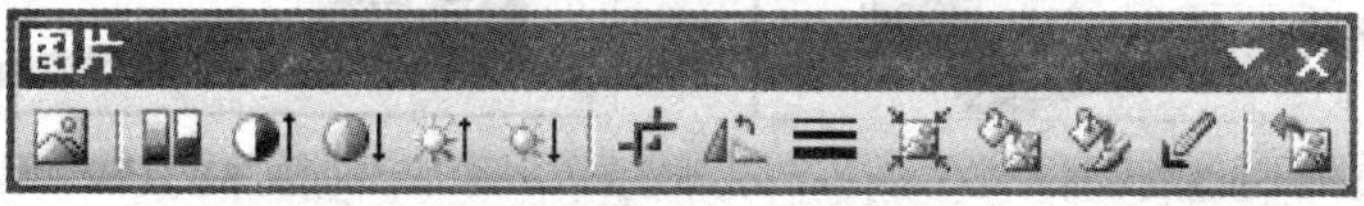

图 8.8.7　“图片”工具栏

（7）单击“图片”工具栏上的“设置透明色”按钮，当鼠标指针变为“”形状时，在插入的图片上单击，效果如图 8.8.8 所示。

图 8.8.8　设置图片为透明色

（8）单击该图片四周的控制点，调整图片的大小和位置。

（9）选择插入(I)→文本框(X)→水平(H)命令，在幻灯片中插入一个横排文本框，并输入文字“名言”。

（10）选中该文字，选择格式(O)→字体(F)...命令，弹出字体对话框。在“中文字体”下拉列表中选择“宋体”，在“字形”下拉列表框中选择“常规”，在“字号”下拉列表框中选择“80”磅，在“颜色”下拉列表中选择“蓝色”，如图 8.8.9 所示。

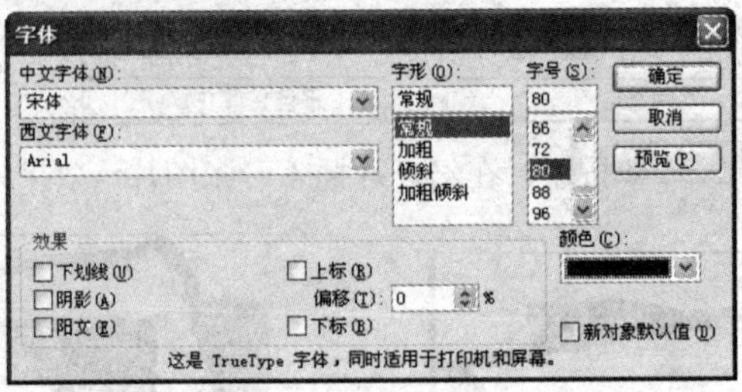

图 8.8.9 “字体”对话框

（11）字体设置完成后，单击 确定 按钮，效果如图 8.8.10 所示。

（12）重复第（9）～（10）步操作，在幻灯片中输入文字并设置文字格式，如图 8.8.11 所示。

图 8.8.10 设置文字格式

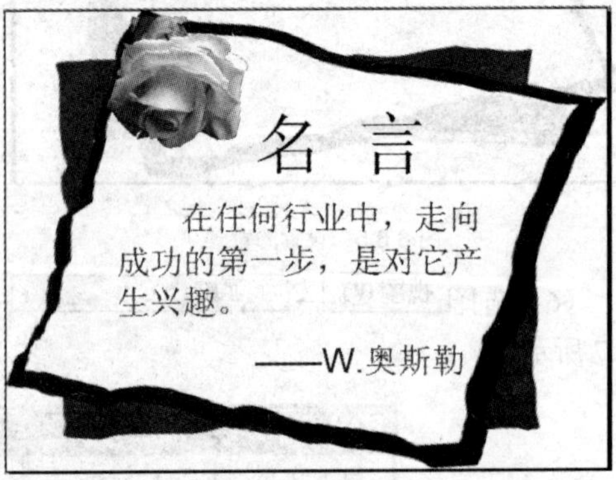

图 8.8.11 添加文字

（13）选择 幻灯片放映(D) → 自定义动画(M)... 命令，打开“自定义动画”任务窗格。

（14）选中插入的图片，单击“自定义动画”任务窗格中的 添加效果 按钮，在弹出下拉菜单中选择 进入(E) → 其他效果(M)... 命令，弹出 添加进入效果 对话框，从中选择 圆形扩展 动画，如图 8.8.12 所示。

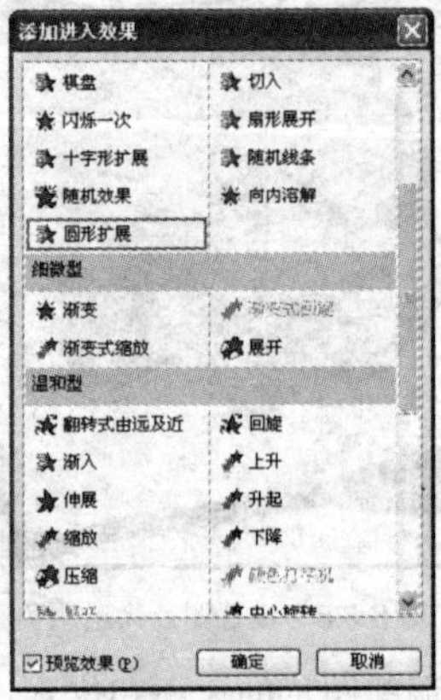

图 8.8.12 “添加进入效果”对话框

（15）单击 确定 按钮为图片设置“圆形扩展”动画效果。

（16）用同样的方法，将文字“名言”的动画效果设置为 4. 渐入 。

（17）选中名言内容，设置“进入”动态效果为 4. 缓慢进入 。设置好动态效果的幻灯片如图 8.8.13 所示。

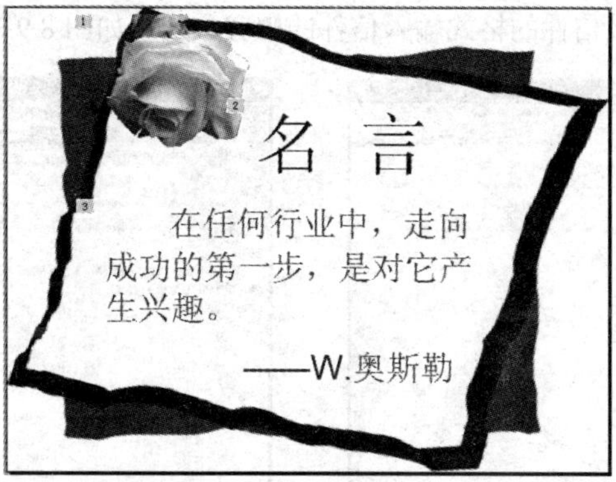

图 8.8.13　设置好动态效果的幻灯片

（18）选择 幻灯片放映(D) → 幻灯片切换(T)... 命令，弹出“幻灯片切换”任务窗格。在“应用于所选幻灯片”列表中选择“无切换”，选中 ☑每隔 00:00 复选框。

（19）按“F5”键即可播放该幻灯片，最终效果如图 8.8.1 所示。

实训 9　设置电子邮件

1. 实训内容

启动 Outlook 2003 应用程序，首先创建一个电子邮件，并在其中输入内容，效果如图 8.9.1 所示。

图 8.9.1　效果图

2. 实训目的

学习创建与设置邮件效果的内容。

3. 操作步骤

（1）启动 Outlook 2003 应用程序。

（2）选择 文件(F) → 新建(W) → 邮件(M) Ctrl+N 命令，打开 未命名的邮件 窗口，如图 8.9.2 所示。

（3）在“收件人”文本框中输入收件人的电子邮件地址“zhangpeng@163.com”。

（4）在“抄送”文本框中输入另一个收件人的电子邮件地址。

（5）在“主题”文本框中输入此信件的主题“新年祝福”字样。

（6）在下方的正文中以信件的格式输入信件的内容，效果如图 8.9.3 所示。

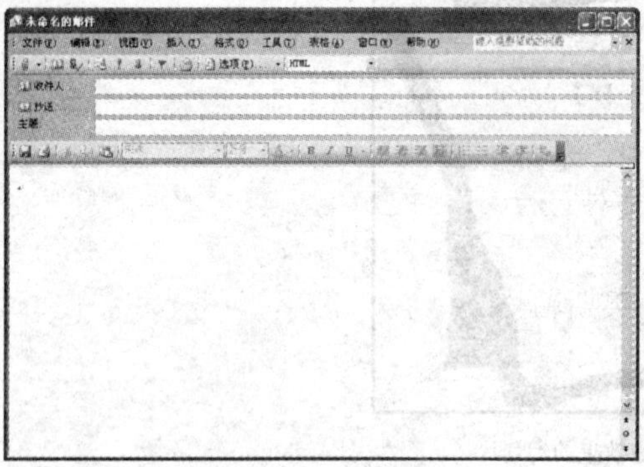

图 8.9.2　创建邮件

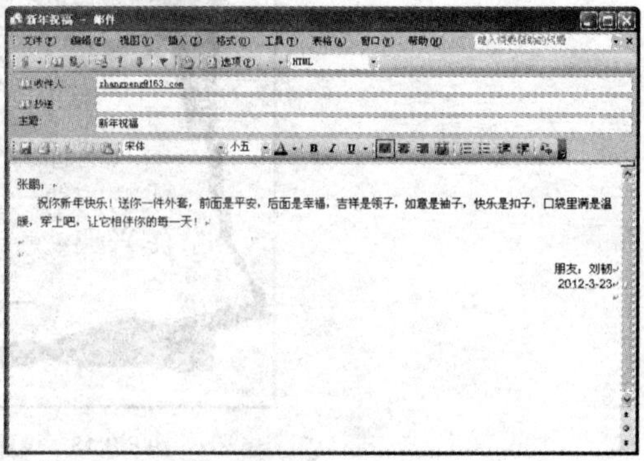

图 8.9.3　输入信件内容

（7）选择 格式(O) → 背景(K) → 填充效果(F)... 命令，弹出**填充效果**对话框。

（8）单击 图片 标签，打开 图片 选项卡，如图 8.9.4 所示。

（9）在该对话框中单击 选择图片(L)... 按钮，弹出**选择图片**对话框，在“查找范围”下拉列表中选择需要插入的图片，如图 8.9.5 所示。

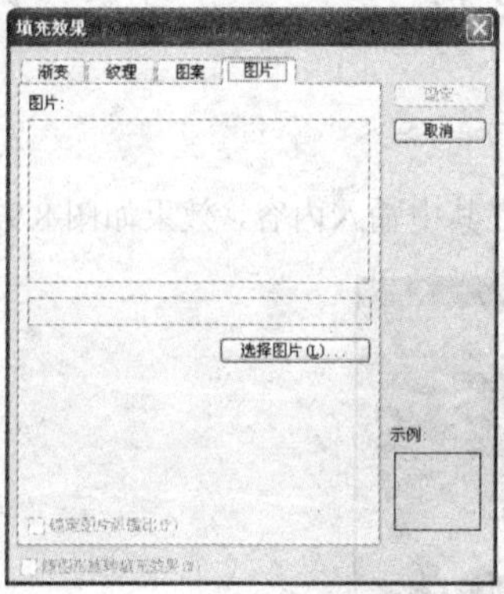

图 8.9.4　“图片”选项卡

图 8.9.5　“选择图片”对话框

（10）单击 插入(S) 按钮，返回到**填充效果**对话框中并单击 确定 按钮，在邮件中设置背景后的效果如图 8.9.6 所示。

图 8.9.6　设置背景

（11）选中正文中的称呼行，选择 格式(O) → A 字体(F)... 命令，弹出**字体**对话框，在字体(N)选项卡的“中文字体”下拉列表框中选择字体为“宋体”；在“字号”下拉列表框中选择字号为“二号”；在“字体颜色”下拉列表框中选择字体颜色为“深红”，如图 8.9.7 所示，设置完成后单击确定按钮。

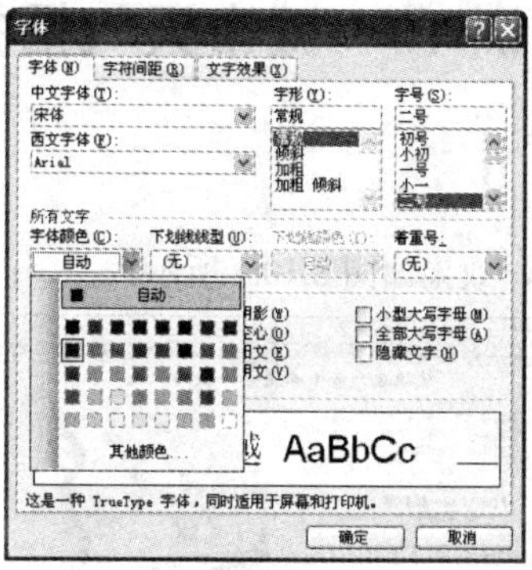

图 8.9.7 “字体”选项卡

（12）选中下方的正文内容，将字体设置为“宋体”；字号设置为“四号”；字体颜色设置为“深红”，此时电子邮件效果如图 8.9.8 所示。

图 8.9.8 设置邮件字体格式

（13）单击邮件窗口中的“插入文件”按钮，弹出插入文件对话框，在“查找范围”下拉列表中选择需要插入的附件图片。

（14）单击插入(S)按钮，在邮件中插入附件图片后的效果如图 8.9.9 所示，邮件设置到此完成。

图 8.9.9 插入附件图片

（15）选择 文件(F) → 发送(D) → 邮件收件人(M) 命令，将邮件发送出去，最终效果如图 8.9.1 所示。

实训 10　城市天气播报

1．实训内容

本例制作某城市的天气播报图，效果如图 8.10.1 所示。

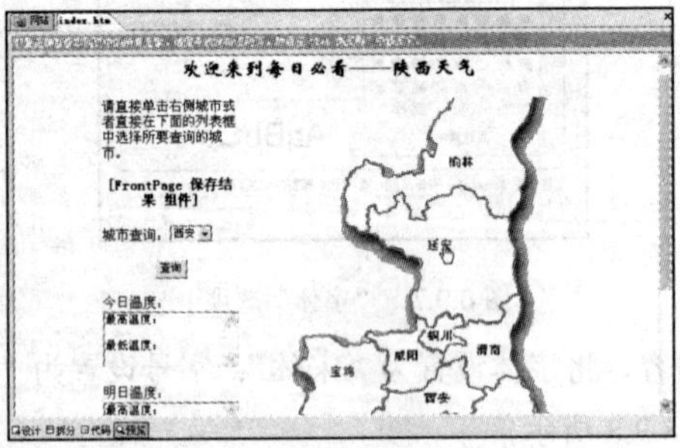

图 8.10.1　效果图

2．实训目的

掌握在网页中添加字幕、绘制布局单元格、插入下拉框以及如何在图片中创建热点等知识。

3．操作步骤

（1）启动 FrontPage 2003，选择 文件(F) → 新建(N)... 命令，打开 新建 任务窗格。在“新建网页”选项区域中单击 空白网页 超链接，新建一个空白网页。

（2）选择 插入(I) → Web 组件(C)... 命令，弹出 插入 Web 组件 对话框，如图 8.10.2 所示。

（3）在“组件类型”列表框中选择 动态效果 选项，在“选择一种效果”列表框中选择 字幕 选项，单击 完成(F) 按钮，弹出 字幕属性 对话框，如图 8.10.3 所示。

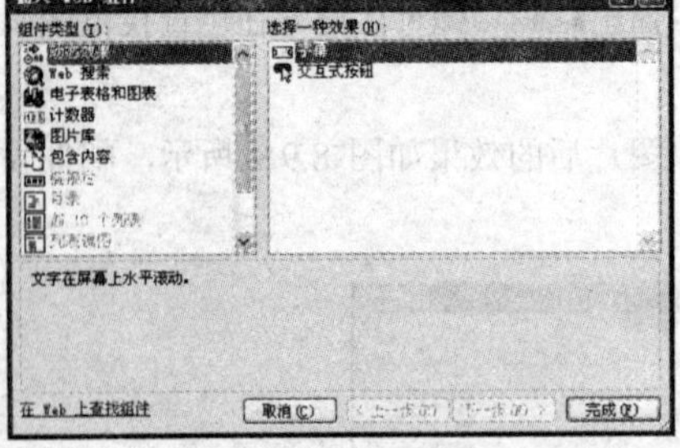

图 8.10.2　“插入 Web 组件”对话框

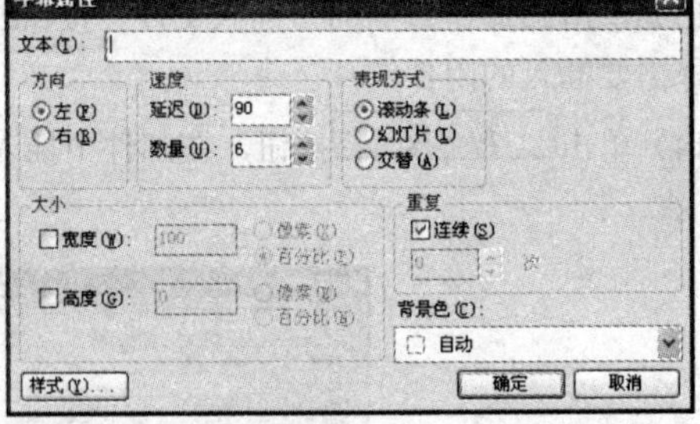

图 8.10.3　“字幕属性”对话框

（4）在“文本”文本框中输入“欢迎来到每日必看——陕西天气”，单击 样式(Y)... 按钮，弹出 修改样式 对话框，如图 8.10.4 所示。

（5）单击 格式(O) ▾ 按钮，在弹出的下拉菜单中选择 字体(F)... 命令，弹出 字体 对话框，如图 8.10.5 所示。

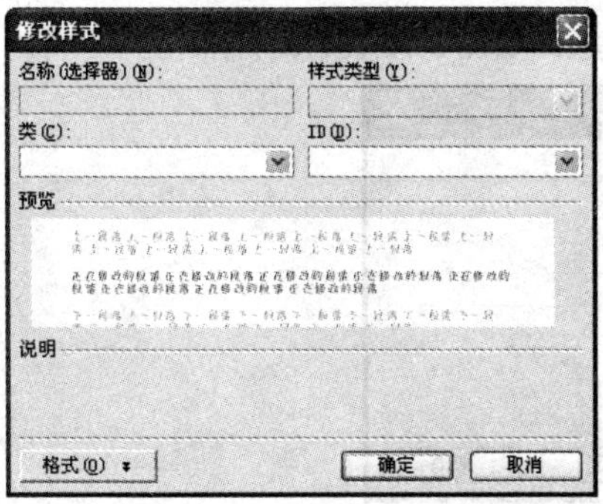

图 8.10.4 “修改样式”对话框

图 8.10.5 “字体”对话框

（6）在“字体”列表框中选择“华文新魏”选项，在“字形”列表框中选择“加粗”选项，在“大小”列表框中选择“18 pt”，单击 确定 按钮，返回到 修改样式 对话框。继续设置其他的选项，最后在 字幕属性 对话框中单击 确定 按钮，效果如图 8.10.6 所示。

（7）选择 表格(A) → 布局表格和单元格(B)... 命令，打开 布局表格和单元格 任务窗格，如图 8.10.7 所示。

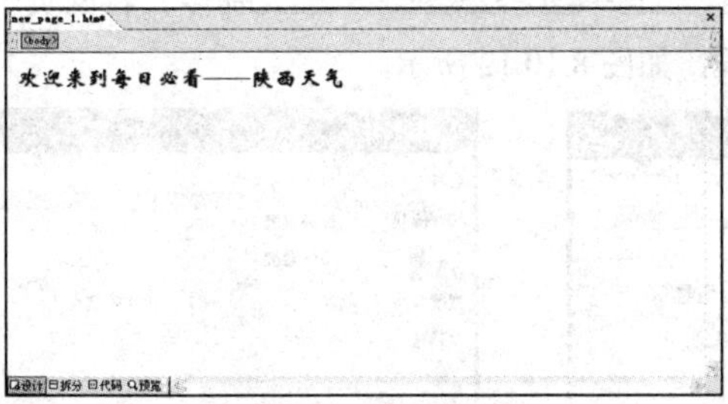

图 8.10.6 添加字幕效果

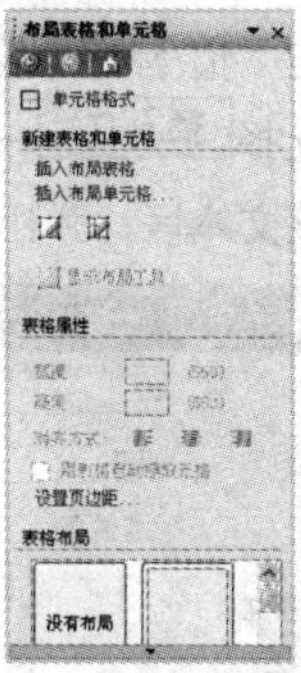

图 8.10.7 “布局表格和单元格”任务窗格

（8）在“新建表格和单元格”选项区域中单击“绘制布局表格”按钮，当鼠标指针变成“✎”形状时，拖动鼠标即可绘制表格。

（9）然后再次单击“绘制布局单元格”按钮，绘制一个布局单元格，效果如图 8.10.8 所示。

（10）将鼠标定位在第一个单元格中，在其中输入文字“请直接单击右侧城市或者直接在下面的列表框中选择所要查询的城市”。

（11）选择 插入(I) → 表单(R) → 下拉框(D) 命令，插入一个下拉框。双击该下拉框，弹出 下拉框属性 对话框，如图 8.10.9 所示。

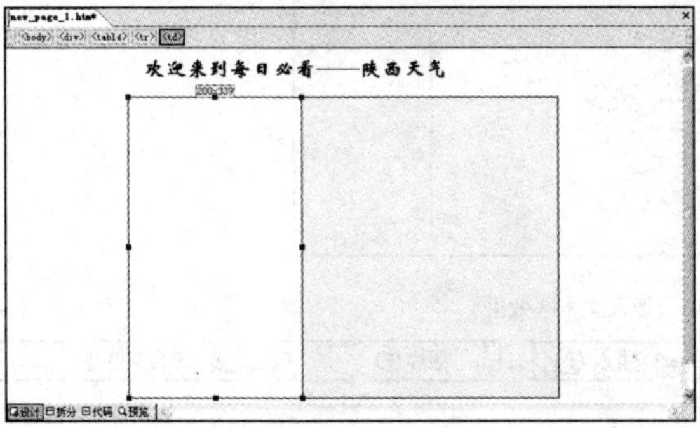

图 8.10.8 绘制好的布局表格和单元格效果

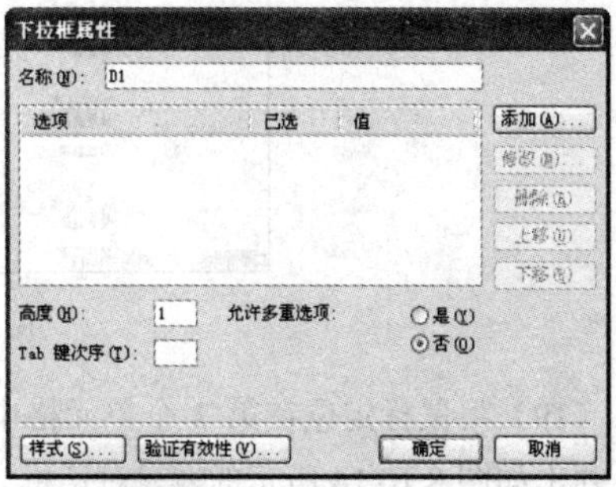

图 8.10.9 “下拉框属性”对话框

（12）单击添加(A)...按钮，弹出添加选项对话框，如图 8.10.10 所示。

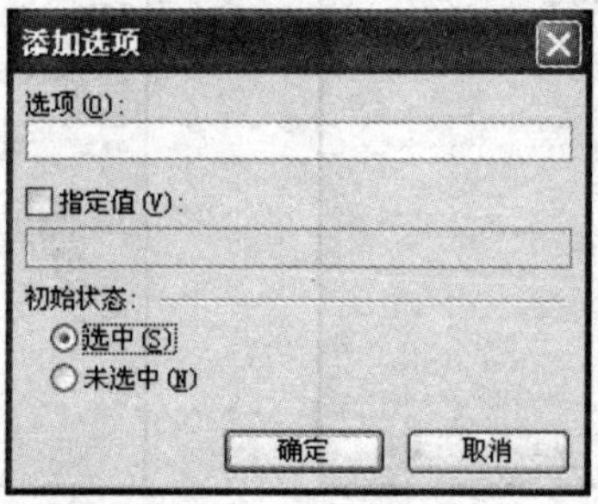

图 8.10.10 “添加选项”对话框

（13）在“选项”文本框中输入“西安”，在“初始状态”选项区域中选中选中(S)单选按钮，单击确定按钮，返回到下拉框属性对话框。按照同样的方法继续添加其他选项，单击确定按钮即可。

（14）选择插入(I)→表单(R)→按钮(B)命令，在表单域中插入一个按钮。双击该按钮，弹出按钮属性对话框，如图 8.10.11 所示。

（15）在“值/标签”文本框中输入“查询”，单击确定按钮即可。

（16）选择插入(I)→表单(R)→文本区(E)命令，在网页中插入一个文本区。双击该文本区，弹出文本区属性对话框，如图 8.10.12 所示。

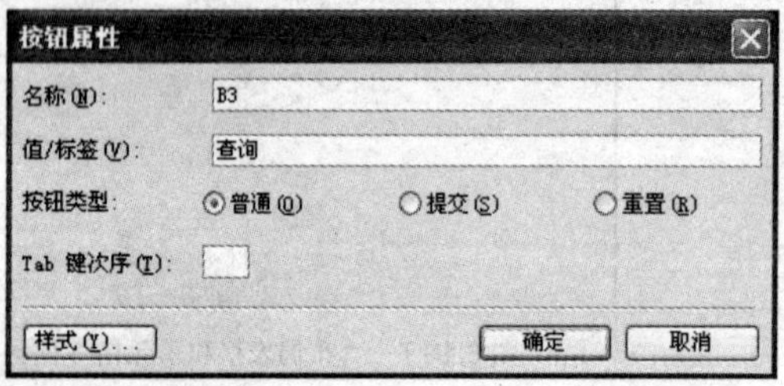

图 8.10.11 “按钮属性”对话框

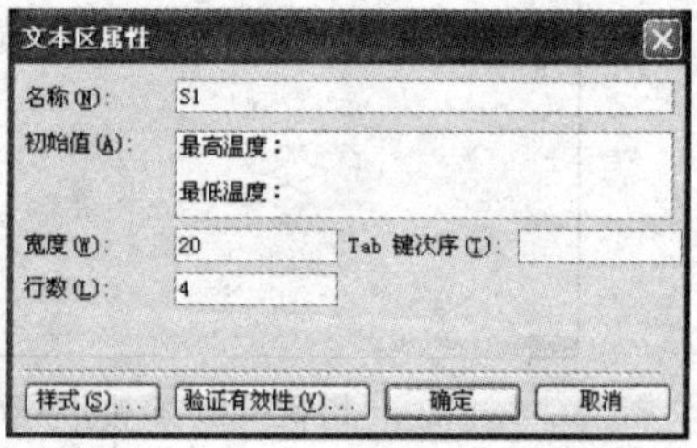

图 8.10.12 “文本区属性”对话框

（17）在“初始值”文本框中输入“最高温度、最低温度”，单击确定按钮即可。

（18）用同样的方法插入另外两个文本区，效果如图 8.10.13 所示。

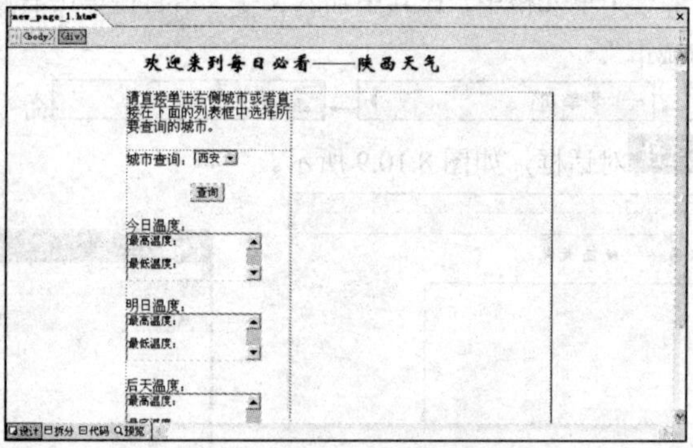

图 8.10.13 插入文本区效果

（19）将鼠标定位在第 2 个单元格中，选择插入(I)→图片(P)→来自文件(F)...命令，弹出如图 8.10.14 所示的图片对话框。

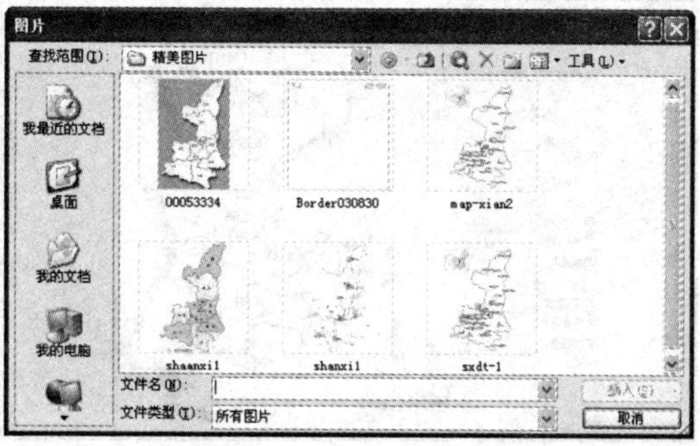

图 8.10.14 “图片”对话框

（20）在“查找范围”下拉列表中选择所要查找的图片，单击 插入(S) 按钮即可。

（21）选中该图片，单击鼠标右键，在弹出的快捷菜单中选择 显示图片工具栏(O) 命令，打开“图片”工具栏，如图 8.10.15 所示。

图 8.10.15 “图片”工具栏

（22）选中该图片，单击“图片”工具栏中的“设置透明色”按钮，当鼠标指针变成“”形状时，单击图片的黄色区域即可，设置效果如图 8.10.16 所示。

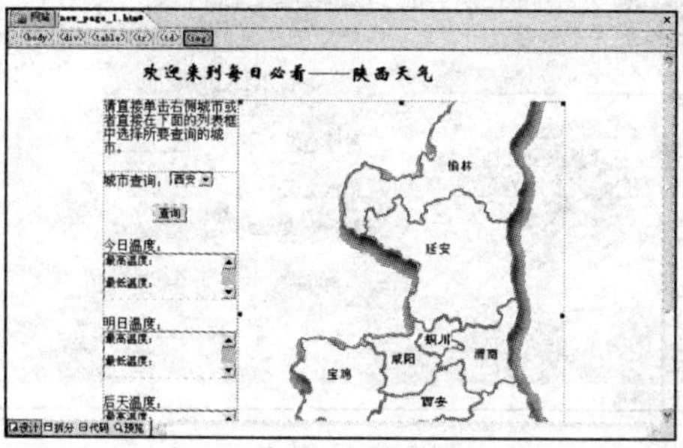

图 8.10.16 设置透明色效果

（23）单击“图片”工具栏中的“圆形热点”按钮，当鼠标指针变成“”形状时，拖动鼠标即可弹出 插入超链接 对话框，如图 8.10.17 所示。

图 8.10.17 “插入超链接”对话框

（24）在该对话框中选择所要链接的网页，单击 确定 按钮即可。

（25）按照步骤（23）和步骤（24）的方法继续添加其他热点，效果如图 8.10.18 所示。

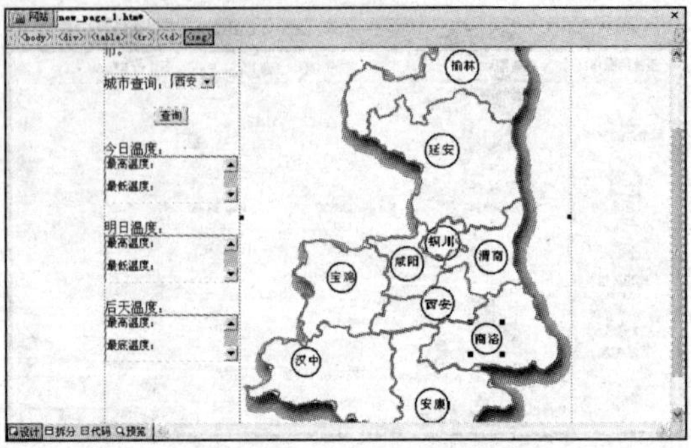

图 8.10.18　添加热点效果

（26）本实例制作完毕，最终效果如图 8.10.1 所示。

实训 11　读 书 网 页

1．实训内容

本例制作读书网页，效果如图 8.11.1 所示。

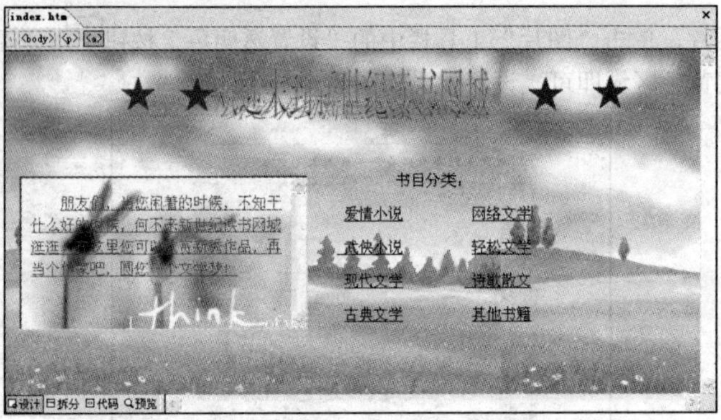

图 8.11.1　效果图

2．实训目的

掌握在网页中插入嵌入式框架、插入艺术字和自选图形以及设置文字的超链接等知识。

3．操作步骤

（1）启动 FrontPage 2003，选择 文件(F) → 新建(N)... 命令，打开 新建 任务窗格，如图 8.11.2 所示。

（2）在“新建网页”选项区域中单击 空白网页 超链接，新建一个空白网页。

（3）选择 插入(I) → 图片(P) → 艺术字(W)... 命令，弹出 艺术字库 对话框，如图 8.11.3 所示。

（4）在“请选择一种‘艺术字’样式”列表中选择第 4 行第 3 种艺术字样式，单击 确定 按钮，弹出 编辑“艺术字”文字 对话框，如图 8.11.4 所示。

（5）在“文字”文本框中输入“欢迎来到新世纪读书网城”字样，然后在“字号”下拉列表中选择“40”，单击 确定 按钮即可。

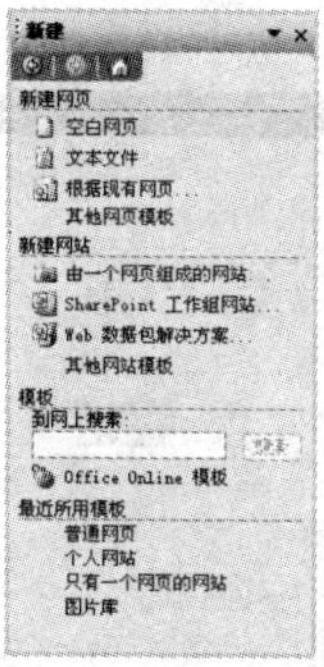

图 8.11.2　“新建”任务窗格

图 8.11.3　“艺术字库”对话框

（6）选中该艺术字，单击鼠标右键，在弹出的快捷菜单中选择【设置艺术字格式(O)...】命令，弹出【设置艺术字格式】对话框，打开【颜色和线条】选项卡，如图 8.11.5 所示。

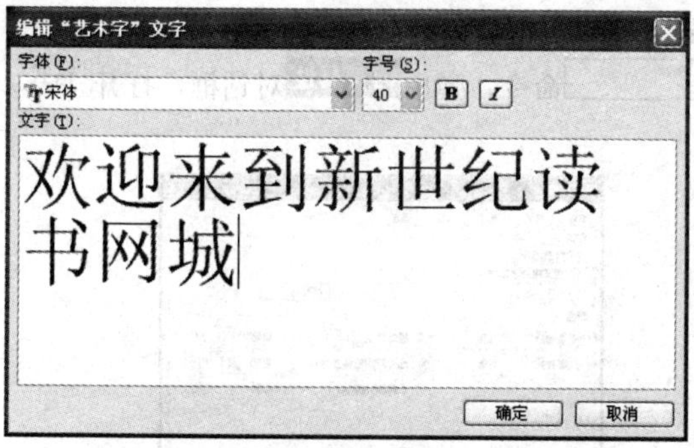

图 8.11.4　“编辑‘艺术字’文字”对话框

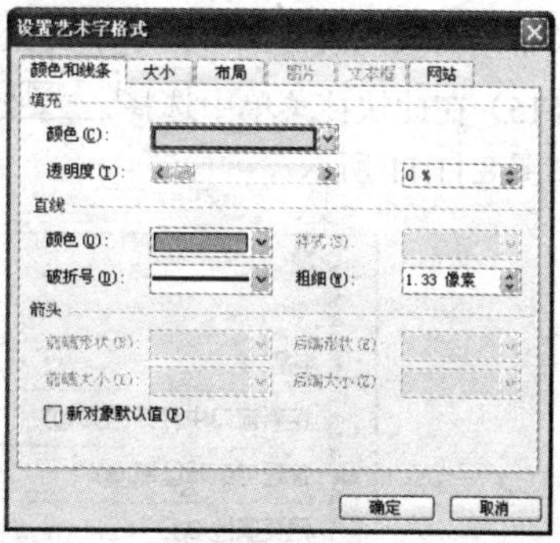

图 8.11.5　“颜色和线条”选项卡

（7）在“填充”选项区域中的“颜色”下拉列表中选择“红色”选项，单击【确定】按钮，插入艺术字效果如图 8.11.6 所示。

（8）选择【插入(I)】→【嵌入式框架(E)】命令，这时在网页中插入一个嵌入式框架，如图 8.11.7 所示。

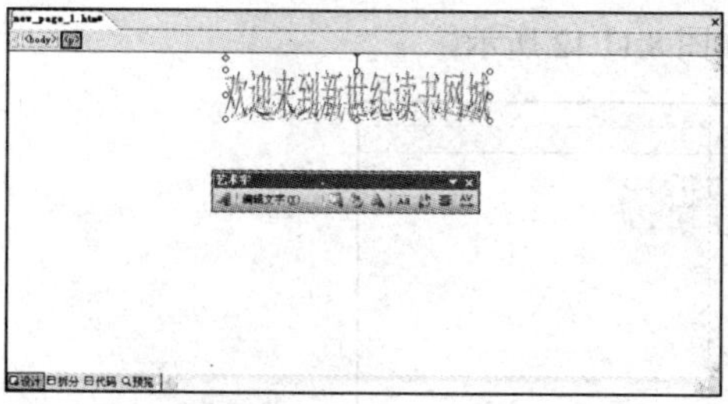

图 8.11.6　插入艺术字效果

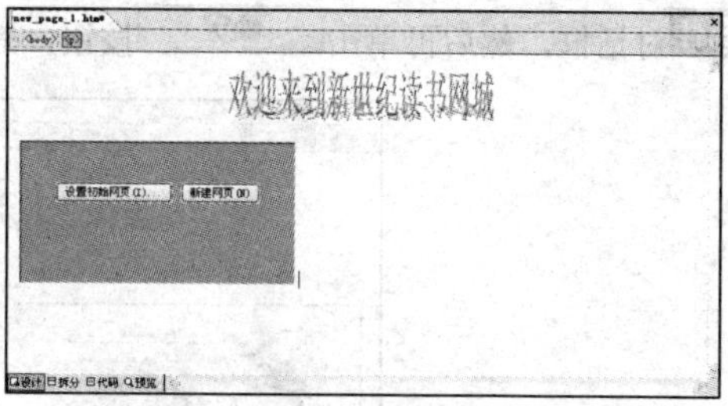

图 8.11.7　插入的嵌入式框架

（9）单击【新建网页(N)】按钮，在该网页中新建一个网页，在其中输入“朋友们，当您闲着的时候，不知干什么好的时候，何不来新世纪读书网城逛逛。在这里您可以欣赏新秀作品，再当个作家吧，圆您一个文学梦！”。

（10）选中步骤（9）中输入的文字，选择【格式(O)】→【字体(F)...】命令，弹出【字体】对话框，如图 8.11.8 所示。

（11）在“大小”列表框中选择“3（12 磅）”，在“颜色”下拉列表中选择“紫红色”选项，在“效果”选项区域中选中【下划线(U)】复选框，单击【确定】按钮。

（12）然后再次选中输入的文字，选择【格式(O)】→【段落(P)...】命令，弹出【段落】对话框，如图 8.11.9 所示。

图 8.11.8 “字体”对话框

图 8.11.9 “段落”对话框

（13）在“行距大小”下拉列表中选择“1.5 倍行距”选项，单击 确定 按钮即可。

（14）在嵌入式框架网页中单击鼠标右键，弹出如图 8.11.10 所示的快捷菜单。

（15）在此快捷菜单中选择 网页属性(A)... 命令，弹出 网页属性 对话框，打开 格式 选项卡，如图 8.11.11 所示。

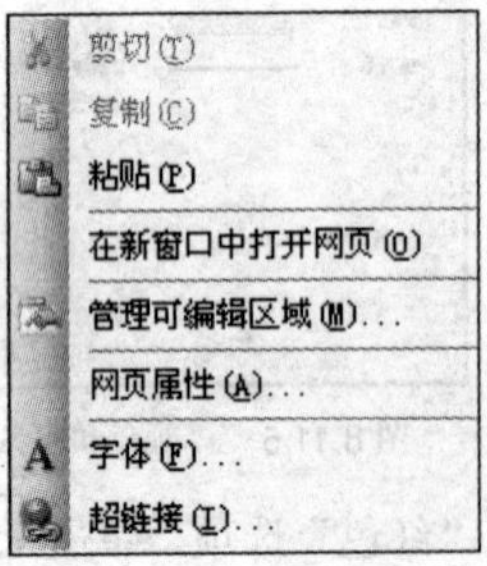

图 8.11.10 快捷菜单

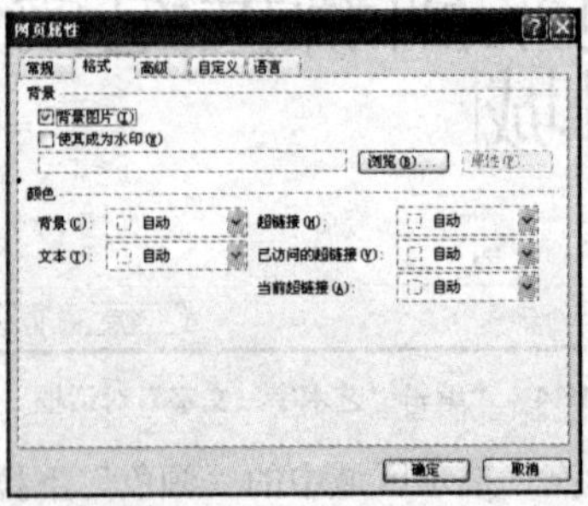

图 8.11.11 “格式”选项卡

（16）在“背景”选项区域中选中 背景图片(I) 复选框，单击 浏览(B)... 按钮，在弹出的 选择背景图片 对话框中选择一张合适的图片，单击 打开(O) 按钮即可插入所需图片并返回到 网页属性 对话框，然后再单击 确定 按钮，效果如图 8.11.12 所示。

图 8.11.12 设置嵌入式框架背景效果

（17）然后把鼠标定位在框架外的任意位置，单击鼠标右键，在弹出的快捷菜单中选择 网页属性(A)... 命令，在弹出的 网页属性 对话框中按照步骤（15）和步骤（16）同样的方法来设置整个网页的背景，效果如图 8.11.13 所示。

（18）单击“绘图”工具栏中的 自选图形(U) 按钮，弹出如图 8.11.14 所示的下拉菜单。

图 8.11.13 设置网页背景效果

（19）单击“星与旗帜(S)”级联菜单中的“五角星”按钮，当鼠标变成“十”字形时，按住“Shift”键的同时拖动鼠标即可在网页中绘制一个五角星。双击该五角星，弹出“设置自选图形格式”对话框，如图 8.11.15 所示。

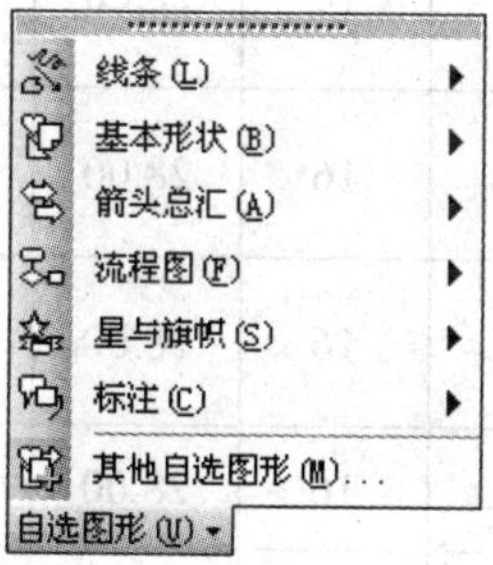

图 8.11.14 “自选图形”下拉菜单

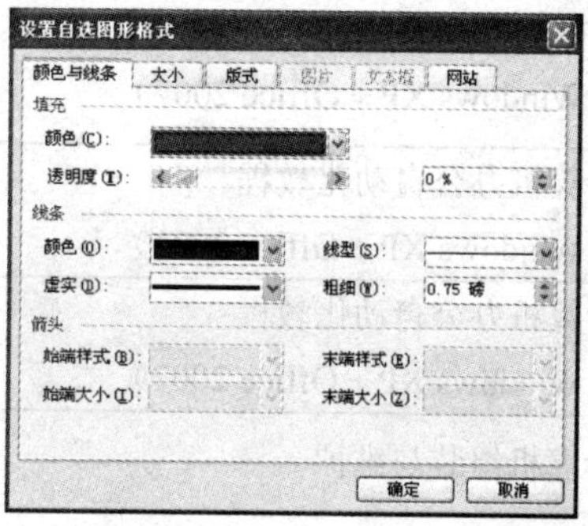

图 8.11.15 “设置自选图形格式”对话框

（20）在“填充”选项区域中的“颜色”下拉列表中选择“红色”，在“直线”选项区域中的“颜色”下拉列表中选择“红色”，单击“确定”按钮即可。按照同样的方法再绘制 3 个五角星。

（21）在网页的右侧输入“书目分类：爱情小说、网络文学、武侠小说、轻松文学、现代文学、诗歌散文、古典文学、其他书籍”。

（22）选择“爱情小说”，单击鼠标右键，在弹出的快捷菜单中选择“超链接(I)...”命令，弹出“插入超链接”对话框，如图 8.11.16 所示。

（23）在此对话框中选择所要超链接的内容，单击“确定”按钮。按照同样的方法为网页中的其他文字设置超链接。

（24）选择“文件(F)”→“另存为(A)...”命令，弹出“另存为”对话框，如图 8.11.17 所示。

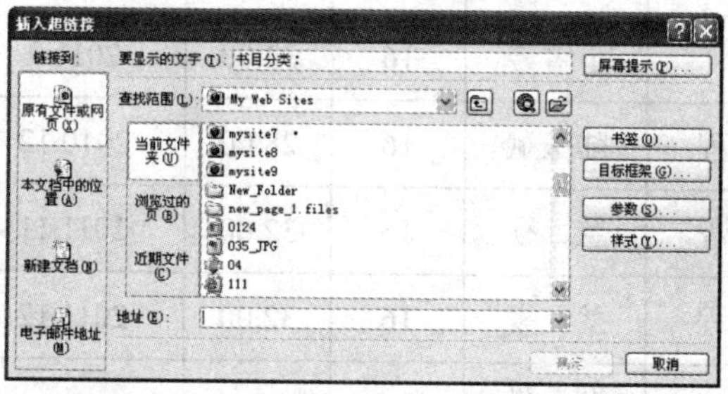

图 8.11.16 “插入超链接”对话框

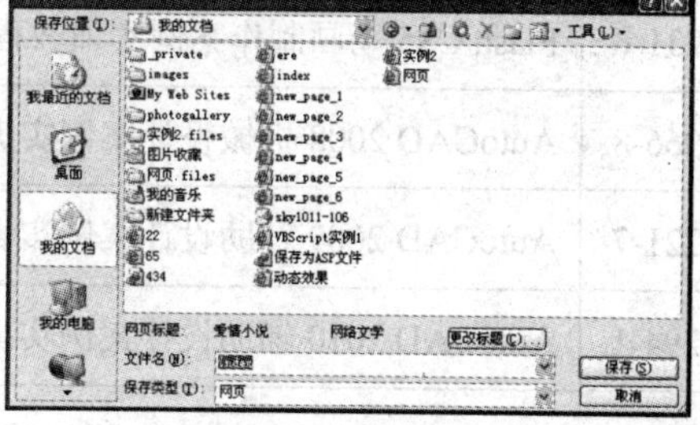

图 8.11.17 “另存为”对话框

（25）在“保存位置”下拉列表中选择文字存放的位置，在“文件名”文本框中输入文件名，单击“保存(S)”按钮，最终效果如图 8.11.1 所示。

"十二五"高职高专计算机规划教材·案例实训教程系列（共18种）

本系列教材适用于多学时高职高专院校计算机专业和其他专业的计算机基础教育。为了便于老师授课，本系列教材免费提供素材和电子课件。

书　号	书　名	作者	开本	定价	出版时间
2937-8	计算机应用基础（Windows XP + Office 2003）	迟铁真	16	28.00	2010.11
2941-5	计算机应用基础（Windows XP + Office 2007）	陈长征	16	28.00	2010.11
2964-4	计算机办公自动化教程（Windows XP + Office 2003）	迟铁真	16	28.00	2010.12
2976-7	计算机办公自动化教程（Windows XP + Office 2007）	高振江	16	28.00	2010.12
2982-8	计算机组装与维护	陈长征	16	28.00	2010.12
2959-0	Photoshop CS3 图像处理案例实训教程	李学文 谷晓阳	16	28.00	2010.11
2960-6	Photoshop CS4 图像处理案例实训教程	李学文	16	29.00	2010.11
3217-0	Photoshop CS5 图像处理案例实训教程	李学文	16	32.00	2011.9
2972-9	CorelDRAW X3 图形制作案例实训教程	丁雪芳	16	29.00	2010.12
2955-2	CorelDRAW X4 图形制作案例实训教程	王明亮	16	29.00	2010.11
2975-0	Flash CS3 动画制作案例实训教程	丁雪芳	16	28.00	2010.12
3162-3	Flash CS4 动画制作案例实训教程	丁雪芳	16	32.00	2011.9
3231-6	Flash CS5 动画制作案例实训教程	丁雪芳	16	32.00	2011.9
2966-8	AutoCAD 2008 机械设计案例实训教程	陆玉斌	16	28.00	2010.12
3221-7	AutoCAD 2009 辅助设计案例实训教程	兰　巍	16	32.00	2011.11
3294-1	AutoCAD 2010 辅助设计案例实训教程	兰　巍	16	32.00	2011.12
2949-1	3DS MAX 2009 三维设计案例实训教程	刘　哲 杨院院	16	30.00	2010.11
★	计算机专业英语		16		